KB117209

전길남, 연결의 탄생

전길남, 연결의 탄생

1판 1쇄 인쇄 2022. 5. 16.
1판 1쇄 발행 2022. 5. 23.

지은이 구본권

발행인 고세규
편집 강영특 | 디자인 홍세연 | 마케팅 박인지 | 홍보 장예림
발행처 김영사

등록 1979년 5월 17일 (제406-2003-036호)
주소 경기도 파주시 문발로 197(문발동) 우편번호 10881
전화 마케팅부 031)955-3100, 편집부 031)955-3200 | 팩스 031)955-3111

값은 뒤표지에 있습니다.
ISBN 978-89-349-6177-2 03500

홈페이지 www.gimmyoung.com   블로그 blog.naver.com/gybook
인스타그램 instagram.com/gimmyoung   이메일 bestbook@gimmyoung.com

좋은 독자가 좋은 책을 만듭니다.
김영사는 독자 여러분의 의견에 항상 귀 기울이고 있습니다.

전길남, 연결의 탄생

한국 인터넷의 개척자 전길남 이야기

구본권 지음

김영사

●

전길남 교수님은 카이스트 시절 스승님으로 제 인생에 가장
큰 영향을 주신 분입니다.

　제가 전 박사님을 처음 알게 된 것은 카이스트에 입학하
고 나서였습니다. 신입생들이 실험실을 정하기 전에 실험
실별로 소개 발표를 하는데, 시스템구조연구실SALAB은 전
박사님이 직접 소개를 하셨습니다. 박사님이 발표하신 것
은 단순한 실험실 소개가 아니라 저로서는 생전 처음 듣는
I18N/L10N에 관한 내용이었는데, 여기에 완전히 빠져들
고 말았습니다(I18N은 'Internationalization', L10N은 'Localization'의
약자로, 숫자는 처음과 마지막 알파벳 사이의 글자수). 시야가 확 넓어
지는 느낌이었습니다.

그래서 주변의 만류에도 불구하고(동기들에 따르면 그 랩은 몹시 힘들기 때문에 안 가는 것이 좋다는 것이었습니다) 저는 SA랩에 지원했습니다.

실제 랩에 들어온 이후로는 매주 진행되는 프레젠테이션(매우 긴장되고 힘든 시간이었습니다)을 비롯해 실험실 생활과 관련된 수많은 에피소드가 있었습니다. 지금 돌이켜보면 많은 것을 배울 수 있었던 시간이었습니다.

책에 나온 것처럼 제게는 썬Sun 워크스테이션 한 대가 주어졌고, 그 기계를 마음껏 사용할 수 있었습니다. 또한 인터넷도 마음껏 접속할 수 있었습니다. 그때 바깥 세상에선 2,400bps 모뎀을 사용해서 피시통신을 하던 시절이었습니다. 거기서 여가시간(?)에 재미로 만들던 프로그램이 나중에 '바람의 나라', '리니지'의 원류가 되었습니다.

개인적인 이야기를 잘 하는 분은 아니셔서 사실 박사님의 어린 시절 이야기는 잘 알지 못했는데, 이 책을 통해 알게 되었습니다. 더불어 연구실 시절의 여러 에피소드들도 좀 더 잘 이해할 수 있었습니다.

사실 박사님에게 배운 것은 단순한 지식이 아니라 한국 사회에서 엔지니어로서 살아가는 태도였습니다. 늘 능력ability보다 태도attitude가 중요하다는 말씀을 하셨습니다. 지금 생각해보면 크게 야단을 맞을 때는 언제나 태도가 잘못되었을 때였습니다.

책의 내용이 너무 반가워 개인적인 이야기를 늘어놓았지만, 이 책은 전길남 박사님 개인에 관한 전기이기도 하고, 더불어 한국 인터넷의 초기 발전 과정을 상세히 알 수 있는 훌륭한 기록입니다.

어찌 보면 제자들이 했어야 할 일을 대신 해주신 저자에게 감사드리며, 이 책이 많은 분들에게 읽히기를 바랍니다.

송재경 (엑스엘게임즈 창업자, '리니지' 개발자)

●

저는 제 분야의 전문인으로서 사회에서 일하는 데 필요한 모든 것을 전길남 교수님에게 배웠습니다.

그것은 단순히 전문인으로서 일하는 방법론에 그치는 것이 아닙니다. 전문인으로서 가장 중요한 문제 해결 능력 외에도, 매 순간 판단과 의사 결정을 해야 할 때마다 늘 자신을 비추어볼 가치관과 철학도 포함하는 것이었습니다. 지금의 허진호는 저를 낳아주신 부모님과, 전문인으로서의 제 가치관을 만들어주신 스승님의 공동 작품인 셈입니다.

사실 스승님의 학생으로 지낸 7년의 시간은 정말 힘들었습니다. 너무나 많은 것을 떨어내고un-learn 새로 배워야 했기 때문입니다. 하지만 그 기간은 이후 수십 년 동안 살아갈

저 자신을 만들어준, 그만한 가치가 있는 시간이었습니다.

저는 스승님에게 배웠던 철학과 가치관을 보다 많은 분들이 이해하고, 우리가 마주치는 많은 이슈와 난제를 해결하는 지혜로 삼으면 더 바랄 것이 없겠다고 늘 생각해왔습니다. 제가 배웠던 그 내용을, 저도 몰랐던 디테일까지 포함하여 잘 정리해주신 저자에게 깊이 감사드립니다. 제가 배운 소중한 것을 이 책을 통해 조금 더 많은 분이 공유할 수 있기를 바랍니다.

허진호 (아이네트 창업자, 전 한국인터넷기업협회장)

한국, 아시아, 그리고 전길남이라는 이름

"참 쓸모없는 연구를 하셨군요."

1982년 5월, 한국은 서울대와 구미 전자기술연구소 간에 인터넷 방식TCP/IP의 컴퓨터 네트워크를 구축하는 데 성공했다. 인터넷을 개발한 미국 바깥에서는 첫 사례였다. 그러나 이듬해인 1983년 해당 연구 과제의 연장 여부를 심사하던 정부 평가단은 위와 같이 냉정한 판단을 내렸다. 훗날 정보화 혁명을 가져올 기술이었지만, 당시 한국에서는 '쓸모없는 기술'로 취급받았다. 컴퓨터 대수도 많지 않고 컴퓨터가 처리하는 업무도 일부 기관에서 활용하는 특정 용도 몇 가지로 한정된 상황에서 다양한 컴퓨터를 연결해봐야 당장 별 효용이 생기는 게 아니었기 때문이다. 새로운 국제 통신 규약을 구현해 서로 다른 종류의 컴퓨터끼리 통신에 성공했다고 해도 그러한 연구를 진전시키기 위해, 한정된 국가 연구·개발 예산을 투입하는 것은 낭비라고 평가한 것이다.

21세기 한국을 살아가는 사람들은 한국 역사에서도 세계사에서도 이례적인 경험을 하는 세대다. 일제강점기와 한국전쟁으로 온 나라가 폐허에 가까웠던 한국은 지난 수십 년간 유례가 없는 압축 성장을 했다. 경제 규모는 국내총생산GDP 기준 세계 8위권에 도달했으며, 일 인당 국민소득GNI은 3만 달러를 넘어섰다. 경제 성장만이 아니라 단기간에 민주화를 이루어내며, 세계사에서 드문 행로를 밟았다. 2017년, 수백만 시민이 평화적으로 국정 농단 규탄 촛불 시위를 계속하며 이루어낸 정치 개혁은 전 세계를 놀라게 하며 부러움을 샀다. 2020년, 전 세계를 유례없는 공포와 폐쇄로 이끈 신종코로나바이러스 글로벌 감염병 상황에서도 세계 주요국 가운데 어느 곳보다 효율적인 방역을 통해 인명 피해와 경제 손실을 최소화한 나라로 평가받았다. 방탄소년단BTS을 비롯해 〈기생충〉, 〈오징어 게임〉 등 'K 컬처'도 세계적 인기 속에 주목받고 있다. 일제강점기와 한국전쟁의 폐허 속에서 서구 선진국을 뒤쫓던 한국이 어느새 선진국 대열에 올라서고 많은 국가의 부러움을 사는 상황이 되었다. 무엇이 이를 가능하게 했을까?

모든 사람이 더 윤택하고 자유로운 삶을 원하듯, 모든 나라가 경제 성장과 민주화라는 쌍두마차를 열망한다. 그 가운데서 어떻게 한국은 돋보이는 성취를 이룰 수 있었을까? 사회 발전과 경제 성장을 이루는 요소는 다양하다. 인적 요소, 국제 관계, 사회적 자산과 문화적 풍토, 물리적 자원 등 중요하지 않은 것이 없다. 하지만 그중에서도 핵심은 이 모든 것을 활용하고 엮어내는 '사람'이다.

세상을 움직이고 바꾸는 사람의 힘은 개인이 아닌 사회 집단의 힘이다. 인간이 지구 생태계의 지배자가 된 비결도 물리적 힘이 아니라 소통하고 협력하는 힘에 있다. 탁월한 사회성을 가능하게 한 소통 능력 덕분에 인간은 자기 밖에 있는 자원과 지혜, 믿음을 자기 것으로 만들고 집단의 자산으로 바꿀 수 있었다. 인간은 연결을 통해 비로소 강력한 지식과 물리적 힘을 발휘할 수 있고, 개인의 한계를 넘어 도약할 수 있다. 사회도 마찬가지다. 한 사회의 발전과 구성원의 행복은 그 사회가 어떤 문화를 갖추고 있으며 사회 안에서 얼마나 원활하고 효율적으로 연결과 소통이 이루어지느냐에 달렸다.

최근 수십 년 동안 이루어진 한국의 사회적·경제적 변화의 저변에는 '연결 기술'이 깔려 있다. 한국은 세계에서 가장 먼저 전국에 초고속 인터넷망을 설치하고 온 국민이 맹렬히 이용했다. 초고속 인터넷이라는 강력한 네트워크 덕분에 한국은 가장 빠르게 '연결된' 사회가 되었고, 맨 앞줄에서 정보화 세상을 누리는 나라가 되었다. 연결 기술은 이후 모바일, 소셜미디어, 사물인터넷, 인공지능으로 속도를 더했다. '연결'은 특정 시간과 공간이 아니라 어떤 상황에서도 모든 것이 연결되는 '초연결'로 진화하고 있다. 그런데 한국 사회는 어떻게 초연결이라는 거대한 물줄기에 올라탈 수 있었을까?

근세 이후 과학 기술 발달에 힘입어 개인과 사회는 더욱 빠르고 강한 연결 기술을 구축했지만, 오랜 기간 한국은 '연결'과 거리가 먼 나라였다. 조선 후기 쇄국 정책은 왕조의 안위를 위해 의도적으로 외부와의 연결을 차단했고, 유교에 입각한 사회 질서가 500여 년간 굳게 유지되었다. 18, 19세기 중국과 일본을 거쳐 이 땅을 방문한 서양인들이 남긴 글은 이웃 나라와 달리 조선을 가장 변하지 않는 전통 사회, 느린 백성들의 나라로 묘사한다. 19세기 조선은 서구에 잘 알려지지 않아 신비로운 '은자의 나라The Hermit Nation'로 불렸다. 근대 격동기에 동아시아에서 가장 단절된 상태로 수구적 삶을 고수하던 나라와 민족은 결국 망국과 식민지라는 비극에 직면했다. 해방 이후에도 크게 달라지지 않았다. 제2차 세계대전 이후 글로벌 냉전기에 한국은 수십 년간 이데올로기 대립의 최전선이자 참혹한 전쟁터였다. 국경을 접한 이웃 나라끼리 사람의 자유로운 왕래나 정보, 상품의 자연스러운 교환이 일어나기도 어려웠다. 항공기와 배를 통해서만 외부와 연결될 수 있어서 지정학적 의미에서 섬과 비슷했다.

그렇게 '고요한 아침의 나라'였던 한국이 단기간에 '다이내믹 코리아'로 변신할 수 있었던 원동력은 무엇일까? 강대국 틈바구니에서도 수천 년간 독자성을 잃지 않은 고유한 문화와 저력을 쌓아온 덕분이다. 그리고 그렇게 쌓아온 열정과 역량이 봄날처럼 일제히 꽃핀 배경에는 누구나 정보에 접근할 수 있게 해주고 사람들 사이의 소통을 원활하게 만든 '연결 기술'이 있다. 흩어져 있거나 고립된 채 저마다 활동하던 사람들을 서로 연결하고 아이디어를 모아 꿈을 현실로 바꿀 수 있게 만든 환경은 '인터넷'이라는 도구의 역할 없이 설명할 수 없다. 온 국민이 인터넷을 적극적으로 활용하지 않았다면, 세계에서 가장 뛰어난 인터넷 전국망을 초기에 구축하지 못했다면, 오늘날과 같은 모습을 기대하기는 어려웠을 것이다.

인터넷은 한글처럼 한국에서 개발된 기술도 아니고, 한국 사람만 주도적으로 사용하도록 설계된 기술도 아니었다. 그런데 한국은 어떻게 세계 어느 나라보다 먼저 초고속 인터넷을 깔고 정보화 시대에 가장 빠르게 연결된 세상으로 달려갈 수 있었을까?

한국이 앞선 인터넷 환경과 '정보 기술 선도국'을 자부하고 누리게 된 배경에는 널리 알려지지 않았지만 특별한 사연이 있다. 경제 개발도 사회 발전도 비약은 없다. 스스로 만들어내지 못하는 상품과 기술은 앞선 나라들에서 사 오거나 배워야 한다. 지난 세월, 한국은 상품과 기술을 주로 수입하던 개발도상국이었다. 자체적으로 만든 산업 기술이라고 내세울 것이 거의 없었다. 산업혁명기 이후 서구의 앞선 기술을 들여와 빠르게 학습하고 모방하는 게 가장 중요한 산업 정책이었다. '빠른 추격자fast follower'가 국가의 핵심 산업화 전략이었다. 정보 사회의 핵심 분야인 통신 기술과 컴퓨터 또한 마찬가지였다. 전기, 전신, 전화를 비롯한 각종 산업 기술 대부분이 외국을 거쳐 우리나라에 수입되었다. 그런데 현대사 한 대목에서 그때까지의 기술 수용 사례와 구별되는 예외적 기술이 한 가지 있다. 바로 인터넷 연결이다.

1982년 5월, 한국은 미국에 이어 세계에서 두 번째로 자체적으로 TCP/IP 방식의 컴퓨터 네트워크 구축에 성공했다. 미 국방부 고등연구계획국ARPA의 컴퓨터 통신 네트워크 프로젝트로 출범한 아르파넷이 1972년에 구축되어 미국 내 대학과 연구 기관 등을 연결했을 뿐, 당시에는 미국 이외 어느 나라에서도 자체 구축에 성공하지 못한 상태였다. 그런데 전길남과 제자들은 인터넷 통신 규약에 따라 구미 전자기술연구소와 서울대 전산학과의 컴퓨터를 상호 연결하는 데 성공했다. 기술 장벽이 높은 첨단 컴퓨터 네트워크 구축을 컴퓨터와 통신의 불모지에서 자체 연구 개발로 성공한 것이다. 아시아에서는 물론, 미국 영토 밖에서도 최초였다. 훗날 세계 인터넷 역사와 한국의 정보 기술 산업에 적잖은 영향을 끼친, 누구도 예상치 못한 사건이었다.

미국이 자체 필요에 따라 국외에 구축한 인터넷 노드(연결점)가 영국과 노르웨이에 각각 한 곳뿐이던 1986년, 한국은 어느 나라보다 먼저 인터넷 연결을 위한 IP Internet Protocol 주소를 요청하기도 했다. 이후 당시까지 미국 내 컴퓨터 네트워크였던 인터넷은 전 세계에 문호를 개방해 오늘날의 글로벌 네트워크가 되었다.

카이스트(한국과학기술원)를 중심으로 구축된 네트워크는 국내 각 대학과 연구소의 컴퓨터를 인터넷 방식으로 연결해, 이후 한국을 컴퓨터 네트워크 선도국으로 키워내는 마중물이 되었다. 카이스트가 길러낸 컴퓨터 네트워킹 전문가들과 연결망을 통해 형성된 개방적이고 활발한 전문가 커뮤니티가 초고속 인터넷망 구축, 인터넷 산업 성장, 국가의 정보화 정책을 가능하게 한 토양이자 핵심 요소가 된 것이다.

뿌리 없는 꽃과 열매는 없다. '정보화 한국', 그 뿌리에 전길남 박사가 있다. 재일 동포로 태어난 전길남은 일본 오사카대학교를 졸업하고 미국 UCLA에서 박사 학위를 받은 뒤 미 국립항공우주국NASA에서 근무하다 1970년대 말 고국의 발전을 꿈꾸며 한국에 왔다. 그는 인터넷의 탄생지인 UCLA에서 빈트 서프, 존 포스텔 등 인터넷 설계자들과 교분을 쌓고 나사NASA 제트추진연구소JPL와 미국 통신 기업인 콜린스 라디오에서 세계 최고의 통신 네트워크를 연구하고 개발한 컴퓨터 네트워크 전문가다. 척박한 환경이었지만 씨앗을 뿌리고 길러낸 선구자 덕분에 이 땅에서 꽃이 피어난 것이다. 물론 '정보화 한국'은 한 사람의 업적이 아니라 수많은 과학기술인과 정책 담당자, 기업과 언론, 시민 사회의 협력으로 가능했다. 그래도 실질적 변화를 만들어낸 수많은 요인 중 가장 핵심적인 연결 고리를 하나 꼽을 수는 있다. 전길남은 21세기 정보화 한국의 밑그림이 그려지던 상황에서 결정적인 연결 고리였다.

전길남의 무대는 한국만이 아니었다. 그는 2012년 인터넷 소사이어티Internet Society 창립 20돌 행사에서 인터넷 보급 공로로 '명예의 전당'에 헌액되었다. 빈트 서프, 로버트 칸, 팀 버너스 리, 앨 고어, 리누스 토르발스 등과 함께 33명의 인터넷 공헌자 명단에 올랐다. 아시아와 아프리카에 인터넷을 전파해온 오랜 노력과 기여를 국제 사회가 인정한 것이다. 그 공로로 한 해 전인 2011년에는 존 포스텔 상을 받았으며, 미국의 정보 기술 전문지 〈와이어드Wired〉는 2012년에 "아시아 인터넷은 전길남으로부터 시작되었다"라는 기사를 실어 그의 업적을 조명했다. 전길남은 인터넷이 단순한 연결 도구를 넘어 개인과 사회, 인류를 위한 도구가 될 것이라고 믿었다. 그래서 인터넷이 어떤 가능성을 지닌 도구인지 모르는 아시아·아프리카의 저개발국가 50여 개국을 수시로 방문하며 인터넷 구축과 운영을 도왔다. 대가 없이 인도적 차원에서 한 봉사이자 헌신이었다. '아시아 인터넷의 아버지'라 부르며 경의를 표하고, 전 세계 인터넷 전문가들이 그의 권위를 인정하고 그를 존경하는 이유다.

전길남은 산악인이기도 하다. 미국 거주 시절 시에라 클럽에 속해 엘캐피탄 등 거대한 수직 암벽을 비롯해 북미 대륙 최고 봉인 알래스카 매킨리봉을 등정하며 전문 산악인으로서 경험을 쌓았다. 한국에 온 이듬해인 1980년 여름에는 알프스 원정대 등반대장으로 국내 최초로 마터호른 북벽 도전에 나서 등정에 성공했다. 등반가들에게 죽음의 벽으로 불려온 3대 북벽 중 하나다. 그는 직업 산악인은 아니지만 시간이 날 때마다 알파인 스타일로 고산과 암벽 등반에 나섰다. 고도의 정신적 작업은 그에 상응하는 육체적 활동으로 균형을 잡아주는 게 필요하다고 강조하며 카이스트 시절 대학원생 제자들에게도 암벽 등반과 산악 달리기처럼 강도 높은 체육 활동을 권했다.

전길남을 한마디로 설명하고 수식하기는 어렵다. 그가 살아온 인생 역정이 파란만장하고 업적이 즐비하기 때문만은 아니다. 그가 일생 동안 그려온 실로 다양한 궤적이 그를 어떠한 사람이라고 규정하고 설명하기 어렵게 만들기 때문이다.

전길남은 일본에서 태어나 성장하고, 미국 유학과 나사 연구소를 거쳐, 한국에서 공학자와 교수로 살았다. 한국에서 살면서도 개도국들에 인터넷을 전파하고 인터넷 관련 국제기구를 10개 넘게 설립하고 인터넷 거버넌스 논의에 참여하느라 많은 시간을 국제 무대에서 활동했다. 10대 때 재일 동포 2세로서 민족적 정체성을 깨닫고 인생의 방향을 정했지만, 21세기를 살아가는 전길남은 자신이 특정 국가와 민족에 속하지 않는다고 생각한다. 대신 인터넷이 만들어낸 가상 공간인 사이버 스페이스에 거주하는 코즈모폴리턴의 정체성을 지향한다. 재일 동포 2세로서 일찍부터 소수자 문제에 눈을 뜨고 부당한 차별에 반대하는 삶을 살아오면서 자유와 성취를 추구하고 누렸고, 무엇보다 공정함fairness이라는 가치를 추구했다.

이 책은 전길남이라는 사람이 생애에 걸쳐 이룩한 다양한 업적과 시도를 기록으로 남기고자 평전을 쓴다는 취지로 시작되었다. 그러나 필자는 지난 몇 년간 전길남의 생애와 주변을 취재하고 그가 현실을 살아가는 모습을 지켜보면서 인물에 대한 평전이라기보다 일종의 개척기 또는 탐험기를 쓰고 있다는 느낌을 받았다. 전길남의 탁월한 업적과 인도주의적 시도에 매력을 느껴 취재와 집필에 나섰지만, 글을 써 내려갈수록 미지의 세계를 탐험하고 개척하는 누군가의 이야기를 기록하고 있다는 생각이 들었다. 지구상에서 사람의 발길이 닿지 않은 오지와 극지가 없어지고 위성항법장치GPS와 내비게이션 덕분에 사실상 탐험이 사라진 환경에서 정열적으로 미지의 세계를 개척하고 탐험하는 모험담을 만나는 느낌이었다. 책은 전길남의 업적으로 시작하지만, 독자는 그가 살면서 개척하고 탐험한 독특한 사유 방식과 생활 수칙을 만나게 될 것이다.

누구나 주어진 환경과 조건 속에서 살아간다. 하지만 전길남의 일생은 주체적 선택과 노력을 통해 주어진 여건의 제약 속에서 자신이 추구하는 바를 어떻게 이루는지를 보여준다. 뛰어난 자질을 타고나기도 했지만, 그의 일생이 보여주는 다양한 측면은 타고난 능력을 넘어선다. 그가 몸담은 시스템 엔지니어링과 고산 등반처럼, 그의 삶은 주어진 여건 속에서 보이지 않는 길을 탐구하고 개척해나가는 여정이다. 그것이 공학자, 교육자, 인터넷 전파자, 산악인 등 다양한 모습으로 살아온 그의 삶을 관통하는 가치이기도 하다. 전길남이라는 개인의 삶이 그와 다른 방식으로 다른 시대를 살아가는 이들에게도 보편적인 물음과 울림을 줄 수 있는 까닭이다. 필자가 수년간의 작업을 통해 깨닫고 느낀 점을 독자들도 공감하리라 기대한다.

사춘기 고교생 때의 선택과 다짐을 평생 간직하며 이루어낸 이상주의자, 선진국에서 보장된 미래와 안락한 삶을 버리고 가난한 부모의 나라를 돕는 삶을 선택한 뜨거운 피의 재일 동포 2세 청년, 미래의 초연결 세상을 앞서 내다본 선각자, 저개발국의 정보화를 위해 헌신한 사회운동가이자 코즈모폴리턴, 불가능해 보이는 문제를 과학적으로 해결해내는 시스템공학자, 인간의 정신적·신체적 한계에 도달해 가보지 않은 길을 개척하는 산악인. 이 모든 이름을 지닌 사람, 전길남의 삶에 관한 이야기를 지금 시작한다.

1

한국행을 결심한
자이니치 소년

고등학교 졸업식에서.
오른쪽에서 두 번째가 전길남, 왼쪽에서 세 번째가 담임선생님이다.

사이렌 소리

전길남은 일제강점기 일본으로 이주한 부모님 아래서 1943년 1월 3일 오사카 서쪽 아마가사키尼崎에서 태어났다. 당시 한국인이 많이 모여 사는 곳이었다. 일제의 수탈에 시달리던 많은 조선인이 먹고살 길을 찾아 고향을 등지고 만주로, 일본으로 떠났다. 전길남의 부모도 그중 하나였다. 어머니 고향은 경남 합천, 아버지 고향은 거창읍에서도 십여 리나 떨어진 시골이었다. 거창 시골에서는 거리상으로나 당시 정서상으로나 서울과 오사카가 큰 차이가 없었다. 일자리를 찾아 오사카로 떠난 아버지는 자리를 잡자마자 가족을 불러들였다. 1938년 즈음이다. 거창에서 태어난 첫아들이 두 살 때였다. 전길남은 육 남매 중 셋째인데, 둘째부터 일본에서 출생했다. 위로는 형이 둘, 아래로는 여동생이 둘, 남동생이 하나 있다.

전길남이 기억하는 가장 어렸을 적의 일은 '웨엥~' 울리던 요란한 사이렌 소리와 그 소리가 안겨주던 공포였다. 세 살 때인 1945년, 일본은 자신들이 도발한 태평양전쟁으로 국토 곳곳에 미군 전폭기의 공습을 받았다. 직접 본 적은 없지만 공습경보 사이렌 소리는 너무도 생생했다. 미군 공습으로 사망한 도쿄 시민의 수는 히로시마와 나가사키에 투하된 원자폭탄으로 인한 사망자 수보다 많았다. 오사카에서도 시민 5만여 명이 공습으로 사망했다. 1945년 3월 9일 밤부터 다음 날까지 미군은 B29 폭격기 300여 대를 동원해 도쿄 스미다구, 고토구 등 곳곳에 무차별 융단 폭격을 감행하는 '도쿄 대공습' 작전을 펼쳤다. 두 시간 남짓 이어진 공습으로 10만여 명이 숨지고 100만 명 이상이 집을 잃거나 다쳤다. 일본 제2의 도시인 오사카에도 1945년 3월 13~14일 270여 대의 폭격기를 동원한 대공습이 펼쳐졌다. 8월에 일본이 항복을 선언할 때까지 미군의 공습은 수차례 계속되었다. 오사카 항구를 포함해 시가지 상당 부분이 폭격 피해를 입고 도시의 상징인 오사카성도 완파되었다. 당시 공습경보 사이렌이 얼마나 자주, 절박하게 울렸을지 짐작할 수 있다.

1945년 8월, 태평양전쟁 종전과 더불어 공습경보 사이렌도 멎었다. 이후 까맣게 잊은 줄 알았지만, 아니었다. 훗날 전길남은 한국에 온 1979년 이후 매달 15일이면 어김없이 울리는 민방위 훈련 공습경보를 통해 다시 사이렌 소리에 노출되었다. 요란한 사이렌이 울릴 때마다 주변 사람들과 달리 유난히 화들짝 놀랐다. 무의식에 잠재된 전쟁의 기억이 되살아난 까닭이다. 설명하기는 어렵지만, 기분이 나빠지는 것은 어쩔 수 없었다. 전길남은 자신이 평화주의자가 된 배경에는 어렸을 적에 들은 사이렌 소리에 대한 공포와 불안도 있으리라 생각한다.

패전국이 된 '전쟁 국가 일본'의 모습은 그의 유년기를 지배한 강력한 기억으로 남아 있다. 전쟁이 끝나자 오사카 시내 거리에는 상이군인들이 모금과 구걸을 하러 쏟아져 나왔다. 흰옷을 입고 하모니카와 아코디언을 연주하며 모금하는 경우가 많았는데, 대부분 한쪽 팔이나 다리가 없었다. 눈이 없거나 얼굴에 깊은 상처가 있는 군인도 많아 네댓 살의 전길남에게 전쟁은 두렵고 음울한 모습으로 각인되었다.

전후 일본의 혼란상은 몇 해 안에 빠르게 안정되어갔지만, 1950년 한국전쟁이 발발하자 재일 동포 사회는 또다시 전쟁의 소용돌이에 빠져들었다. 한밤중에 어른들이 집에 모여서 한국말로 심각하게 이야기하곤 했다. 진지한 표정으로 대화를 주고받다가 말이 거칠어지고 급기야 싸움으로 번지기 일쑤였다. 남북 동족 간 전쟁인 만큼 각자의 연고와 견해에 따라 갈등이 첨예해지는 것은 어쩌면 당연한 일이었다.

부모님은 일본 사회에 적응하려고 집에서도 늘 일본말을 쓰고 자식들에게도 일본 이름을 지어주었다. 전길남은 1923년 간토 대지진 이후 20년이 지났어도 무차별 학살의 공포가 여전한 시기에 어린 시절을 보냈다. 초등학교 입학 무렵 어느 날, 전길남은 자기 집이 이웃집과 다르다는 것을 알게 되었다. 무엇보다 먹는 게 달랐다. 이웃집에서는 김치나 불고기를 먹지 않았다. 이따금 집에 손님이 찾아오면 부모님은 알아들을 수 없는 말을 썼다. 한국어였다. 자연히 이웃집들과는 뭔가 다르다는 것을 느꼈고, 한국에서 일본으로 이주해온 집안이라는 걸 알게 되었다.

1949년에 초등학교에 입학했는데 1, 2학년 때 교사들에게 많이 맞았다. 당시 교사들은 주로 남자였다. 아이들을 가르치다가 전쟁이 터지자 징병되었다가 종전과 함께 학교로 돌아온 경우가 많았다. 뭐든 문제가 있으면 학생들을 때리기 일쑤였고, 전길남은 항상 맞았다. 무엇을 잘못했는지 물어보거나 확인하지도 않았다. 교사들은 중국이나 만주, 동남아시아 등 전쟁터에서 극심한 고생을 했다는 이야기를 학생들에게 하곤 했다. 얼마 전까지 총칼을 들었던 교사들은 침략한 지역에서 현지인을 억압할 때 쓰던 멸시와 폭력으로 어린 학생들을 다루었다. 전길남은 재일 동포임을 겉으로 드러내지 않았지만, 교사들이 보는 학생 기록부에는 국적과 출신이 표기되어 있었다. 군인으로서 전쟁터를 전전하다 돌아온 교사들에게는 재일 동포 학생들이 적의를 품은 적군의 자식들처럼 보였을 것이다. 노골적이지는 않았지만 '이지메'로 여겨지는 따돌림도 있었다. 전길남의 어머니는 늘 아이들에게 일렀다. "일본 사람처럼 행동해야 한다. 재일 동포라는 게 남들에게 드러나지 않도록 신경 써야 한다."

초등 3, 4학년이 되면서 학교 분위기가 달라졌다. 학생들을 때리고 강압적으로 다루던 교사들의 태도가 변했다. 한국전쟁 덕을 본 일본 경제가 고도성장을 거듭하면서 전쟁 직후의 피폐함과 절망감에서 벗어난 덕분이었다. '패전 직후'라는 사회 분위기가 사라지고 공장마다 일감이 쏟아졌다. 철야 노동이 일상이 되고 늘어난 소득의 분배와 노동 조건 개선을 요구하는 노동자 투쟁도 본격화했다.

5학년 때 전길남의 부모는 아마가사키를 떠나 고급 주택지인 미노오箕面로 이사했다. 재산이 모인 까닭도 있지만, 이사를 단행한 계기는 전길남의 '남다른 소질' 때문이었다. 전길남은 어려서부터 몸이 튼튼했다. 다른 형제들은 엄마 젖 한쪽만 먹고도 자는데, 전길남은 양쪽 젖을 다 먹고도 양이 안 차 잠을 못 잤다. 자라면서는 몸집도 또래보다 훨씬 컸고 겁이 없었다. 아마가사키는 주변이 공장 지대인 전형적인 저소득층 거주지였다. 주먹패들이 많이 사는 곳인 만큼, 아이들이 노는 방식도 거칠었다. 지나가는 트럭 밑으로 재빨리 들어갔다 나오는 담력 놀이도 하고 싸움질도 많이 했다. 전길남은 힘이 셀 뿐 아니라 담력이 남달랐다. 싸워도 절대로 우는 일이 없었다. 당시 지역 깡패들이 어린 전길남을 눈여겨보면서 무척 호의적으로 대했다. 조직원으로 끌어들이면 '유망한 주먹'이 되리라고 생각했을 것이다. 전길남의 형들은 착실하게 공부만 하는, 걱정할 것 없는 아들들이었다. 어머니는 활기 넘치는 셋째 아들을 아마가사키에서 키우다가는 자칫 주먹패가 될지 모른다는 걱정에 다른 곳으로 이사를 서둘렀다.

아마가사키에는 조선인이 많았지만, 이사 간 오사카 북부 미노오는 일본인만 사는 곳이었다. 학군도 좋아서 학생들의 학업 성취도가 전국 1, 2위를 다투었다. 전길남의 아버지는 일찌감치 일본 사회에 정착하는 데 성공했다. 오사카에서 가장 크고 일본에서도 손꼽히는 피륙 도매 상가에서 일을 시작해 본인의 사업을 했다. 수백 년 전통을 지닌 오사카 시내 피륙 도매 상가는 외부인에게 문호가 열려 있지 않았지만, 드물게 일본인들에게 인정받은 경우였다. 제2차 세계대전 직후인 만큼 섬유 유통은 중요한 산업이었고 수요가 많았다. 아버지는 일본어를 일본 사람처럼 매끄럽게 구사하는 것은 물론이고, 폐쇄적인 일본 상인들이 동료로 기꺼이 받아들여 사업을 허용한 데서 드러나듯 매우 성실하고 신뢰를 으뜸으로 여기는 사람이었다. 늘 "어떠한 일이 있어도 신용을 지켜야 한다", "탈세는 절대 안 된다", "약속을 했으면 반드시 지키고 다른 사람에게 피해를 주면 안 된다"고 강조했다.

아버지가 착실해 소심할 정도라면, 어머니는 머리가 뛰어날 뿐 아니라 여장부 스타일이었다. 자아가 강해 주장이 세고, 대범하게 생각하고 행동하며, 주위를 두루 챙겼다. 또한 친척들 일이건 동포 사회 일이건 자기 일처럼 발 벗고 나서는 경우가 많았다. 그런데 이는 꼼꼼하고 약속을 중시하는 남편과 갈등을 빚는 요인이 되었다. 아버지는 오사카에서 옷감 도매를 했고, 어머니는 아마가사키에서 가게를 열어 의류 소매를 했다. 전길남 가족이 사는 집 일부가 옷 가게였다. 어머니가 운영하던 옷 가게는 규모가 커져서 한창때는 직원이 30~40명에 이르렀다. 어머니는 직원 상당수를 재일 동포로 고용했다. 그들에게 생계 수단을 제공하는 게 주된 사업 목적인 듯 보였다. 어머니는 한국 고향 친척들에게 돈을 보내기도 하고, 도쿄에서 사업하던 남동생이 어려워지자 큰돈을 빌려주었다가 날리기도 했다. 그럴 때면 부부의 충돌이 격해졌다. 어머니는 돈은 쓰자고 버는 것이니 남을 돕는 데 써야 하고 고생하는 주변 사람을 외면할 수 없다는 생각이었지만, 철두철미한 사업가였던 아버지는 자선사업가 같은 아내의 행동을 이해하지 못했다. 성격 차이에서 생겨난 의견 충돌로 부부는 다투는 일이 잦았다. 성실하고 세심한 아버지와 명석하고 대범한 어머니의 성격은 전길남에게 두루 영향을 주었다. 전길남은 아버지에게는 성실함을, 어머니에게는 명석한 두뇌와 남을 돕기 좋아하는 성품을 물려받았다.

수영 선수의 꿈

초등학교 시절 전길남은 뛰어노는 것, 특히 수영과 등산을 좋아하는 활달한 소년이었다. 아이가 여섯이다 보니 부모는 말썽 부리는 자녀 위주로 신경 쓰게 마련인데, 전길남은 상대적으로 별 걱정을 끼치지 않는 아이였다. 커가면서도 부모와 대립하는 일이 거의 없었다. 초등학교 때는 밖에서 뛰어놀다가 어두워지면 집에 들어와서 저녁 먹고 바로 잠자리에 드는 게 일상이었다. 5학년 때 산 밑 미노오 지역으로 이사하면서부터는 뒷산 오르기부터 시작해 높은 산에 가는 것을 좋아했다. 공부를 좋아하거나 잘하는 편은 아니었으나 독서를 좋아했다. 특히 만화책을 즐겨 보았고, 한국에는 《우주소년 아톰》으로 알려진 데즈카 오사무의 《철완 아톰》을 좋아했다. 가방에 교과서는 몇 권 없고 만화책만 가득해서 선생님에게 야단맞은 일도 있었다. 낮에는 뛰어놀고 저녁이 되면 만화 대본소나 책방을 드나들었다.

만화책 위주로 책을 사고 읽었지만, 5, 6학년이 되면서 다른 책도 보기 시작했다. 6학년 즈음부터는 과학 분야 책을 많이 읽었고, 중학교에 올라가서는 국내외 작가들의 소설책도 두루 보았다. 부모님에게 책 사러 간다고 하면, 한 번도 "안 된다"고 하신 적이 없었다. 전길남은 그 점을 두고두고 고마워했다. 경제적으로 쪼들리지 않은 까닭도 있었지만, 무엇보다 부모의 교육 철학 덕분이었다. 전길남은 사고 싶은 책을 마음껏 사서 볼 수 있었던 어린 시절을 행복하게 기억한다.

일본에서는 초등학교 1학년 때부터 수영을 가르친다.* 전길남은 유난히 수영을 좋아했고, 초등학교 입학 전부터 물놀이를 하면서 스스로 수영을 익혔다. 대다수 초등학교에 수영장이 있었고 수영이 졸업 요건인 학교도 있었다. 전길남은 미노오중학교에 진학한 뒤 수영부에도 들어갔다. 일본 중학교에서는 운동이든 문화 활동이든 과외 활동을 하나씩 해야 했다. 수영부는 학기 중에는 오후에 두 시간씩, 방학 때는 오전 8~10시, 오후 3~5시 하루 네 시간씩 집중 훈련을 했다. 전길남은 중학교 시절 내내 오사카시 중학수영선수권대회에도 매번 출전했다. 결승에 나가지는 못했지만, 열심히 훈련하면 결승 진출도 가능할 것으로 생각했다. 잘 지치지 않아서 자유형, 접영, 배영에서 특히 뛰어났다.

당시 일본에서는 수영이 최고 인기 스포츠였다. 1928년, 암스테르담 올림픽에서 첫 금메달을 딴 것을 기점으로 국민적 인기를 누렸다. 실제로 유도를 제외하고 올림픽에서 메달을 가장 많이 따는 종목도 수영이었다. 1932년 로스앤젤레스 올림픽에서 일본은 남자 종목 6개 중 5개 종목에서 금메달을 석권하며 수영 부문 종합 우승을 했다. 1936년 베를린 올림픽에서도 총 11개 수영 종목 중 4개의 금메달을 포함한 11개 메달로 수영 부문 종합 우승 2연패를 이루었다. 수영 강국답게 선수층이 두껍고 경쟁은 치열했다.

전길남은 고교 진학을 앞두고 프로 선수가 될까 고민했다. 수영 선수의 길을 택하자면, 전문 수영부가 있는 텐노지고교로 진

• 1955년 5월 11일, 시운마루호 침몰로 수학여행을 가던 학생과 교사 등 168명이 숨진 사건을 계기로 일본은 초·중·고교에 수영장과 생존 수영 교육을 전면 도입했다.

학해야 했다. 그때 처음으로 한국행을 생각했다. 텐노지고교에 가서 수영부 활동을 하면, 일본 국가 대표는 어렵더라도 재일 동포인 점을 이용해 한국 국적으로 올림픽에 출전하는 것도 가능할 것 같다는 생각 때문이었다. 일본과 달리 당시 한국은 수영이 그리 발달하지 않았을 때라 충분히 가능한 시나리오였다. 하지만 수영 국가 대표가 되는 것만으로는 충분하지 않았다. 세계 무대에서 경쟁할 수 있는지가 관건이었다. 그래서 중학교 수영 코치에게 자신의 실력으로 고교의 전문 수영부에 진학해 열심히 훈련하면 올림픽 결승 무대에 진출할 수 있을지 물었다. 수영 코치는 "쉽지 않다"고 대답했다. 또 열심히 노력해서 올림픽 결승에 진출한다고 해도 그 이후에는 어떤 삶을 살게 될까? 얼른 그림이 그려지지 않았다. 고민 끝에 전길남은 수영 선수의 꿈을 접었다. 전문 수영부가 있는 학교 대신 학업 실력이 좋은 고교에 진학하기로 마음먹었다. 하지만 고교에 가서도 아마추어 수영반에 들어가 수영을 계속했다. 물속에서는 부력 덕분에 대기 중에서는 불가능한 다양한 경험을 할 수 있다는 점이 신기하고 재미있었다.

초등학교 때 뒷산을 오르면서 시작한 등산은 전길남이 평생 가장 즐기는 활동이 되었다. 새로 이사한 미노오 집 뒤에는 500미터 높이의 산이 있었고, 그는 두세 시간 거리의 산을 자주 올랐다. 등산에 재미를 붙이면서 전철로 30분 거리에 있는 오사카 서쪽 해발 932미터의 롯코산六甲山에도 종종 갔다. 정상까지

대여섯 시간이 걸리는 만큼 형제들과 미리 계획을 세워 하루 산행을 하곤 했다.

중학교에 입학하자마자 학교에서 단체로 후지산富士山에 갔다. 전교생 500명 중 10여 명이 모집돼 인솔 교사와 함께 정상까지 올랐다. 후지산은 3,776미터로 일본의 상징이자 최고 높이의 산이지만 등산로가 단조로워 그리 흥미롭지 않았다. 오히려 중학교 2학년 여름방학 때 나가노현長野県에 있는 일본 북알프스의 하쿠바白馬에서 등산의 매력을 한껏 맛볼 수 있었다. 한여름이었지만 걸어가다 보면 눈 쌓인 등산로로 이어지고 암벽이 나타나 정상까지 눈길이 계속되었다. 정상 100미터 아래에 있는 해발 2,832미터의 하쿠바 산장에서 하룻밤을 묵는 산행이었다. 한여름 고산에서 눈과 암벽을 함께 만나고 별이 쏟아질 듯한 산장에서 밤을 보낸 경험은 전길남의 유소년기에서 가장 인상적인 기억이자 산악에 매료된 출발점이었다.

러셀, 아인슈타인, 그리고 수학의 매력

전길남은 청소년 시절 책을 좋아했지만, 운동을 더 열심히 했다. 그러다 중학교 3학년 때 공부에 관심이 생기는 계기가 찾아왔다. 미노오중학교는 한 학년이 500명인 남녀 공학이었다. 그는 같은 반 여학생에게 마음을 빼앗겼다. 전형적인 일본 상류층 가정 출신으로 아버지가 오사카대학 교수였다. 학교 성적도 전교 상위 10퍼센트를 벗어난 적이 없는 우등생이었다. 여학생 역시 전길남에게 호감이 있는 것 같았다. 전길남은 그 여학생과 사귀려면 성적이 비슷해야 한다고 생각했다. 지금처럼 운동만 잘해서는 안 되겠다는 생각이 들었다. 전길남의 평소 성적은 상위 30퍼센트 수준이었다. 중학교 졸업 때까지 6개월 정도가 남았는데, 그 사이에 그 여학생 수준으로 성적을 올리려면 어떻게 해야 할까 궁리하기 시작했다. 뭔가 특단의 방법이 필요했다. 수학은 원래 흥미가 있어서 잘하니 신경 쓸 게 없었고 다른 과목들이 문제였다. 결국 생각해낸 방법이 책과 사전을 모두 외우는 것이었다. 그 결과 단기간에 성적이 급상승해서 전교 상위 0.5퍼센트 이내로 등수가 올라갔다. 선생님과 친구들이 모두 놀라서 비결을 물었을 정도다. 이후 그는 계속 최상위권을 유지했다.

도요나카고교로 진학한 전길남은 좀 더 폭넓은 독서를 통해 세상을 만났다. 선생님보다 책에서 더 많은 영향을 받았다. 당시 고교생 권장 도서 100권을 모두 읽었고, 일본 고승들의 인생론과 전기를 비롯해 불경도 읽었다. 일본은 불교 신자층이 두꺼워 고승들을 다룬 책이 많았다. 종교는 없었지만 개신교, 가톨릭, 유대교 등 종교에 관한 책도 두루 읽었다. 특히 러시아 문학을 좋아해서 톨스토이와 도스토옙스키의 소설을 대부분 읽었다. 당시 일본에는 러시아와 전쟁을 치른 경험 탓에 반러 감정이 컸지만, 도스토옙스키는 그가 가장 좋아하는 작가였다. 인간의 심리에 대한 심층적이면서 집요한 탐구에 매료되었다.

수학을 좋아하던 그는 수학자의 일생이 참으로 행복하리라고 생각했다. 중학교 때 수학자이자 사상가인 버트런드 러셀의 전기를 읽었고, 고교와 대학 시절에는 러셀과 앨프리드 화이트헤드가 공저한 《수학 원리Principia Mathematica》를 수시로 읽었다. 러셀과 같은 수학자가 되고 싶었다. 수학의 문제는 무한하다. 하나하나가 모두 다르고, 답을 찾는 데 걸리는 시간도 제각각이다. 어떤 난제들은 수십 년이 지나도 풀리지 않는 예도 있다. 하지만 수학 문제를 풀 때는 공통점이 있다. 해법을 찾아내면 늘 명쾌함과 만족감이 있다는 점이다. 그리고 해법에 도달하려면 집중해서 사고하는 과정이 필수다. 전길남은 그때의 몰입감을 무엇보다 좋아했다. 수학 문제를 푸느라 집중할 때면 시간이 어떻게 흘렀는지 모를 정도로 몰입했고 행복감을 느꼈다.

그래서 알베르트 아인슈타인이 존경스러웠다. 아인슈타인이 발견한 상대성 원리 등은 중요도 측면에서 근대의 숱한 과학 발견 중에서도 유난히 빛이 나지만, 전길남에게는 그 이상의 의미로 다가왔다. 아인슈타인이 해결한 문제의 결과가 굉장히 명쾌하다는 점 때문이었다. 과학자라면 누구나 문제를 풀기 위해 노력하지만, 아인슈타인은 누구보다도 탁월했다. 결과가 매우 깔끔하고 지극히 단순했다. 과학의 어려운 문제를 해결해 새 지평을 열었을 뿐 아니라 결과에 군더더기가 없었다. 신의 작품처럼 완벽한 아름다움이 느껴졌다. 전길남은 "궁극에 도달하면 그토록 깔끔하고 단순하게 만들어낼 수 있나 보다" 하고 감탄했다. 진정한 전문가와 천재의 경지가 왜 감탄스러운지 알 수 있었다. 14세기 영국의 수도사이자 논리학자인 오컴William of Ockham이 사유의 경제성 원리, 일명 '오컴의 면도날'을 제시한 이후 과학에서는 가능한 한 최소의 요소로 복잡한 현상을 설명하는 게 최고의 논리라는 믿음이 널리 퍼졌다.

청소년기부터 수학을 좋아했던 전길남은 한때 수학자를 꿈꾸었다. '나이 들어 은퇴하면 좋아하는 히말라야 산속에서 수학 문제를 풀면 정말 행복할 것'이라고 생각했다. 그러나 아인슈타인은 그에게 수학의 매력을 알려준 동시에 그 꿈을 포기하게 만든 인물이다. 아인슈타인을 보면, 수학자가 된다는 건 열심히 하면 이룰 수도 있는 목표가 아니라 천재의 영역이라는 생각이 들었다. 전길남은 아인슈타인을 보면서 자신이 수학자가 될 만큼 우수한 두뇌의 소유자는 아니라고 생각했다. 수학과 과학을 좋아했지만, 직업과 관련해서는 현실적인 해결책을 만들어내는 공학 분야로 관심을 돌린 배경이기도 했다.

운명처럼 마주친 사건

도요나카고교 시절 인생의 결정적 순간이 찾아왔다. 1960년에 그는 고3이었다. 한국에서는 이승만 정권의 3·15 부정 선거로 전국에서 시위가 날로 격화되고 있었다. 그해 4월 11일에는 3·15 부정 선거 규탄 시위에 참여했다가 행방불명되었던 마산 상고 1학년 김주열 군의 시체가 발견되었다. 김 군이 숨지자 경찰이 사건을 숨기려 주검에 돌을 묶어 바다에 수장시켰는데, 실종 27일 만에 마산항 중앙 부두 앞바다에 변사체로 떠오른 것이다. 15세 소년 김주열 군의 주검은 왼쪽 눈에 알루미늄제 최루탄이 박힌, 참혹함 그 자체였다. 4월 12일, 김 군의 사진이 〈부산일보〉에 보도되면서 전국의 대학생과 고교생을 비롯한 시민들의 대대적 시위가 걷잡을 수 없이 확산되었다. 4월 18일에는 부정 선거를 규탄하는 3,000여 명의 고려대생 시위대를 경찰이 습격했고, 이튿날인 4월 19일에는 대규모 시위대를 향해 경찰이 무차별 총격을 가해 수많은 시민이 총에 맞아 숨지고 부상했다. 4·19 시위로 인한 사망자는 총 185명, 부상자는 1,500여 명에 이르렀다. 국민을 향해 총격을 가한 이승만 정권은 성난 시위대에 결국 무너졌다. 4·19 혁명이다. 이승만은 대통령직에서 쫓겨나 하와이로 망명을 떠나 죽을 때까지 고국에 돌아오지 못했다.

당시 일본도 미·일 안전보장조약 개정에 반대하는 대학생과 고교생의 시위가 전국적으로 일면서 격변의 시기를 맞고 있었다. 조약 개정으로 일본이 미국의 전쟁에 휘말릴까 우려하는 비판 여론이 높았다. 5월이 되자 집권당인 자민당은 6월에 미국 대통령 드와이트 아이젠하워가 방일하기 전에 조약 개정안 표결을 통과시킨다는 목표를 세웠다. 조약 개정에 반대하는 사회당 의원들을 경찰을 동원해 의사당 밖으로 끌어내고 자민당 의원들끼리 표결을 강행했다. 이는 '민주주의의 후퇴'로 받아들여졌고, 정치권과 시민 사회의 미·일 안전보장조약 개정 반대 운동은 더욱 확산되고 격렬해졌다. 그러던 중 6월 15일 전국적으로 500만 명 넘게 참여하는 대대적 시위가 벌어졌다. 경찰과 시위대가 격돌한 시위 현장에서 도쿄대 여학생 칸바 미치코가 숨지는 참사가 발생했다.

한국 학생들이 정권의 총칼에 맞서 막대한 희생을 치르며 4·19 혁명을 이루어낸 사실을 유심히 지켜보던 중에 도쿄대 여학생 사망 사건까지 겹치자 고교생들까지 반대 집회에 대거 참여했다. 한국에서 4·19가 일어난 지 2개월 뒤인 6월 하순, 오사카에서도 미·일 안전보장조약 개정에 반대하는 대규모 학생 집회가 조직되었다. 집회 장소는 오사카성 아래 잔디밭이었다. 대학생 1만여 명, 고교생 5,000여 명이 운집해서 각각 별도의 집회를 진행했다. 고교생 5,000여 명 중 가장 많은 학생이 참여한 학교는 전길남이 다니던 도요나카고교였다. 전교생의 3분의 1인 500명이 집회에 참여했다. 당시 3학년이던 전길남은 학생회 활동을 하고 있었고, 3학년 봄학기부터 학생회장을 맡고 있었다. 키도 크고 대표 선수급 수영 실력을 갖춘 스포츠맨인 데다 학업 성적도 뛰어났다. 학생과 교사들 사이에서 인기가 높아서 학생회장까지 될 수 있었다. 이날 오사카성 아래서 열린 대학생들의 집회는 조직적으로 준비되었지만, 옆에서 열린 고교생들의 집회는 별 준비 없이 이루어졌다. 자연스럽게 집회에 가장 많은 학생이 참석한 고교를 대표해 학생회장인 전길남이 연설을 하기로 했다.

전길남은 5분 뒤 있을 연설을 위해 연설문 초안을 읽으면서 연습했다. 그런데 "우리 나라의 민주주의를 지키기 위해서…"라는 문장을 읽는데, '우리 나라'라는 말이 도저히 입에서 떨어지지 않았다. 그 순간, 마산 앞바다에서 최루탄이 얼굴에 박힌 채 주검으로 발견된 김주열 군의 모습이 머릿속에 떠올랐다. 생생한 김주열 군의 모습 앞에서 '우리 나라'라는 말이 차마 입 밖으로 나오지 않았다. 부정 선거에 항의해 분연히 일어난 어린 학생들이 희생을 치른 한국을 두고 일본을 '우리 나라'라고 말할 수 없음을 한국인의 피가 흐르는 몸이 느낀 것이다. 전길남은 순간 '나는 일본 사람이 아닌가 보다'라고 생각했다. 한번 생긴 그 생각은 쉽사리 사라지지 않았다. 고교생 5,000여 명이 운집한 미·일 안전보장조약 반대 집회에서 학생회장으로 대표 연설을 하는 것은 그 시절 고교생에게는 흥분되고 영예스러운 일이기도 했다. 하지만 결국 포기했다. 진행을 맡은 이에게 못하겠다고 말했다. 그가 하기로 되어 있던 대표 연설은 다른 고등학교 학생회장이 대신 맡았다.

그동안 한국과 4·19에 대해 품고 있던 생각과 감정이 순간적으로 폭발한 것이다. 그에게 4·19라는 사건은 강렬했다. 그에게 한국은 한 번도 가보지 못했고 부모의 나라로만 알고 있던 이웃 나라였다. 재일 동포에 대한 차별과 배제가 뿌리 깊은 일본 사회에서 자녀들이 무사할 수 있도록 어머니는 항상 "일본 사람처럼 행동해야 한다"며 조선 사람임을 다른 사람들이 알지 못하게 해야 한다고 가르쳤다. 그는 부모의 가르침대로 일본인으로 살아왔다. 절친한 몇 명을 빼고는 그가 재일 동포라는 사실을 알지 못했다. 하지만 사춘기의 전길남에게 한국에서 일어난 4·19는 존재를 뿌리부터 뒤흔드는 충격적인 사건이었다. '나는 누구인가?' '조선인인가, 일본인인가?' '내가 일본에 있지 않고 한국에 있었다면 지금 어떻게 살고 있을까?' 정체성에 관한 질문이 그치지 않았다. 4·19 혁명을 이루어낸 한국을 알고 싶다는 생각이 간절했다. 생각은 꼬리에 꼬리를 물고 '만약 내가 한국에 있었다면 부정 선거에 항의하다가 김주열 학생처럼 죽음을 맞았을지 모른다'는 생각으로까지 이어졌다.

그 이후 전길남은 오사카성 집회에서 운명처럼 마주친 민족적 정체성과 대화를 이어나갔다. 그동안 일본인과 재일 한국인(자이니치) 사이에서 안개에 덮인 것처럼 희미하던 자신의 정체성이 선명해졌다. 시간이 지날수록 생각은 짙어졌다. 한국 국적을 활용해 올림픽 수영 국가 대표가 되는 길을 잠시 모색하던 때와 달리, 자신의 땀과 희망을 쏟을 대상으로 한국을 진지하게 생각하게 되었다. 그리고 이는 결국 일본을 떠나야 한다는 결심으로 이어졌다.

일본을 떠난다면 목적지는 남한이라는 생각이 먼저 들었다. 당시 재일 동포 사회에서 젊은이들이 "부모님 나라로 돌아간다"고 할 때 90퍼센트 이상은 그 대상이 북한이었다. 조총련(재일본조선인총련합회)은 재일 동포를 북한으로 실어 나르는 북송선을 운영했고, 민족 교육을 실시하며 북한으로의 귀환을 대대적으로 홍보했다. 일본에서 차별과 설움 속에서 살던 많은 재일 동포가 '그리운 부모의 나라'에 대한 기대를 품고 니가타新潟에서 출발하는 조총련 북송선을 탔다. 특히, 일본에서 명문 대학을 졸업한 재일 동포 젊은이 상당수가 일본에서 배운 전문지식으로 사회주의 국가 건설에 이바지한다는 생각으로 북송선에 올랐다. 당시는 북송선이 가장 활발하게 운용되던 시기였다. 1960년은 북송선이 48차례 운항하며 재일 동포 4만 8,000여 명이 북한으로 귀국해 최대치를 기록했다. 1961년에는 34차례 북송선이 운항해 모두 2만 2,000여 명이 북한 땅을 밟았다. 2년간의 북송 인원만 7만 명을 넘어, 전체 재일 동포 인구의 10퍼센트 이상이 북한으로 이주했다.

하지만 전길남이 자신은 일본인이 아니고 '부모의 나라'가 따로 있는 사람이라는 사실을 실감하게 된 계기는 조총련의 교육과 홍보가 아니었다. 불의에 항거한 15세 소년 김주열 군과 4·19 혁명이었다. 부모님의 고향이 경남이었고, 아버지가 일본에서 조총련이 아닌 민단(재일본대한민국민단) 쪽에서 활동했고, 1950년에 일본에서 외국인 등록을 할 때 가족 모두가 대한민국 국적으로 등록한 것도 사실이다. 하지만 그 일들은 전길남이 고국행을 선택할 때 별 영향을 주지 않았다. 한국의 젊은이들이 4·19 혁명을 통해 보여준 숭고한 이상과 뜨거운 열정의 에너지 가 그를 강하게 끌어당겼다. 당시 한국은 일본에 비할 수 없이 가난하고 힘없는 약소국이었다. 하지만 4·19를 통해 불굴의 정 신과 열정이 살아 있다는 사실이 가슴 깊은 곳에서부터 느껴지 는, 온 영혼으로 만나고 싶은 '부모의 나라'였다.

만나고 싶은 나라

'한국으로 가려면 무엇을 준비해야 할까?' '한국에 가서는 무엇 을 할 수 있을까?' '나는 왜 한국으로 가려는 것일까?'

그때까지 한 번도 생각해본 적 없는 질문이 꼬리에 꼬리를 물 었다. 한국으로 가려면 한국에서 쓸모 있는 지식이나 직업을 가 져야 한국 사회에도 자신에게도 도움이 될 터였다. 어떤 지식을 배우고 어떤 직업을 가져야 한국 사회에 유용한 사람이 될 수 있을까?

1960년, 한국은 일 인당 국민소득이 79달러에 불과했다. 농 업 외에 이렇다 할 자원이나 산업이 없는 가난한 나라였다. 모 든 게 부족했다. 행정이나 경제학, 역사, 철학도 중요하지만, 기 본적으로 언어를 통해 사회에 영향을 끼치는 인문계 전공은 일본에서 자란 그가 잘하기 어려운 영역이었다. 한국은 기술과 공업 역시 발달하지 못했으니 공학을 배워도 큰 쓸모가 있을 것 같지 않았다. 가장 유용해 보이는 직업은 의사였다. 저소득 개발도상국이니 의료 수준이 낮았고 인구 대비 의사가 크게 부족했다. 그나마 있는 병·의원들도 대부분 대도시에 몰려 있었다. 의료 보험은 상상도 할 수 없던 시절이니 보통 사람들이 의료 서비스를 받기는 무척 어려웠다. 슈바이처 같은 의사가 되어 무의촌에 가서 의술을 베풀면 보람 있을 것 같았다.

한국행은 전길남 자신뿐 아니라 부모님도 전혀 예상하지 못한 일이었다. 부모님은 자녀들을 일본 사회에 적응시키고 동화시키기 위해 자녀들 앞에서 한국말도 쓰지 않았다. 자녀들이 성인이 된 뒤 다시 한국으로 건너가 살 수도 있다는 생각은 전혀 하지 않았다. 더욱이 재일 동포 가정으로서는 드물게 성공해서 경제적으로 넉넉한 형편이었다. 당시 한국과 일본의 격차는 컸다. 부모님은 "지금까지 일본에서 고생하며 공부해놓고 무엇 하러 못사는 나라로 가려고 하느냐?"며 반대했다.

아버지는 셋째 아들인 전길남이 자신이 일군 사업을 이어받기를 내심 기대했다. 머리가 좋고 성실하며 리더십 있는 셋째가 명문 대학에서 경영학을 전공한 뒤 사업을 이어받는다면, 사업을 키우는 것은 물론 재일 동포에게 개방적이지 않은 일본 주류 사회에도 진입할 수 있으리라 기대했다. 네 아들 중 셋째에 대한 신뢰와 기대가 유난히 컸다.

한국행을 준비하려면 먼저 부모님을 설득해야 했다. 부모님은 결혼해 첫아이를 낳고 얼마 되지 않아 일본으로 건너왔다. 미래에 대한 계획이 많은 신혼 시절이었다. 아버지가 젊은 시절 일본으로 건너온 이유는 한국에서 하기 어려운 두 가지를 하기 위해서였다. 열심히 돈을 벌고, 제대로 공부하고 싶었다. 아버지는 종종 자녀들에게 자신이 무엇을 꿈꾸며 일본으로 건너왔는지 젊은 시절 소망을 이야기하곤 했다.

진로를 선택할 때가 되자 전길남은 아버지에게 충격적인 선언을 했다. "저는 아버지 사업을 이어받지 않겠습니다. 대신 아버지가 일본으로 오면서 소망했지만 하지 못한 공부를 하겠습니다. 열심히 공부한 뒤 한국에 가서 도움이 되는 일을 하겠습니다." 속으로는 불만스러웠을지 몰라도, 자기가 못한 공부를 아들이 하겠다고 하니 아버지도 대놓고 반대하지는 못했다. 어쩌면 실리와 이해관계에 밝은 사업가답게, 현실을 모르는 10대 소년의 치기 어린 생각쯤으로 여겨 심각하게 받아들이지 않았을 수도 있다. 나중에 나이가 들어 세상을 좀 더 알게 되면 부모가 뭐라 하지 않아도 자연히 현실적인 길을 찾아나가리라고 생각했을지 모른다. 실제로 당시 일본과 한국의 경제 규모나 생활수준은 격차가 너무 커서, 나중에 현실을 접하면 자연스럽게 마음이 바뀌리라는 기대도 없지 않았을 것이다.

한국행을 결심했으니 대학 진학과 전공도 한국과 관련해서 결정해야 했다. 일본 사회에서 재일 한국인이 선택할 수 있는 직업의 폭은 그리 넓지 않았다. 대다수 직업에 차별과 배제가 있었기 때문이다. 일본에서 인종과 민족에 대한 차별, 그리고 출신에 대한 차별은 법률 등을 통해 드러내놓고 이루어지는 게 아니다. 묵시적이고 간접적이지만 다양한 차별이 일본 사회 전반에 뿌리 깊게 스며 있다. 대학 진학 때까지는 재일 동포나 부라쿠민部落民*과 같은 사회 하층민이라고 해서 선발이나 입학에서 배제하는 명시적 차별은 없다. 차별은 취업 시점에서 결정적으로 드러난다. 재일 동포는 뛰어난 자격과 지원 조건을 갖추어도 좋은 기업에 취업하기가 매우 어렵다.

60만 명이 넘는 재일 한국인 사회에서 한국 국적을 유지한 도쿄대 교수가 처음 나온 때가 1998년이다. 재일 한국인 2세인 강상중 교수가 일본에 귀화하지 않고 한국 국적을 지닌 채 1998년 도쿄대 교수가 되었다. 그의 도쿄대 교수 임용이 일본 사회와 재일 한국인 사회에서 주요 뉴스가 되었을 정도로, 일본 사회는 재일 한국인을 노골적으로 차별하고 취업에 빗장을 걸어놓았다.

재일 한국인에 대한 일본 사회의 노골적이고 철저한 차별은 한국계 미국인 작가 이민진이 2017년 발표한 장편소설 《파친

---

* 전근대 일본의 신분 제도 아래에서 최하층에 속한 불가촉천민과 신분제 철폐 이후의 근현대 일본에서도 여전히 천민 집단의 후예로 차별을 받는 특정 계층을 가리킨다. 아이누인, 재일 한국인, 재일 중국인, 류큐인과 함께 일본 내 대표적인 소수 집단이다.

코》에도 생생하게 드러나 있다. 《파친코》는 2022년 애플TV에서 드라마로 방영돼 세계적 인기를 끌었는데, 한국에서 일본으로 이주해간 재일 한국인들이 멸시와 차별 속에서 그나마 생업으로 삼을 수 있었던 사행산업 파친코를 배경으로 4대에 걸쳐 겪는 처절한 수난과 대응의 이야기다.

환경이 이렇다 보니 재일 한국인은 자영업이나 사업에 뛰어들거나, 의사나 약사처럼 전문 자격증으로 직업을 구할 방법을 모색하게 마련이었다. 재능이 있으면 운동선수나 연예인으로 진출하기도 하지만, 그 경우에도 일본 사회에서 받아들여지려면 한국인 출신임을 드러내지 않고 일본 사회가 요구하는 묵시적 규약을 잘 따라야 했다. 재일 동포 청년들은 고등학교 졸업무렵이나 대학을 진학하는 시점에 민족적 정체성과 자신의 미래에 대한 고민을 피할 수 없었다.

전길남은 대학 입시를 두 군데 보았다. 의과대학과 오사카대학교 공과대학이었다. 두 곳 모두 합격했다. 두 곳을 동시에 다닐 수는 없으니 어디로 진학할지 선택해야 했다. 어떤 공부를 해야 나중에 한국에 가서 기여할 수 있을지 주변에 물어보고 생각한 결과, 과학 기술과 이를 활용하는 공학을 배우면 유용할 것이라는 판단이 섰다. 특히, 첨단 과학 기술 중에서도 전자공학이나 전산학의 전망이 밝아 보였다. 의사가 되면 매번 한 사람씩 생명을 구하거나 치료하지만, 공학자가 되어 과학 기술을 활용하면 한 번에 수많은 사람에게 도움을 줄 수 있으리라는 생각도 들었다. 한국에 가기로 마음먹은 뒤 구체적으로 의사가 되는 길을 생각하고 의대 시험에도 합격했지만, 유난히 싫어하는 소독약 냄새를 평생 맡아야 한다는 데 생각이 미치자 어느 순간 자신이 없어졌다. 결국, 의대 진학을 포기하고 공대로 결정했다.

내가 선택한 곳

대학교에 입학한 1961년 8월 초, 난생처음 한국 땅을 밟고 열흘가량 머물렀다. 일본 생활이 안정된 뒤부터 어머니는 2년마다 한국을 찾았다. 성묘를 위해서였다. 대학생이 된 전길남은 어머니와 함께 처음으로 부모님의 나라 한국을 만났다. 오사카에서 거창까지 가는 여정은 지도상 거리보다 훨씬 멀었다. 오사카에서 도쿄로 간 뒤 미국 노스웨스트항공을 타고 김포공항을 통해 서울에 도착했다. 서울에서 거창까지는 먼 길이었다. 경부고속도로가 만들어지기 한참 전이었고, 열차는 완행이었다.

　처음 한국을 찾은 전길남을 반겨준 서울의 거리 풍경은 고대하던 4·19 혁명의 열정과 정의감이 넘치는 곳이 아니었다. 곳곳에 총 든 병사가 서 있고 지프가 오가는 군인들 세상이었다. 한여름인데도 살풍경한 느낌이 들었다. 5·16 군사 쿠데타가 일어난 지 겨우 두어 달이 지난 시점이었다. 서울의 주요 대학 정문은 굳게 닫혔고, 정문 앞에 탱크가 배치되는 등 거리에는 군사 쿠데타의 공포 분위기가 짙었다.

김포공항에 내려 서울 시내로 진입하는 동안 전길남은 깊은 생각에 빠졌다. '이곳이 앞으로 내가 살기로 선택하고 결정한 내 나라구나.' 그동안 부모님의 고국으로 알고 있었고 부모님의 선택에 따라 국적도 자연스럽게 한국이었지만, 이제부터는 아니었다. 다른 누군가의 결정으로 자신의 국적과 고향이 정해진 게 아니었다. 이제 한국은 전길남이 스스로 자신의 삶을 살기로 선택한 나라였다. '아, 여기가 내가 진짜 선택한 곳이구나.'

서울 시내를 보면서 느낀 첫인상은 '가난한 나라'라는 것이었다. 제2차 세계대전 직후 전쟁의 흔적이 여전하던 10여 년 전의 일본과 비슷하다는 생각도 들었다. 서울에 도착해 가장 먼저 간 곳은 수유리 4·19 묘역이었다. 자신을 한국으로 부른 목소리들이 잠들어 있는 곳이었다.

참배를 마친 뒤 거창으로 내려갔다. 도중에 이모부가 병원을 개업한 진주에 들러 이모네 식구를 만나고 어머니 고향인 합천을 방문했다. 일본에서 고향을 찾아온 핏줄이라고 환대해주어서인지, 자신이 살기로 마음먹은 곳이어서인지 모르지만, 쿠데타의 여파와 가난한 나라라는 인상이 짙은데도 전체적으로 느낌이 나쁘지 않았다.

외갓집 친척들은 처음 보는 전길남의 모습에 깜짝 놀랐다. 행방불명된 아들이 살아 돌아온 줄 알았기 때문이다. 어머니의 남동생, 즉 전길남의 외삼촌이 한국전쟁 때 실종되었는데, 전길남이 외삼촌을 빼닮아 동네 사람들이 행방불명된 사람이 돌아온 줄로 착각한 것이다. 외삼촌이 행방불명된 나이도 당시 전길남의 나이와 비슷했다. 전쟁의 혼란과 참화에서 혈육이 숨겼는지 아니면 북으로 갔는지조차 알 수 없던 시절이었다.

휴전한 지 여러 해가 지났지만, 고향 시골은 여전히 전쟁 후유증에 시달리고 있었다. 거창은 전쟁 시기인 1951년에 한국군이 아이와 노인을 가리지 않고 마을 주민 700여 명에게 총을 난사한 거창양민학살사건이 벌어진 곳이기도 하다. 전길남이 방문했을 때도 밤에 술을 먹으면 이웃끼리 싸우는 일이 잦았다. 전쟁의 후유증이었다. 그런 모습을 처음 목격한 그는 두려웠고 충격을 받았다. 바다 건너 고향을 찾은 전길남과 어머니에게 합천 외갓집 친척들이 정성껏 식사를 마련해주었지만, 일본에서 먹어보지 못한 음식이라 거의 먹지 못했다. 밥과 멸치, 생선, 김치로 차린 밥상이었는데, 특히 경상도 김치가 먹기 힘들었다. 전길남은 다짐했다. '일본에서 태어나고 자란 내가 한국에서 살려면 쉽지 않은 일이 많겠다. 진짜 많은 준비를 해야겠구나.'

일본 이름을 버리고

오사카대학교에서는 전공이 전기공학이었지만 수학과 물리학을 함께 배웠다. 엔지니어링을 잘하려면 수학, 물리학, 화학 등 기초 과학 기반이 필요하다고 보는 교육 시스템의 영향이었다. 당시 미국 매사추세츠공대MIT에서 공학 교육에 기초 과학을 융합한 커리큘럼을 도입했고, 오사카대학교는 이를 적극적으로 수용했다.

대학 1학년 때 전길남은 MIT 교수 노버트 위너의《사이버네틱스Cybernetics》를 읽고 전공과 관련해 큰 영향을 받았다. 1948년에 나온 이 책은 인간과 기계, 기계와 기계 사이의 통신과 피드백이 어떠한 원리와 구조로 이루어지는지를 다룬 책으로, 이 분야의 기념비적 저서다. 위너가 창시한 사이버네틱스는 이후 디지털 기술과 네트워크 기술, 인공지능 기술에 지대한 영향을 끼친 통합적 연구 분야가 되었다. 전길남은《사이버네틱스》에서 인간과 기계 사이에 데이터가 오가면서 어떻게 피드백을 형성하는지, 이를 활용하면 커뮤니케이션과 컨트롤이 어떻게 가능한지를 보고, 이 분야를 연구하기로 마음먹었다. 특히, 인간과 기계 사이의 피드백을 기반으로 컨트롤이 어느 수준까지 가능한지를 확률론적으로 접근하는 방식에 매료되었다. 훗날 그가 시스템 엔지니어링을 선택하고, 매사를 결정론이 아닌 데이터와 확률에 기반해 사고하게 된 것도 대학 1학년 때 읽은 위너의《사이버네틱스》가 출발점이었다.

그는 대학에서 진공관으로 작동하는 아날로그 컴퓨터를 주로 다뤘다. 연구실에서는 안테나의 성능을 분석하기 위해서 아날로그 컴퓨터를 구동시켜 안테나 모양에 따라서 전자파 출력이 어떻게 달라지는지를 방정식을 통해 분석하는 연구를 했다. 4학년 때는 오사카대학교의 컴퓨터 센터와 연계된 히타치컴퓨터 도쿄 공장으로 한 달간 실습하러 가서 CPU의 에러를 측정하는 업무를 경험했다.

대학생은 부모의 보호와 그늘에서 벗어나 스스로 주요한 결정을 내리는 시기이기도 하다. 여기에는 처음부터 주어진 것을 거부하는 것도 포함된다. 대학에 진학한 그는 태어나면서부터 써온 일본 이름을 버리고 한국 이름을 사용하기로 했다. 이는 전길남만이 아니라 도쿄대, 오사카대, 교토대 등 일본 주요 대학에 진학한 재일 동포 학생들이 자신의 민족적 정체성과 자긍심을 드러내는 방편이었다. 대학에서는 재일 동포로서 정체를 드러내면서 동포 학생들끼리 자연스럽게 모이고 공동 활동을 했다. 오사카대학교의 경우 매년 새로 입학하는 3,000~4,000명 중 재일 동포는 10여 명에 불과했다. 따라서 재일 동포 학생들끼리 자연스럽게 유대가 형성되었다. 대학 축제 때 재일 동포 학생 모임에서는 '남한-북한-재일 동포'를 주제로 한 부스를 만들어서 소개 행사를 열곤 했다. 전길남은 주로 4·19 소개와 관련한 임무를 맡았다. 4·19 기록 사진 전시를 기획해 준비했고, 어느 해에는 4·19를 기록한 뉴스 영상을 상영하고 북한 영상도 함께 보여주었다.

재일 동포 학생들은 같은 민족으로서 공감대를 형성하며 대학 졸업 이후 직면하는 노골적 차별에 대한 고민도 공유했다. 명문

대를 졸업해도 관공서, 대학교, 대기업 등에 취업하는 길이 사실상 막혀 있었기 때문이다. 부조리한 현실 앞에서 젊은이들은 고민이 깊을 수밖에 없었다.

대학 4학년 때 한국행을 구체적으로 준비하면서 전길남은 오사카대학교 동포 선배와 상의했다. 선배는 "지금은 때가 아니다"라고 말했다. "일본 대학 졸업장만 갖고는 한국에서 환영받지 못할 거다. 미국이나 유럽에 가서 박사 학위를 받고 한국에 가는 게 너의 뜻을 이루는 데 훨씬 낫다"고 권했다. 전길남에게는 미국 유학 역시 한국으로 가기 위한 준비였다.

2

NASA에서 배운
시스템공학

1972년 미국 유학 시절,
미국에서 가장 높은 시에라네바다 산맥의 휘트니산 정상.
뒷줄 가운데 긴 머리 사내가 전길남.

시스템 엔지니어링 박사

1965년 오사카대학교를 졸업하고 차근차근 꿈을 이루기 위한 준비에 나섰다. 대학을 졸업하던 해 겨울, 한국을 두 번째로 방문했다. 연세대 한국어학당에 등록하고 한국어 학습을 시작했다. 어학당 과정을 마치고는 일본으로 돌아가 본격적으로 미국유학 준비에 들어갔다. 오사카대학교에서 배운 컴퓨터공학을 미국에서 더 배우기로 하고, 연구 환경이 가장 뛰어난 곳을 물색했다. 컴퓨터공학을 배우기 가장 좋은 곳은 동부 피츠버그에 있는 카네기멜런대학교와 서부 캘리포니아주립대 로스앤젤레스 캠퍼스UCLA였다. UCLA를 최종 선택해서 합격하고 1966년 미국으로 떠났다. UCLA를 선택한 배경에 연구 환경만 작용했던 것은 아니다. 미국 동부보다 서부가 등산과 수영 등 스포츠를 하기에 최적의 기후와 환경을 갖췄다는 점도 크게 작용했다.

유학 생활은 비교적 단조로웠다. 목적이 분명한 만큼 공부에 매진했다. 미국 생활 첫해에는 학위 과정을 본격적으로 시작하기에 앞서 영어를 잘 배우기 위해 전략을 세웠다. 태어나 그때까지 써오던 일본말을 버리기로 했다. 영어로만 말하고 생각하기로 마음먹었다. 우연히라도 일본말을 사용하지 않는 것을 넘어 의도적으로 망각하기로 했다. 이후 그는 실제로 각종 국제회의에서 일본인을 만나 대화하는 경우나, 나중에 카이스트 교수를 은퇴한 뒤 일본에서 교수 생활을 할 때도 일본어를 거의 쓰지 않고 영어로 소통하고 강의했다. 일본 사람을 만날 때도 일본어를 전혀 사용하지 않고 영어로 소통하는 모습을 보고 카이스트 제자들이 의아해했을 정도다. 그런 배경으로 전길남의 영어는 매우 논리적이고 정확하다.

유학을 온 구체적인 목적은 미국 명문 대학에서 공학박사 학위를 받는 것이었지만, 진짜 목적은 한국행을 준비하는 데 있었다. 따라서 박사 학위를 받은 뒤 미국에서 교수나 연구원으로 정착할 가능성은 아예 고려하지 않았다. 한국에 가는 데 필요한 준비 과정이라고 생각했다. 인간적 친분을 쌓는 대상도 주로 한국인이었다. 어차피 미국에서 살 게 아니라고 마음먹은 데다 한국을 좀 더 알아야 한다는 생각에서였다. 그러던 중 한인 유학생 모임에서 인생의 동반자를 만났다. 훗날 아내가 된 조한혜정이다.

대학을 선택할 당시에는 미처 몰랐지만, UCLA 컴퓨터공학과는 인터넷 초기 개발의 주역인 교수와 대학원생이 몰려 있는 곳이었다. 전길남은 1966년 UCLA 컴퓨터공학과에서 석사 과정을 시작해 일 년 반 뒤 졸업했다. TCP/IP 프로토콜을 개발해 '인터넷의 아버지'로 불리는 빈트 서프와 존 포스텔도 당시 같은 학과 대학원생이었다. 인터넷의 전신인 아르파넷 프로젝트에 직접 참여한 것은 아니지만, 전길남은 빈트 서프, 존 포스텔과 교류하며 아르파넷 개발 초기 과정을 바로 곁에서 볼 수 있었다. 컴퓨터공학을 배우러 떠나온 유학이었지만, 결과적으로 그 경험은 미국을 제외한 어느 나라보다 먼저 한국이 인터넷을 자체 구축하는 배경이 되었다.

석사 학위 취득 뒤에는 곧바로 박사 과정으로 진학하지 않고 잠시 취업을 하기로 했다. 유학 생활이 고되기도 했고, 미국에서 직장 생활도 체험해보고 싶었기 때문이다. 스포츠 활동의 최적지라고 생각해 캘리포니아를 선택했지만, 고된 학위 과정 중에는 마음 놓고 등산을 다닐 여유가 없었던 것도 이유였다. 취직하면 시간적으로나 경제적으로 여유 있는 생활을 할 수 있었다. 석사 학위를 마친 그는 1968년, 통신 전문 기업 콜린스 라디오Collins Radio에 취업했다. 비행기와 지상 관제소 간의 통신을 비롯해 컴퓨터 네트워킹, 우주선과의 통신 기술을 연구하고 이를 처리하는 통신 장비를 만드는 기업이다. 콜린스는 당시 비행기와 관제소 간 통신 기술과 장비 공급을 사실상 독점하던, 기술 수준이 높고 규모가 큰 기업이었다. 아이오와 본사에서는 하드웨어를 만들고, 텍사스 댈러스 지사에서는 응용 프로그램을 개발하고, 전길남이 취업한 캘리포니아에서는 전체 시스템을 설계했다.

콜린스 라디오는 자사 C 시스템의 무선 통신 기술을 확장하는 프로젝트를 진행했다. 전길남은 주로 네트워크 패킷 교환 소프트웨어 설계를 맡았다. 패킷 교환packet switching은 커다란 파일을 자그마한 패킷 형태로 잘게 쪼개 통신망을 통해 전송한 뒤 수신 장치에서 전달받은 파일 조각을 조립해 원래 파일로 만들어내는, 지금의 인터넷 통신 방식과 유사한 기술이다. 당시 콜린스의 프로젝트는 원대했다. 일단, 음성 통신을 개발한 뒤 데이터 통신으로 확장하려고 했다. 그러나 낙관적 목표와 달리 프로젝트는 계획대로 진행되지 않았다. 콜린스는 네트워크 세상의 모든 문제를 해결하고자 했다. 그러다 보니 소프트웨어가 지나치게 복잡해졌다. 하지만 1960~1970년대 통신 네트워크용 하드웨어 성능은 지금과 비교하면 형편없는 수준이었다. 이론적으로는 가능해 보였지만, 현실에서 통신망과 장비의 품질이 낮아 파일 전송에서 에러율이 너무 높았다. 아무리 시도해도 결과가 목표 수준의 5퍼센트밖에 나오지 않았다. 목표를 지나치게 낙관적으로 설정한 데다가 시스템 엔지니어링이 제대로 되지 않은 탓이었다. 엔지니어 200~300명이 4~5년간 매달렸지만 원하는 성능이 나오지 않았다. 결국 회사는 경영난에 빠지고 1973년 록웰에 인수되었다. 콜린스 라디오에서 일한 첫해는 홍미로웠지만, 시간이 지날수록 성과를 내지 못하는 개발 업무가 즐겁지 않았다. 전길남은 콜린스 시절의 개발 경험을 "이런 식으로 프로젝트를 하면 안 되는구나"를 배운 반면교사의 시기로 기억한다.

콜린스 라디오에서의 근무를 일 년 반 만에 끝내고, 미뤄두었던 박사 과정을 시작하기 위해 1970년에 UCLA로 돌아갔다. 그리고 1974년에 컴퓨터공학과에서 시스템 엔지니어링 전공으로 박사 학위를 취득했다. 1976년에는 미국 항공우주국의 제트추진연구소에 연구원으로 입사해 1979년 한국에 갈 때까지 3년 반을 근무했다. 애초에는 박사 학위를 받는 대로 한국에 가려고 계획했지만 몇 년 늦어졌다. 1974년, 박사 학위를 받은 해에 결혼했는데, 이즈음 유학 중이던 아내 조한혜정이 미주리주립대에서 문화인류학 석사 학위를 마치고 UCLA에서 박사 과정을 시작했기 때문이다. 그래서 계획을 변경해 아내가 박사 과정을 마친 뒤 한국에 가기로 하고 다시 취업했다. 계획에 없던 취업이었지만, 결과적으로 나사 연구원 경험은 인생의 중대한 전환점이 되었다.

보이저 계획에 투입되다

나사 제트추진연구소에서 일한 3년 반 동안 전길남은 시스템 엔지니어로서 소중한 훈련과 경험을 쌓았다. 또한 이 경험은 그의 사고방식과 인생에 지대한 영향을 끼쳤다. 컴퓨터와 시스템 엔지니어링을 전공한 그가 나사 제트추진연구소 연구원으로 취업할 수 있었던 까닭은 박사 과정에서 수행한 우주지질학 연구와 관련이 있었다. 그는 UCLA 박사 과정에 진학해 대학 내 연구실을 선택할 때 수학과 컴퓨터 프로그래밍 실력이 뛰어난 사람을 뽑는다는 한 연구실에 지원해 합격했다. 우주지질학을 연구하는 연구실이었다. 우주선이 행성에 착륙하면 어떤 반응이 일어나는지, 온도는 어떻게 변하는지 등을 예측하는 프로그램을 개발하는 연구실로, 시뮬레이션을 진행하려면 수학과 컴퓨터 프로그래밍 능력이 필요했다. 박사 과정 때 우연한 계기로 우주지질학을 연구했는데, 이 경험이 제트추진연구소 취업으로 이어졌다.

제트추진연구소는 1936년 캘리포니아공과대학교 California Institute of Technology의 연구소로 설립되었다. 제2차 세계대전 시기에는 제트 엔진 기반의 탄도 미사일 연구 개발도 진행했으나 1958년 나사로 편입된 미국 최고의 우주 항공 연구 개발 기관이다. 제트추진연구소를 중심으로 나사의 파이어니어, 보이저 계획이 추진되었고, 화성 탐사선 로버 스피릿, 오퍼튜니티, 토성 탐사선 카시니도 개발되었다. 나사의 유인 우주선과 무인 행성 탐사선을 관리·운영하기 위한 태양계의 우주 통신망인 심우주 통신망 관제 센터NOCC도 제트추진연구소에 있다.

전길남이 제트추진연구소에 근무하던 시기는 1969년 아폴로 11호의 달 착륙 이후 우주 개발에 대한 과학계와 대중의 관심이 높던 때였다. 달에 유인 우주선을 보내는 아폴로 계획만이 아니라 화성으로 무인 탐사선을 보내는 바이킹 계획Viking program이 진행되었고, 태양계 외곽 행성들로까지 우주 탐험 열기가 확대되었다. 그중에서도 대표적인 것이 지구에서 멀리 떨어져 있는 목성, 토성, 천왕성, 해왕성을 탐사하기 위해 무인 탐사선을 보내는 보이저 계획Voyager program이었다. 보이저 계획에 따라 1977년 보이저 1, 2호가 연달아 발사되었다. 전길남이 제트추진연구소 연구원으로 있던 시기다. 당시 발사된 보이저호 시리즈는 계획한 대로 목성, 토성, 천왕성, 해왕성 등을 성공적으로 탐사하여 인류에게 태양계 외곽 행성들에 대한 상세한 정보를 알려주는 성과를 거두었다. 지구를 떠난 지 40년이 넘어선 시점에서 보이저 1, 2호는 태양계를 벗어나, 문자 그대로 별과 별 사이인 성간 우주interstellar를 지나는 탐사 여행 중이다.

전길남은 제트추진연구소 연구원 시절 나사의 바이킹 계획과 보이저 계획에 투입되었다. 세부적으로는 우주선과 지상 관제 센터의 통신 방법을 연구했다. 나사에서의 연구 활동은 다른 기관과 확연하게 달랐다. 우선, 국가 연구 기관이니 상업성이나 시장 경쟁을 고려할 필요가 없었다. 무엇보다 큰 차이점은 연구 개발을 검토하는 차원이 방대하다는 점이었다. 기업이나 국가 단위의 연구 역량을 모아서 경쟁력 있는 제품을 만들어내는 것이 아니라, 지구적 차원에서 가능한 모든 방법과 자원을 검토해 최적의 방법을 찾아내는 것이 나사가 업무를 수행하는 기본 방식이었다.

그중에서도 시간의 규모가 남달랐다. 나사 우주 탐사 프로젝트의 사이클은 일반적으로 30년가량이다. 짧은 경우에도 20년이다. 잇단 실패 끝에 2013년 러시아와 기술 협력을 통해 비로소 위성 발사에 성공한 한국 나로호 발사 프로젝트에서 알 수 있듯, 우주 탐사는 몇 년간의 집중적인 연구 개발로 달성할 수 있는 프로젝트가 아니다. 우주 기술 선진국이라고 해도 발사 일정 20~30년 전부터 준비와 연구에 들어가야 한다. 우주 탐사 계획은 우주선 발사 일정을 결정한 뒤 그 일정에 맞춰 역순으로 탐사 프로젝트에 필수적인 절차들을 결정하고 추진하는 구조다. 우주선 발사체와 착륙선과 같은 하드웨어는 대개 발사 5년 전쯤에야 최종 결정된다. 시간 규모가 이렇게 방대하다 보니 15년, 20년 뒤에 관련 기술이 어떤 상태에 도달할지 검토하는 절차가 꼭 필요하다.

전길남이 제트추진연구소에서 맡은 업무는 '20년 뒤 필요할 우주선 관제 센터의 기능과 통신 방식' 연구였다. 지금으로부터 20년 뒤에 우주선과 관제 센터가 통신을 주고받을 때 사용할 수 있는 기술과 시스템이 어떤 게 있을지, 또 그 상황에서 어떻게 시스템을 구축하고 유사시 대응 방법을 마련할 것인지를 연구하는 일이었다. 5년, 10년 뒤 기술의 미래를 예측하는 일도 간단치 않다. 관련된 모든 기술에 대한 면밀한 조사가 필수고, 해당 기술과 사용 환경이 20~30년 뒤에 어떻게 바뀔지 기본 구조와 발전 방향에 관한 판단을 내려야 한다. 그 후에야 비로소 선택할 수 있다. 면밀한 조사와 검토만으로 충분하지 않고 미래에 대한 합리적 상상력과 논리가 함께 필요하다.

우주 공간에서는 지구에서는 고려할 필요가 없는 새로운 조건들을 고려해야 한다. 예를 들면, 우주선에는 컴퓨터를 기본적으로 탑재하지만, 그 컴퓨터에는 가장 일반적인 인텔의 마이크로프로세서를 사용할 수 없다. 실리콘은 우주 방사능에 취약하므로, 실리콘으로 제작된 반도체는 우주에서 아예 사용할 수 없다. 따라서 방사능이 강해도 사용할 수 있는 공업용 사파이어로 만든 반도체를 탑재해야 하고 10년, 20년 뒤 그 제품의 성능이 어느 수준에 이를지도 고려해야 한다. 인텔과 같은 메이저 반도체 업체는 시장성이 낮은 사파이어 반도체를 아예 제작하지 않는다. 나사가 필수적으로 고려하는 것은 최소한 해당 기술이나 제품을 조달할 수 있는 업체가 두 곳 이상이어야 한다는 점이다. 한 업체에 의존하면 그 업체가 망하거나 생산 중단 문제에 부닥치면 대책이 없어진다. 그래서 나사는 필요한 경우 시장성이 없는 특정 제품은 두 곳 이상의 업체가 생산 능력을 유지할 수 있도록 지원하여 해당 기업의 생존을 돕기도 한다.

우주선과의 통신은 에러의 차원도 다르다. 인터넷에서는 통신 에러가 생기면 패킷 단위에서 데이터가 유실되지만, 우주에서는 태양 흑점 활동 등으로 노이즈가 발생하면 일시적으로 통신 전체가 불가능해지고 데이터도 블록 단위로 통째로 유실된다. 기존 통신의 에러 처리 방식으로는 대응 자체가 불가능하다. 또한 통신 장애가 발생할 경우 실시간에 가깝게 내용을 파악한 뒤 대처하는 방식도 통하지 않는다. 화성에서 데이터를 보내면 전파가 최소 15분 뒤 관제 센터에 도착한다. 보이저 2호처럼 1989년 해왕성을 지나 태양계 바깥쪽으로 탐사를 떠난 우주선과의 통신은 아무리 작은 데이터라도 기본 30시간이 걸린다. 우주에서 지구와 실시간 통신이 불가능하다는 점은 1970년대 나사에서 자율 주행 기능의 탐사 로봇을 개발한 배경이기도 하다. 지구 관제 센터에서 화성 지표 탐사 로봇을 실시간으로 원격 조종할 수 없어서, 스스로 판단해 주행할 수 있는 자율 주행 기능을 개발해 탐사 로봇에 장착한 것이다. 이는 40여 년 뒤 무인 자율 주행 자동차 기술로 이전되어 실용화되었다. 전길남은 이런 과정을 지켜보고 또 조직적으로 훈련받으며 나사 고유의 업무 수행 방식과 사고 체계에 익숙해졌다.

전길남이 제트추진연구소의 보이저 계획에서 특히 깊은 인상을 받은 것은 《코스모스Cosmos》의 저자인 천체물리학자 칼 세이건이 주도한 외계 문명과의 소통 프로그램이었다. 태양계를 벗어나 성간 여행을 할 보이저 탐사선에 지구에 지적 생명체가 존재하고 문화를 이루어 산다는 내용을 금으로 만든 레코드에 담아, 혹시 만날지 모를 외계의 존재에게 지구와 인간에 대해 알리려는 시도였다. 보이저호가 태양계를 벗어나 다른 별에 가기까지는 적어도 4만 년이 걸린다. 우연히 외계의 존재에게 보이저호가 발견되더라도 아주 오랜 세월이 지난 이후라야 가능하다. 보이저호 발사 당시 칼 세이건이 주도하는 외계 문명과의 소통 프로그램은 외계인에게 지구의 존재와 정확한 위치를 알려 지구 침공을 부를 수 있는 어리석고 위험한 시도라는 일부 과학자들의 우려와 비판도 있었다. 하지만 칼 세이건의 이상주의적 비전을 좌절시키지는 못했다.

"성간 우주에 진보된 문명이 있다면 골든 레코드Golden Record의 소리가 재생될 것이다. 빈 병 하나를 우주의 바다에 실어 보내는 것은 지구에 사는 생명들에게 뭔가 희망적인 일이다"라는 칼 세이건의 말처럼, 보이저호의 골든 레코드는 외계인과의 교신을 목적으로 한 매체라기보다 지구에 사는 사람들을 향한 긍정과 희망의 메시지였다. 그래서 보이저 1호와 2호는 외계인에게 지구 문명을 소개하는 골든 레코드와 재생 장비를 싣고 지금도 성간 우주를 여행 중이다. 골든 레코드에는 천둥소리, 바닷속 고래 소리, 기차와 자동차의 기계음, 바흐의 〈브란덴부르크 협주곡〉 2번 1악장을 비롯한 세계의 다양한 음악, 한국어 '안녕하세요'를 포함한 55개 언어의 인사말, 115장의 이미지, 지미 카터 미국 대통령과 쿠르트 발트하임 유엔 사무총장의 메시지를 담았다.

전길남은 보이저호가 실제 외계 문명에 닿을 수 있을지를 떠나서, 인류가 이루어온 문화와 역사를 외계의 지적 존재에게 어떻게 효과적으로 전달할 수 있는가를 생각하는 칼 세이건이 존경스러웠다. 인류를 대표하는 타임캡슐에 무엇을 담을 것인가도 흥미로운 주제였지만, 언어와 지적 수준이 다른 존재 간의 소통을 고민하고 길을 찾아가는 방식에 경탄했다. 인류의 언어가 통하지 않고 어떤 지적 수준을 지녔을지 알 수 없는 외계 생명체에게 어떻게 인류와 지구에 관해 설명할 것이며 외계 생명체가 어떻게 이를 해독하게 할 것인가를 모색하는 과정이 흥미롭고 신기했다. 인간이 무엇인지, 지구와 태양계가 무엇인지 알지 못한 채 보이저호가 마주치게 될 외계 생명체는 어떤 존재일까부터 생각해야 했다. 이런 연구를 하고 상상하며 설계를 하는 것이 과학자의 일이라는 것에 대한 경의가 생겨났다.

나사는 "우리가 못하면 지구상에 방법이 없는 것이다"라는 긍지와 자부심을 지닌 세계 최고의 전문가 집단이다. 하지만 나사가 특별한 지점은 탁월한 사람들로 구성된 최고의 전문가 집단이라는 점보다 우주 탐사라는 프로젝트의 독특함과 구성원들의 사고방식에 있다.

NASA를 성공으로 이끈 시스템

UCLA 컴퓨터공학과에서 시스템 엔지니어링을 전공했지만, 시스템 엔지니어로서 진정한 훈련과 경험을 얻은 것은 제트추진연구소 근무를 통해서였다. 나사의 프로젝트는 긴 안목과 다양한 변수를 고려하면서 20년, 30년 뒤의 상황에서 실제로 어떻게 시스템이 작동할지를 구체적으로 생각해야 한다. 장기적 관점의 사고방식과 구조적 접근법이 필수다.

우주 탐사 프로젝트는 20~30년에 걸쳐 진행되므로 수십 개 국가, 수천 개 기업과 협업하고, 참여하는 인원도 수만 명에 이른다. 이런 방대한 규모와 기간의 특성상 각 업무 프로세스가 체계화되어 있지 않으면 해당 프로젝트와 나사라는 조직 자체가 유지되지 못한다. 팀 버너스리가 1990년 월드와이드웹을 개발한 배경에도 유럽 각국의 수많은 연구자가 모여 방대한 연구 정보를 교환하고 축적하는 유럽입자물리연구소CERN의 복잡한 정보 처리 업무 관행이 있었다. 업무와 과업을 상세하게 특정하고 문서를 통해 구체적으로 체계화하지 않으면 작동하지 않으므로, 나사에서는 체계적인 문서화documentation를 무엇보다 강조했다. 나사에서 훈련받은 문서화의 중요성은 전길남이 나중에 카이스트에서 학생들을 지도할 때 한시도 잊지 않고 강조한 기본 원칙이다.

나사의 프로젝트 추진 방식은 시스템 엔지니어링이라는 전길남의 전공과 정확하게 맞아떨어졌다. 시스템 엔지니어링은 기존에 없는 것을 발명·발견하는 창조적인 작업이라기보다 해당 과업을 완수하기 위한 최적의 방법을 찾아내 다양한 변수 속에서 제대로 실행하는 게 핵심이다. 과학자의 업무가 새로운 것을 발견하고 발명하는 학문의 영역이라면, 시스템 엔지니어링은 존재하는 모든 방법을 동원해 애초 목적한 바를 달성하는 실행의 영역이다. 우주 탐사라는 프로젝트는 극도의 정밀성을 요구받는 고난도 작업인 만큼 나사에서는 세상에서 활용 가능한 기술이 있는지를 조사하는 노하우가 발달했다. 매일 여러 편의 논문과 저널을 읽으며 기존 정보 수준과 최신 연구 동향을 파악하는 전길남의 오랜 습관도 나사에서 일하던 이 시기에 시작되었다.

우주선 개발과 발사에서는 사소한 결함이 치명적 사고와 폭발로 직결된다. 1967년 아폴로 1호 화재, 1986년 챌린저호 폭발, 2003년 컬럼비아호 폭발 등은 우주선과 함께 우주 비행사 17명의 목숨을 앗아간 뼈아픈 실패 사례. 나사가 완벽을 추구할 수밖에 없는 이유다. 또 하나, 나사의 업무 특성을 규정하는 조건은 우주 공간이 만들어내는 시공간적 질서의 특수성이다. 우주 탐사선은 쏘고 싶을 때 쏘는 게 아니다. 탐사 대상인 태양계 행성들의 배치가 무엇보다 중요하다. 성공적으로 임무를 수행한 보이저 1, 2호의 사례가 대표적이다.

보이저 2호와 1호는 각각 1977년 8월 20일과 9월 5일에 발사되었다. 나사는 서두르듯 보름 간격으로 탐사선 2기를 연달아 발사했다. 그 뒤 40여 년 동안 과학 기술과 우주에 대한 지식은 엄청나게 발전하고 늘어났다. 국제 우주 정거장이 건설되고 2021년에는 테슬라의 일론 머스크, 아마존의 제프 베이조스, 버진애틀랜틱의 리처드 브랜슨 등이 나서 민간 우주여행에 뛰어드는 등 다양한 목적의 우주 개발이 진행 중이다. 하지만 보이저호와 유사한 탐사 경로를 시도한 예는 아직 없다. 그 이유는 1977년이 175년 만에 찾아온 '발사 적기'였기 때문이다. 목성, 토성, 천왕성, 해왕성의 궤도가 탐사선의 진행 방향과 속도에 맞게 배치되는 탐사 최적기였다.

현재의 기술력으로는 발사체와 우주선의 추진력으로 해왕성 너머 태양계 바깥을 여행하는 것이 불가능하다. 그런데 천체물리학자들이 '스윙바이swing by'라는 방법을 찾아냈다. '스윙바이'는 행성에 접근하며 가속도를 얻은 뒤 방향을 바꾸는 '중력 보조' 방식이다. 우주선이 행성에 접근해서 행성의 중력을 가로챈 뒤 우주선의 엔진을 이용해 순간적으로 방향을 바꿔 팅겨 나가면서 행성의 중력을 우주선의 동력으로 사용하는 기법이다. 이 방식을 사용하면 우주선 자체 동력으로 도달할 수 없는 먼 거리를 매우 빠른 속도로 이동할 수 있다. 보이저 1, 2호가 지구를 떠날 때 실은 연료는 목성까지 갈 수 있는 분량뿐이었다. 태양계 행성들이 주는 '중력의 선물'을 이용한 우주 탐사 기회를 놓치지 않기 위해 방향을 달리해 보이저 1, 2호를 잇따라 발사한 것이다.

발사 전에 결함과 준비 부족이 발견되거나 발사 실패로 기회를 놓치면 2152년에야 다음 기회가 온다. 우주 탐사의 기본 속성이다. 보이저 탐사선 발사의 경우처럼 발사 시기를 연기하거나 재시도하는 것 자체가 불가능한 상황이 많다. 1986년, 우주왕복선 챌린저호는 일각의 발사 연기 주장을 무시하고 발사했다가 발사대를 떠나자마자 폭발하고 말았다. 평년보다 쌀쌀한 날씨로 인해 고무링이 수축해 제 기능을 발휘하지 못한 게 사고원인으로 뒤늦게 밝혀졌다.

이처럼 나사의 프로젝트는 무수한 변수와 가능성을 빈틈없이 점검해야 한다. 점검에서 미비한 점이 드러나면 미루기도 어려운 게 우주 탐사다. 때를 놓치면 다음 기회는 보이저호 때처럼 사실상 사라진다. 미룰 수 없는 상황에서 수십 년이나 1~2세기만에 한 번 주어지는 기회에 성공하려면 방법은 시간 축을 앞으로 당겨서 미리 준비하는 것일 수밖에 없다. 나사가 20~30년 전부터 장기적인 일정을 세워 하나하나 완벽하게 작업해나가고 이를 구조화하는 이유다.

나사와 구성원들이 일하는 방식에서 시스템 엔지니어링이 갖는 의미는 앤디 위어의 SF 작품을 영화화한 〈마션〉이나 1970년 달 탐사선 아폴로 13호의 사고와 그 대응 과정에서 잘 드러난다. 아폴로 13호는 1970년 4월 11일에 발사돼 역사상 세 번째로 달에 착륙할 예정이었다. 그러나 달 궤도에 접근하는 도중 기계선 2개의 산소 탱크가 모두 폭발하는 사고가 발생했다. 임무는 즉시 중단되었고, 탑승한 우주 비행사 3명의 목숨이 위태로운 절체절명의 상황에서 생환을 위한 새로운 임무가 시작되었다. 비행사들을 무사 귀환시키기 위해 나사는 가능한 모든 방안을 모색하고, 손상된 우주선의 장비를 활용한 생존 방법을 시도했다. 나사는 지구까지 돌아올 때 우주 비행사 3명이 사용할 산소의 양을 계산하고, 산소가 탑재된 월면 착륙선과 지구 귀환용 사령선을 오가면서 생명을 유지하도록 지시했다. 착륙선으로 옮겨 탄 우주 비행사들이 내뿜는 이산화탄소를 여과하기 위해서는 임시로 사령선의 산소 필터를 사용해야 했다. 그런데 사령선의 필터는 사각이고 착륙선의 필터는 원형이어서 이를 활용할 수 없었다. 위기였다. 이 상황에서 나사는 하룻밤 동안 고민한 끝에 마침내 가능한 방법을 찾아냈다. 우주선 내의 골판지, 비닐, 껌, 테이프 등 활용 가능한 잡동사니를 총동원해서 사각 필터를 원형 필터용 카트리지로 변형시키는 방법이었다. 덕분에 우주 비행사들은 산소 부족 문제를 해결하고 6일 만에 사령선을 이용해 지구로 무사 귀환할 수 있었다. 당시 미국 대통령 리처드 닉슨이 말한 대로 역사상 '가장 성공적인 실패'였다.

영화 〈마션〉은 사고로 화성에 홀로 남겨진 나사의 식물학자 출신 우주인이 자신의 지식을 총동원해 기발한 감자 재배법을 개발하여 생존하다가 마침내 나사 통제 센터와 교신해 549화성일 뒤 구조되는 이야기다. 식물학자는 화성이라는 극한적 공간에서 식물 생육 공간을 만들어내고 그곳에서 감자를 길러 식량을 스스로 조달한다. 그 과정은 나사와 우주 비행사들이 어떠한 방식으로 시스템 엔지니어링을 통해 제한된 환경과 자원으로 최적의 해결책을 찾아내는 훈련을 받는지를 엿보게 한다.

제트추진연구소에서 미래의 메인 컨트롤 센터 시스템을 설계하던 연구원 전길남이 우주 비행사나 주관제소 요원으로 훈련받은 것은 아니지만, 나사의 업무 수행 방식과 소통 방식은 그에게 큰 영향을 주었다. 전 지구적 차원에서 가능한 모든 것을 조사해서 해결책을 모색하고 세부 방안별로 장단점과 효율성, 성공 확률을 따져서 최적의 실행 방안을 찾아 완벽하게 구현하는 일련의 과정이 바로 시스템 엔지니어링이다. 나사는 최고 수준의 시스템 엔지니어링을 체계적으로 훈련하고 구현하는 곳이었다.

시스템 차원에서 생각하는 훈련

훗날 컴퓨터 국산화 프로젝트, 국내 인터넷 구축 프로젝트와 초고속망 구축 계획, 아시아·아프리카 인터넷 보급 활동 등에서 전길남이 맡은 역할은 기본적으로 시스템 엔지니어로서의 일이었다. 전길남은 다양한 분야에 관심을 갖고 국내외에서 많은 성과를 냈지만, 자신의 진짜 전공은 시스템 엔지니어링이라고 여긴다. 영역이 다른 만큼 그때그때 요구되는 고유의 전문지식과 특성은 달랐지만, 시스템 엔지니어링이라는 동일한 방식으로 프로젝트를 처리했다고 생각한다.

목표를 세운 뒤 각 세부 영역에 대한 조사를 거쳐 현실적으로 가능한 방법들을 모색한 뒤 전체 계획을 설계하고, 목표를 실현하기 위해 프로젝트를 관리하고 실행하는 역할이다. 목표의 실현 가능성을 논리적으로 계산해보고, 성공 확률이 낮은 어려운 업무이더라도 목표를 구현할 길이 있다면, 최대한 과학적인 방법을 동원해서 매진하는 게 그의 방식이다.

전길남은 기술 분야가 아닌 다른 영역에서도 시스템 엔지니어로서 일관된 태도를 유지했다. 2000년대 초반부터 아이칸ICANN, 국제인터넷주소관리기구 등 인터넷 거버넌스 활동을 지속하며 국내외 인터넷 관련 회의에서 전길남을 접해온 이영음 한국방송대학 교수는 이렇게 말한다. "인터넷 정책 도입과 관련해 무엇을 할지 논의할 때마다 전길남 박사는 항상 '그러면 20년 뒤에, 또 50년 뒤에는 어떻게 될지를 생각해보자'라는 말을 꺼냈고, 그러면 장내는 새로운 관점에서 그 문제를 바라보게 되었다. 가장 인상 깊은 그의 특성이었다."

시스템 엔지니어링은 계획을 세우고 그에 따른 통제를 통해 최적의 해결 방안을 찾는 분야다. 그러려면 무엇보다 목표와 과정을 예측하고 관리하는 것이 핵심이다. 개인의 탁월함이나 열정에 맡긴 뒤 사후에 평가하고 해석하는 것이 아니라, 목표를 세우고 그에 이르는 길을 통제하면서 목표에 접근할 수 있느냐의 문제다. 이를 위해서는 전체 과정을 최대한 객관화하고 수학적·과학적 방법을 통해 조작할 수 있게 만들고 단계별 성공 가능성을 확률화하는 것이 중요하다. 그래야 예측과 통제가 가능하다.

전길남이 훗날 카이스트에 부임해 연구실을 만들 때 명칭을 '시스템구조연구실System Architecture Laboratory, SA랩'로 정한 것부터, 자료실을 구축하고, 석사 과정에 들어오는 학생들에게 문서 번호 매기는 것을 비롯해 체계적인 문서 관리를 강조한 것도 모두 시스템 엔지니어링 훈련을 위한 기초 절차였다.

시스템구조연구실 출신의 허진호 박사는 "어떤 문제가 있을 때 그 문제의 해결에 집중하는 것만이 아니라 그것을 근본적으로 해결하기 위해서 어떻게 접근해야 하는가를 배운 게 교수님께 받은 가장 중요한 가르침이다. 내가 7년 동안 연구실에서 훈련받은 것은 모든 것을 시스템으로 해결하는 접근법과 사고방식이었다"라고 말한다.

전길남은 어려서부터 수학을 좋아했다. 수학 문제를 통해 명쾌하고 깨끗한 해결책을 찾아내는 것에 매력을 느꼈다. 쉽지 않지만 노력하면 과학적 해결책을 도출할 수 있는 문제를 발견해 목표로 삼고 최선의 노력을 통해 이제껏 존재하지 않았던 새로운 경로를 만들어내는 것, 그것이 수학의 즐거움이자 시스템 엔지니어링의 목표이기도 하다.

한평생 인터넷 개척자로서, 교육자로서, 컴퓨터와 초고속망 개발 프로젝트 설계자로서, 또 산을 좋아하는 등반가로서 그가 시간과 노력을 쏟아온 모든 작업의 배경에는 그 일이 시스템 엔지니어링을 통해 도달할 수 있는 일이라는 판단이 있었다. 그는 시스템 엔지니어링의 영역을 연구와 프로젝트에 한정하지 않았고, 일상생활에도 적용했다. 그러나 과학적 접근과 분석이 불가능하고 무작위와 불확실성이 지배해 자신이 예측하거나 통제하는 게 어려워 보이는 영역에는 의도적으로 거리를 두었다. 아무리 노력을 쏟아도 통제가 힘들거나 본질상 수량화와 예측이 불가능한 영역에는 관심을 기울이지 않거나, 개입하려 하지 않았다.

예측과 통제가 불가능한 영역을 배제하는 경향이 강하지만, 그 범위는 일반의 경우와 다르다는 게 가까이에서 그를 지켜본 이들의 말이다. 전길남의 지도로 박사 학위를 받은 유일한 여학생인 강경란 아주대 소프트웨어학과 교수는 이렇게 말한다. "전길남 교수는 기본적으로 예측과 통제가 가능한 일에 뛰어들지만, 그 예측의 폭이 매우 넓고 깊이가 있다. 처음에는 교수님이 말하는 게 무엇을 의미하는지 짐작하기 어렵지만, 나중에 '아, 이걸 이야기한 거였구나'라고 알게 된다. 처음에는 상상이 안 되고 또 연결도 되지 않았는데, 그분이 이러이러한 과정을 거쳐서 이야기한 것이었구나 하고 나중에 깨닫게 되는 경우가 많았다."

시스템 엔지니어는 새로운 것을 발명하는 과학자나 혁신가와는 거리가 있다. 시스템 엔지니어링에 집중한 전길남에 대해 어떤 사람들은 "세상에 없는 새로운 연구 결과를 만들어내는 학자가 아니라 이미 존재하는 것을 잘 찾아내 구현하는 카탈로그 엔지니어다"라고 깎아내리기도 한다. 하지만 관리나 운영의 차원과는 다르다. 전길남은 시스템 엔지니어로서 누구도 시도하거나 성공하지 못했으나 가능성이 있는 걸 찾아내고, 준비를 통해 그 가능성에 도전하는 것을 무엇보다 보람 있고 즐거운 목표로 삼았다. 그는 자신이 새로운 것을 발명하거나 발견하는 과학자라고 생각하지 않는다. 시스템 엔지니어로서 자신의 역할은 기존에 존재하는 지식을 찾아내서 잘 조합하고 검토해 이제껏 시도되지 않았던 일을 실제로 구현하는 일이라고 생각한다. 그렇게 할 때 지구상에 없던 새로운 지식과 정보가 보태지는 것이라 여기고 즐거운 마음으로 도전했다. 새로운 것을 발견해내는 과학자의 역할에서 한 걸음 더 나아가 그 발견과 지식을 현실에서 실수 없이 구현하는 것이 시스템 엔지니어링의 임무라고 보기 때문이다. 그래서 시스템 엔지니어링 전문가는 자신의 영역에서 '시행착오'라는 말을 쓰면 안 된다고 생각한다. 그 결과가 사업적 성공이나 인기로 연결될지에는 아무 관심이 없었다. 이는 세상의 모든 지식과 방법을 조합해 먼 우주로 탐사선을 보내는 나사의 업무나, 뒤에 다룰 에베레스트 무산소 단독 등정을 이루어낸 산악인 라인홀트 메스너를 그토록 좋아한 이유이기도 했다. 둘 다 치밀한 계산과 준비를 통해 불가능하다고 여기던 일을 가능케 했다는 공통점이 있다.

3

세계에서
두 번째로
인터넷을 구축하다

출처 : gunkies.org/wiki

·

미국 DEC사의 중형 컴퓨터 PDP11/70.

1982년 5월, 서울대와 인터넷 프로토콜 패킷 통신에 사용된

구미 전자기술연구소의 컴퓨터와 동일 기종이다.

마침내 고국에서

결혼 후 나사 제트추진연구소에서 연구원으로 근무하던 전길남은 1976년에 한국을 잠시 방문했다. 한국 생활을 구체적으로 준비하기 위해 미국에서 생활한 경험이 있는 과학 기술계 인사들을 만났다. 한국전자기술연구소의 이용태 박사, 과학기술연구원KIST의 경상현 박사 등이다. 이용태 박사는 미국 유타대학교에서 통계물리학을 공부한 뒤 이화여대 교수를 지내다 전자기술연구소 부소장을 거쳐 국내 최초의 정보 기술 벤처 기업인 삼보컴퓨터를 창업한 인물이다. 경상현 박사는 미국 MIT에서 박사 학위를 받은 통신 전문가로, 미국 알곤국립연구소와 벨연구소에서 근무하다 1975년에 귀국해 원자력연구소, 과학기술연구원을 거쳐 전자기술연구소장과 체신부 차관을 지냈다. 경박사는 김영삼 대통령 재임기인 1994년에 창설된 정보통신부의 초대 장관을 지내며 국내 정보통신 정책의 기틀을 세운 인물이다. 두 사람은 전길남보다 나이는 조금 많지만, 미국에서 박사 학위를 받고 과학기술연구원을 거쳤다는 공통점이 있다. 정보 기술 분야 최고 전문가인 두 사람은 각각 한국의 컴퓨터 산업을 개척하고 정보통신 정책의 기틀을 놓는 중요한 역할을 했다. 더욱이 두 사람은 한국 생활이 낯선 전길남이 국내 정보 기술 업계를 이해하고 한국 생활에 적응할 수 있도록 적극적으로 도왔다. 전길남이 한국 생활을 시작한 초기부터 평생에 걸쳐 조언과 실질적 도움을 주고받았다.

이용태 박사는 친분이 있던 전길남의 장인에게 "내 사위가 미국 UCLA 박사로, 나사 제트추진연구소에서 근무하고 있으니 한번 만나봐라"라는 이야기를 듣고 전길남의 이력에 관심을 가졌다. 그리고 이는 전길남이 당시 한국 정부의 해외 전문가 초청 프로그램으로 전자기술연구소와 인연을 맺은 배경이 되었다. 한국에 가면 대학 교수를 하려고 했던 전길남이 이용태 박사의 초청과 제안으로 교수직에 앞서 국책 연구소 연구원 생활을 하게 되었고, 이는 결과적으로 인터넷 구축 프로젝트를 추진하는 초석이 되었다.

1979년, 아내 조한혜정이 UCLA에서 문화인류학 박사 학위를 취득했다. 그해 2월, 한 살 된 딸과 함께 세 식구가 한국으로 왔다. 4·19 혁명이 있었던 1960년에 한국을 자신의 인생을 헌신할 대상으로 삼은 지 20년째가 되던 해였다. 그 기간에 전길남은 오사카대학교, UCLA 석사·박사, 미국 통신 장비 회사와 나사 연구소 생활을 경험하며 차근차근 한국 생활을 준비했다. 수시로 고교 시절의 결심을 다지면서 한국에서 유용하게 쓰일 전문적 지식과 경험을 쌓았다. 그 과정에서 낯선 한국 생활을 함께할 문화인류학자 조한혜정을 인생의 동반자로 만난 것은 로맨스인 동시에 그가 꿈꿔온 '한국행 프로젝트'의 일부가 되었다.

전길남은 우수 해외 과학자 국내 유치 프로그램으로 1979년 2월에 입국해 한국전자기술연구소 책임연구원으로 한국 생활을 시작했다. 컴퓨터 국산화 프로젝트라는 야심 찬 임무가 주어졌다. 구체적으로는 수출이 가능한 국산 컴퓨터를 개발하는 일이었다.

하지만 전길남은 컴퓨터 국산화 프로젝트도 중요하지만, 그에 못지않게 인터넷이라는 컴퓨터 통신 네트워크의 중요성을 절감한 터였다. 표준 통신 규약을 통해 다양한 컴퓨터를 서로 연결한다는 것은 곧 세상의 모든 정보를 연결해서 이용자들이 편리하게 정보를 주고받을 수 있다는 뜻이었기 때문이다.

그러나 통신 규약을 통해 서로 다른 종류의 컴퓨터를 연결할 수 있는 네트워크가 갖는 가능성과 영향력을 당시 전문가들과 정부 당국은 이해하지 못했다. 전길남은 1980년에 오늘날의 인터넷과 같은 '컴퓨터 네트워크'를 개발하자는, 당시로서는 혁신적인 제안을 했다. 그러나 정부 심사에서 바로 탈락했다.

인터넷 혁명이 시작된 날

1982년 5월 어느 날[*] 경북 구미 전자기술연구소와 서울대 사이에 우리나라 최초로 '인터넷 프로토콜 패킷 통신'이 이루어졌다. 전자기술연구소 컴퓨터연구실에서 책임연구원인 전길남과 연구원 손유익, 차의영 등 개발자 수십 명이 잔뜩 긴장한 채 컴퓨터 화면을 바라보고 있었다. 이윽고 컴퓨터 화면에 흰색 픽셀들이 나타나기 시작하더니 서서히 'S'자가 만들어졌다. 서울대에서 보내기로 한 학교 영문 약자 'SNU'의 첫 글자였다. 1,200bps 전용 회선을 통해 초당 1,200개의 신호가 오는 환경이니, 알파벳 세 개가 완성되는 데도 꽤 시간이 걸렸다.

"와, 성공이다!" 환호성과 함께 박수가 쏟아졌다. 250킬로미터 떨어진 서울대에서 보낸 문자 'SNU'가 경북 구미 전자기술연구소 컴퓨터로 전송된, 한국 정보통신사에서 주요 이정표로 기록될 순간이었다. 한편, 서울대에서는 전산학과 김종상 교수 연구실 대학원생이던 김영호, 옥철영, 정성권, 홍봉희가 컴퓨터 앞에서 마찬가지로 감격스러운 환호를 터뜨렸다.

미국 외에는 어느 나라도 구축하지 못한 TCP/IP[**] 방식의

---

* 정확히 5월 며칠이었는지는 확인할 자료가 없다. 전길남을 비롯한 당시 서울대와 전자기술연구소 연구진에게도 확인해보았으나 정확한 날짜가 기록된 자료를 찾지 못했다.

** 인터넷 통신 규약. 패킷 통신 방식의 인터넷 프로토콜인 IP Internet Protocol와 전송 조

컴퓨터 네트워크 구축에 성공한 것이다. 서울대의 PDP11/44 중형 컴퓨터와 전자기술연구소의 PDP11/70 중형 컴퓨터가 연결되었다.

국내 자체 연구 개발 능력으로 과연 가능할 것인가, 지난 몇 달 동안 수없이 회의하면서 숱하게 밤을 새우며 고생한 일들이 주마등처럼 스쳐 지나갔다. 한국 인터넷 역사의 출발점이 된 순간이었다. 전길남이 1979년 전자기술연구소에 부임하면서부터 계획해온 표준적인 컴퓨터 네트워크 연결 프로젝트인 '시스템/소프트웨어 개발 네트워크System/Software Development Network, SDN'가 마침내 구현된 것이다.

당시 서울대 연구실 대학원생이었던 옥철영 울산대 교수는 두 곳이 연결되던 순간의 환호를 지금도 생생하게 기억한다. 당시 전자기술연구소 연구원이었던 차의영 부산대 교수는 구미 연구소와 서울대를 오가면서 두 곳의 통신선 연결을 위해 프로

절 프로토콜인 TCP Transmission Control Protocol로 이루어져 있다. 1974년 5월 빈트 서프와 로버트 칸이 〈전기전자기술자협회보 IEEE〉에 "A Protocol for Packet Network Intercommunication"이라는 제목의 논문을 발표해, 패킷 스위칭 방식의 프로토콜을 처음 제안한 게 출발점이다. 미 국방부 아르파넷이 1983년 1월 기존의 통신 규약 NCP 대신 이 TCP/IP를 사용하게 되면서 인터넷 통신 규약으로 자리 잡았다. 파일을 일정한 크기의 패킷으로 나누어 전송하고 네트워크의 다양한 노드를 거쳐 수신지에 도착한 패킷들이 원래의 정보나 파일로 재조립되게 하는 통신 규약이다. 서로 다른 종류의 컴퓨터 시스템을 연결하기 위한 통신 규약으로, 이 규약을 따르면 컴퓨터 기종이나 운영 체제 등에 관계없이 통신이 가능하다.

그램 설치와 행정 절차, 테스트 실무를 담당했다.

TCP/IP 프로토콜을 이용해 IP 주소를 할당하고 패킷 방식으로 연결하는 지금의 인터넷과 같은 방식이었다. 미국에 이어 세계에서 두 번째이자 아시아 최초로 인터넷 방식의 컴퓨터 네트워크 구축에 성공한 것이다. 그 당시 은행 본점-지점 간 온라인, 항공 티켓 예약 시스템 등 컴퓨터 간 통신을 할 수 있는 기술 방식은 국내에도 존재했다. 하지만 TCP/IP 통신 규약은 기존과 달리 인터넷을 가능케 한 혁신적인 연결 기술이다. 이전의 방식은 IBM 컴퓨터끼리, 또는 DEC 컴퓨터끼리 등 같은 종류의 컴퓨터끼리만 통신이 가능한 방식이었다. 다른 기종의 컴퓨터와는 서로 연결할 수 없었다. 컴퓨터 제조 회사마다 규격과 기술 방식이 제각각이었고 운영 체제도 달랐다.

TCP/IP는 제조사나 운영 체제와 관계없이 컴퓨터를 서로 연결할 수 있게 해주는 기술이다. TCP/IP 프로토콜을 따르기만 하면 어떠한 기종과 환경의 컴퓨터도 서로 통신할 수 있다. 오늘날 인터넷에 PC, 스마트폰, 태블릿 PC, 게임기는 물론 냉장고나 자동차, 전등까지 다양한 장치가 연결되어 정보를 주고받을 수 있게 해주는 핵심 기술이 바로 TCP/IP 프로토콜이다.

지금은 컴퓨터 운영 체제에 내장된 까닭에 그 존재를 의식할 수 없을 만큼 대중화되었고 통신 기능을 갖춘 디지털 기기에 기본으로 장착된 기능이 되었지만, 1980년대 초 TCP/IP 프로토콜은 구현하는 데 장벽이 높은 첨단 기술이었다. 이를 개발한 미국에서만 성공했고, 미국 바깥에서는 성공한 나라가 없던 상황이 이를 말해준다.

한국은 당시 세계적으로 독특한 지정학적 위치에 있었다. 기술 발전의 주 무대인 미국과 유럽에서 멀리 떨어져 있을 뿐 아니라 남북이 분단된 휴전 상태의 국가였다. 바닷길과 하늘길만 있는 섬나라나 마찬가지였다. 극동의 고립된 개발도상국이었다. 게다가 TCP/IP 구축은 인터넷의 핵심 기술로, 선진국들도 성공하지 못한 기술이었다. 그런데 이런 한국이 어떻게 세계에서 두 번째로 컴퓨터 네트워크 독자 구축에 성공할 수 있었을까? 이에 관한 이야기는 이후 한국이 어떤 과정을 거쳐서 정보 기술 선도국이 될 수 있었고, 세계에서 가장 빠른 유무선 네트워크를 사용하는 나라가 되었는지를 설명해준다.

무모한 도전

인터넷은 미국에서 만들어져 글로벌 표준이 된 기술이다. 1969년 미 국방부 산하 고등연구계획국ARPA의 주도로 패킷 교환 방식의 컴퓨터 네트워크 통신 기술을 개발하는 데 성공했다. UCLA와 스탠퍼드대학교연구소SRI 간에 처음으로 패킷 교환 기술이 성공한 게 오늘날 인터넷의 모태가 된 아르파넷ARPANET 이다. 통신하고자 하는 각 지점(노드)에 통신 기능을 담당할 전용 컴퓨터Interface Message Processor, IMP를 설치하고 이 노드들을 연결하는 네트워크를 만든 다음 각 노드에 연결된 컴퓨터끼리 서로 메시지를 주고받을 수 있는 통신 규약을 제정하는 기술이었다. UCLA 교수인 레너드 클라인록이 패킷 교환을 가능하게 하는 수학적 모델을 연구하고 통신 규약 제정을 위한 NMC Network Measurement Center를 만들었다. NMC의 젊은 연구자인 빈트 서프, 존 포스텔, 스티브 크로커 등은 네트워크워킹그룹NWG을 구성하고 1970년 아르파넷 최초의 통신 규약인 NCP Network Control Protocol를 제정했다. 아르파넷은 1972년 미국 전역의 12곳을 연결하는 컴퓨터 통신을 성공적으로 공개 시연하고, 이어 국제적으로 연결하는 작업에 나섰다. 1973년 아르파넷은 노르웨이 지진 연구소인 NORSAR, 영국의 유니버시티 칼리지 오브 런던UCL과 첫 해외 연결에 성공했다.

아르파넷의 로버트 칸과 빈트 서프는 1974년 마침내 패킷 전송 규약인 TCP/IP 프로토콜을 완성했다. 네트워크 간 통신 규약이 만들어짐으로써 비로소 컴퓨터 네트워크가 가능해졌다. 세상의 모든 컴퓨터를 연결할 수 있는 기술이 생겨난 것이다. 오늘날 우리가 사용하는 인터넷 통신 규약이 바로 이 TCP/IP 프로토콜이다. 두 사람이 '인터넷의 아버지'로 불리는 이유가 여기에 있다.

북대서양조약기구NATO 회원국인 영국과 노르웨이에 노드가 하나씩 만들어졌지만, 아르파넷은 1980년대 초까지만 해도 그

외 지역에서는 접속이 불가능했다. 인터넷 연결을 가능하게 하는 핵심 장비인 IMP는 서로 다른 네트워크 간에 데이터 패킷의 최적 이동 경로를 계산해 전달하는 일종의 라우터router다. 지금은 라우터가 소형 부품이지만, 당시 IMP는 라우터 기능을 위한 전용 중형 컴퓨터였다. 하드웨어인 IMP를 구해서 TCP/IP 프로토콜 방식의 연결을 시도하면 수월했겠지만 불가능한 상황이었다. 관련 연구 경험과 시도가 전혀 없는 한국에서, 그것도 IMP 없이 TCP/IP 연결을 시도하는 것은 무모한 도전이었다.

컴퓨터 통신의 불모지 한국에서 왜 그토록 무모한 도전을 한 것일까? 전길남은 미국 UCLA에서 아르파넷을 연구 개발하던 과정을 바로 곁에서 지켜보았다. 박사 학위 이후 콜린스 라디오와 나사 제트추진연구소 연구원으로 일하는 동안에도 컴퓨터 네트워크 연결의 중요성과 그 영향력을 제대로 파악할 수 있는 자리에 있었다. 전길남은 아르파넷 연구의 핵심이었던 UCLA 컴퓨터공학과에서 1966년에 석사 과정을 시작해 1974년에 시스템공학으로 박사 학위를 받았다. 컴퓨터 네트워크의 의미와 잠재력을 누구보다 잘 아는 그가 국책 연구소에서 컴퓨터 국산화 개발 책임을 맡아 구체적인 연구 프로젝트를 설계하고 시행하게 된 것은 한국 인터넷 역사에 큰 행운이었다.

하지만 도전은 험난했다. 훈련된 전문 인력과 지식은 물론 기본적인 장비도 없었다. 우선, 미국에서 IMP를 구할 수 없었다. IMP 없이는 TCP/IP 연결이 사실상 불가능하다. 미국은 IMP

를 수출 금지 전략 물자로 지정해 해당 기술을 통제했다. 그래서 전길남은 하드웨어인 IMP를 기능적으로 대신할 수 있는 라우터를 구성해보기로 했다. 다행히 1981년 미국의 통신 기기 회사인 쓰리콤3Com이 TCP/IP 패키지 소프트웨어인 UNET을 개발해 판매에 나섰는데, 구입이 가능했다. 나중에 시스코에서 상업용 라우터를 만들었지만, 그 이전에 소프트웨어로 라우터를 구현한 것이다.

UNET은 유닉스UNIX 컴퓨터 간 통신망이다. 미국 대학들에서는 연구용으로 확산되고 있었지만, 1982년 당시 한국에서는 유닉스 운영 체제 자체가 생소한 개념이었다. 당시 중형 메인 컴퓨터는 IBM, DEC 등이 주류였는데, 각각 고유의 운영 체제가 깔려 있었다. 컴퓨터를 개발하거나 사용한다는 것은 그 운영 체제 위에서 돌아가는 각종 응용 소프트웨어를 만들거나 사용한다는 의미였다. 따라서 운영 체제를 유닉스로 바꾸는 일부터 해야 했다.

연결을 시도할 서울대 공대 전산학과(나중에 컴퓨터공학과로 개명)의 컴퓨터(PDP11/44)와 전자기술연구소 컴퓨터(PDP11/70)에는 제조사인 디지털이퀴프먼트DEC의 운영 체제(RSX-11)가 깔려 있었다. 여기에 유닉스 운영 체제를 설치해야 하는데, 한국에서는 유닉스 운영 체제가 알려지지 않은 상태라 다룰 줄 아는 사람이 없었다. 그러니 우선 유닉스 시스템부터 파악해야 했다. 유닉스 설치에 앞서 서울대 대학원생 4명이 스터디 그룹을 만들어 영문 유닉스 매뉴얼을 보면서 기본 개념과 명령어를 익혀나갔다. 국내 최초로 유닉스를 사용하려고 시도하는 상황이었는데, 참조할 수 있는 자료는 7~8센티미터 두께의 매뉴얼뿐이었다. 누구의 도움도 받지 못하고 매뉴얼만으로 독학해야 했다. 경험과 지식을 가진 전문가의 도움은 물론이고, 지금처럼 인터넷으로 전 세계 이용자들이 다양한 문제 상황에 관해 자료를 주고받거나 해결 방법을 공유하는 것은 꿈도 꾸지 못하던 시절이었다.

　서울과 구미의 컴퓨터 2대에 각각 유닉스를 설치했다. 당시 입력 방법은 마그네틱 테이프를 이용해 데이터를 읽어 들이는 방식이었다. 전자기술연구소 컴퓨터(PDP11/70)에는 유닉스가 별문제 없이 설치되었지만, 같은 기종이긴 하나 모델이 약간 다른 서울대 컴퓨터(PDP11/44)에서는 계속 에러가 났다. 여러 차례 소스 코드를 변경하면서 시도해도 진전이 없었다. 결국, 전길남이 미국 AT&T 벨연구소에서 지인들의 도움을 얻어 유닉스 버전 7을 구해 설치하는 데 성공했다. 그런데 유닉스를 설치한 뒤 UNET 소프트웨어를 설치하는 과정에서 또 문제가 생겼다. 매뉴얼대로 유닉스 커널의 장치 드라이버 부분을 찾아 수정했으나 작동하지 않았다. 더욱 난감하게도, 당시에는 커널을 수정한 작업이 어떤 결과로 나타나는지 터미널 화면으로 확인할 수 없었다. 소스 코드를 인쇄해 일일이 수정 내역을 검토해야 했고, 이 과정만 한 달 넘게 걸렸다. 결국, 커널 소스 중 입력 부분의 한 줄에서 생긴 문제라는 걸 알아냈다.

국내에 생소한 유닉스 운영 체제를 배워서 설치하고, 가까스로 TCP/IP 소프트웨어까지 작동하게 했지만, 이번에는 선로의 상황이 좋지 않았다. 예측하지 못한 상황이었다.

구축 실험은 서울과 구미 사이에 놓인 전화선을 이용해 패킷 전송을 하는 방식이었다. 아날로그 음성 정보가 오가던 전화선으로 디지털 패킷 신호를 보내는 실험이었다. KT(당시 한국전기통신공사)가 서울대에서 인근 관악전화국 사이에 전용선을 할당하고, 그다음 구미전화국까지 전화선을 찾아서 테스트한 뒤 그중에서 품질이 좋은 회선을 할당하는 방식이었다. 이 직통 전화 방식의 전용선 속도는 1,200bps였다.

1980년대 초 한국의 전화선 수준은 열악했다. 수십 년 전 가설된 구리선으로, 오래되면 비닐 커버가 부식되어 물이 스며들고 노이즈가 생겼다. 이 같은 전화 회선 상태를 고려할 때 서울-구미 간 250킬로미터는 너무 긴 거리였다. 전길남과 개발팀은 당시 통신 선로의 품질 상황을 제대로 파악하지 못했다. 미국 아르파넷이 정한 TCP/IP 전송 회선 조건은 56,000bps였고, 실제 상황에서는 9,600bps가 나왔다. 하지만 우리나라가 보유한 것은 1,200bps 회선이었고, 그 회선마저 노이즈가 많아 품질이 떨어졌다. 1,200bps 수준에서 신호를 보내는데 회선에 노이즈가 워낙 많다 보니 계속 에러가 났다. TCP/IP가 기본적으로 에러가 많은 통신 환경에 대비해 만들어진 규약이긴 하지만, 노이즈가 너무 심해 에러가 많은 상황에서는 작동하지 않는다. 한두 번 실패해도 계속 전송 명령을 보내지만, 에러율이 일정 수준 이상이 되면 네트워크 과부하를 막기 위해 결국 전송이 중단된다. 여러 차례 시도와 실패를 거듭하며 가까스로 성공했지만, 나중에 초고속 정보통신망 구축을 계획할 때 전길남은 이때의 경험을 바탕으로 반드시 광섬유로 설치해야 한다는 판단을 내렸다.

네트워크의 산실

서울대와 구미 전자기술연구소 사이에 연결된 컴퓨터 네트워크는 전용선이므로 구축 이후 항상 연결된 상태였다. 영문 유닉스 명령어를 사용해 메시지를 주고받는 실험을 했다. TCP/IP 기반의 메일 서버도 연동하고 원격 접속, 파일 전송 프로토콜FTP˙ 구현도 가능했다. 그러나 실제 활용은 거의 없었다. 기껏해야 전자기술연구소와 서울대 양쪽에서 메일로 인사를 주고받는 정도였다. 간단한 인사말 말고는 주고받을 것이 없었다. 두 기관 사이에 긴급하게 주고받아야 할 정보도 없었다. 두 곳에만 제한적

˙ 현재의 웹하드나 클라우드와 같은 인터넷의 파일 교환 방식.

으로 연결되어 있다 보니 전화나 팩스보다 효율적이지도 않았다. 지금은 인터넷으로 온갖 정보가 오고 가지만, 당시에는 어떤 용도로 컴퓨터 네트워크를 사용할 수 있을지 상상하기 어려웠다. 네트워크를 구축한 뒤 전자기술연구소와 서울대에서 교수와 연구원, 대학원생들을 대상으로 사용 설명회도 열었지만, 실제로 이 네트워크로 통신을 하는 경우는 거의 없었다.

통신 수단의 가치는 그 도구로 얼마나 많은 사람이 얼마나 다양한 작업을 수행하는가에 달려 있다. 한마디로 네트워크에 연결된 사람들과 정보의 규모가 통신 수단의 성패를 결정한다. 그런데 당시에는 통신 노드가 2개뿐이었다. 두 곳의 연구원과 대학원생 몇 명 빼고는 이 새로운 통신 수단이 무엇인지 이해하지도 못한 상황이었고 이들도 활용할 길을 찾지 못했다.

그런데 전길남이 1982년 9월 전자기술연구소에서 카이스트로 자리를 옮기면서 네트워크가 다시 활성화되었다. 전길남이 부임한 뒤 카이스트도 1983년 1월 SDN에 연결되었다. 이로써 서울 홍릉에 있던 카이스트와 신림동에 있는 서울대, 구미에 있는 전자기술연구소 3개의 접속 지점이 만들어졌다. SDN은 전길남이 전자기술연구소에서 컴퓨터 국산화 프로젝트의 일환으로 추진한 결과였지만, 이내 컴퓨터 개발 작업과 별개로 국내 최초의 연구 개발 컴퓨터 네트워크로 기능하며 발전했다. 전길남이 국가 컴퓨터 개발 프로젝트 책임자에서 카이스트 교수로 자리를 옮긴 덕분에 일어난 일이다.

SDN 구축을 계획하고 실행한 전길남이 카이스트를 SDN에 연결함에 따라 그가 이끄는 전산학과 시스템구조연구실은 단순히 SDN의 3개 연결점 중 하나 이상의 의미를 갖게 되었다. 그는 1983년 11월 시스템구조연구실이 SDN 운영을 관리하고 책임질 수 있도록 연구실 안에 네트워크 운영 센터NMC를 만들고 이를 위한 인력과 컴퓨터(VAX 11-750)를 별도로 마련했다. 당시 전길남을 지도 교수로 석·박사 과정을 시작한 학생들은 SDN 개발, 확장, 관리 업무를 맡아 한국 인터넷 발달 초기에 주요한 역할을 담당했다. 아시아에서는 최초, 세계적으로도 초기 단계에 컴퓨터 네트워크 구축과 관리 실무를 담당하며 노하우는 물론 국내외 인적 네트워크를 형성한 이들은 나중에 초고속 인터넷망 건설과 인터넷 관련 벤처 설립의 주축으로 성장했다.

전길남이 SDN을 운영한 방식은 독특했다. SDN은 연결을 희망하는 국내 각 대학과 연구소에 문호를 개방했다. 전길남 연구실은 최초로 유닉스 운영 체제를 설치하고 TCP/IP 네트워크를 구축한 노하우를 살려 설치를 원하는 각 대학과 연구소를 지원했다. 처음이 힘들고 어렵지, 일단 길이 만들어지면 한결 수월하다. 거의 도움 없이 매뉴얼을 독학해 스스로 TCP/IP 연결이라는 길을 개척한 전길남과 대학원생들의 노하우 덕에 각 대학과 연구소들은 어렵지 않게 노드에 추가되었다. 박사 과정 학생이던 허진호와 박현제 등은 마그네틱 테이프를 들고 SDN 연결을 원하는 대학에 찾아가 설치를 지원해주거나, 문의가 오면 구체적인 노하우를 전수했다. 각 대학 전자계산소와 컴퓨터공학과가 관심을 갖고 하나둘 참여하기 시작해 1985년 5월에는 20여 곳의 대학과 연구 기관이 전용선 또는 공중 전화망을 이용한 다이얼업 방식으로 SDN에 연결되었다.

시스템구조연구실은 SDN에 연결된 뒤 우선 카이스트의 컴퓨터들을 랜LAN으로 연결하는 TCP/IP 네트워크를 구축하고, 곧이어 해외 접속에 본격적으로 나섰다. 1983년 7월 미국 휴렛팩커드연구소HP Labs와 연결함으로써 국제 컴퓨터망인 UUCPNet*에 접속한 게 시작이었다. 이후 UUCP 프로그램을 통해 네덜란드 수학연구소MCVAX를 거쳐 유럽 유닉스망인 EUNET에 연결하고, 1984년 12월에는 미국의 대표적인 컴퓨터 네트워크인 CSNET Computer Science Research Network에 가입했다. CSNET에는 초기 다이얼업 방식으로 연결했지만, 1984년 데이콤이 설립돼 데이터 패킷 통신망(X.25)을 서비스함에 따라 좀 더 빠르게 연결할 수 있었다. 데이콤 데이터 통신망 속도는 56kbps로 구축되었다.

UUCP는 유닉스에 내장된 프로토콜을 통해 별도 설치 비

용 없이 유닉스 컴퓨터끼리 연결할 수 있게 해주는 장점이 있지만, 인터넷 프로토콜인 TCP/IP 기반이 아니다. CSNET은 1981년 미국 위스콘신대학의 로런스 랜드웨버 교수가 주도하고 미국 국립과학재단NSF의 후원을 받아 만들어졌다. 주목적은 아르파넷에 가입하지 못한 미국 대학의 컴퓨터공학과들과 연구 기관들이 정보 공유와 협력에서 소외되는 문제를 극복하는 것이었다. CSNET은 1983년부터 외국에 문호를 개방해 이스라엘을 필두로 1984년 오스트레일리아, 캐나다, 프랑스, 독일, 한국, 일본이 가입했다. CSNET은 전용 회선만이 아니라 공중 전화망과 데이터 통신망을 통해서도 구축이 가능하고, 통신 프로토콜도 TCP/IP와 UUCP, 자체 개발 프로토콜PMDF을 지원했다. 1986년 국립과학재단은 1981년부터 5년간 지원한 CSNET 프로젝트를 종료시키고 TCP/IP를 표준 프로토콜로 채택한 NSFNET을 구축하기 시작했다. 외국에도 개방해 연결을 허용하고 1985년부터 국가 코드 도메인도 만들어 할당했다. 이 NSFNET이 아르파넷과 합쳐지면서 오늘날 우리가 사용하는 실질적 형태의 인터넷이 되었다.

1986년 8월, 한국의 SDN은 미국 NSFNET에 접속하기 위해 필요한 IP 주소 블록(128.134.0.0)을 신청해 할당받았다. 비로소 미국 NSFNET과 한국 SDN 사이에 TCP/IP 연결이 가능한 환경이 마련된 것이다. 하지만 미국 NSFNET과 TCP/IP 연결이 실제로 이루어진 것은 국내에서 데이터 통신 요금 지불 방법이 마련된 1990년이었다. 1989년까지 SDN의 해외 연결은 UUCP 네트워크 등을 통한 이메일 교환 위주로 이루어졌다. SDN은 25만 달러(당시 약 1억 5천만 원)에 이르는 미국과의 전용 회선 요금을 감당하기 위해 국내 대학, 연구 기관, 기업들이 모여 하나망HANA을 구성하고, 1990년 3월 24일 이 네트워크를 하와이대학교까지 위성으로 연결하는 데 성공했다. 마침내 TCP/IP 프로토콜로 해외 전용선을 이용한 인터넷 연결이 가능해진 것이다. 이후 6월부터 하나망 가입 기관은 사용량과 관계없이 전용선으로 인터넷을 자유롭게 사용할 수 있게 되었다. 한국에서 실질적으로 인터넷을 자유롭게 접속하게 된 것이다. 이듬해인 1991년에는 미국과의 연결 방식을 위성에서 해저 케이블*로 변경함으로써 미국과 56kbps 전용망 대용량 기간 회선Backbone 이 만들어지고 사용량이 급증했다.

'인터넷'이라는 용어가 정식으로 쓰이기 시작한 시점도 아르파넷에서 국방용 밀넷MILNET이 분리되어 나가고 CSNET과 통합해 NSFNET이 구축되고 국제적으로 문호가 개방된 1986년부터다. 이전까지는 아르파넷, CSNET, NSFNET이라는 이름

---

* 바닷속에 설치한 대형 통신 케이블로 오늘날 국가 간, 대륙 간 통신량의 대부분을 처리하고 있다. 세계 최초 해저 케이블은 1851년 전신용으로 영국과 프랑스 사이 도버해협에 설치되었으며, 국내에서는 1980년 부산과 일본 시마네현 사이 280킬로미터 거리에 해저 동축 케이블이 처음으로 설치되었다.

으로 다양하게 불렀다. 인터넷이 오늘날처럼 전 세계 모든 기기와 정보가 연결되는 거대한 단일 네트워크가 되리라고는 상상하기 어려운 시절이었다. 아르파넷은 유닉스 기반이고 프로토콜이 개방되어 있긴 했지만, 당시에는 국제적으로 치열하게 표준 경쟁을 벌이는 다양한 네트워크 중 하나일 뿐이었다. 당시 아르파넷은 미국 국방부 프로젝트로 몇 개 대학 위주로 진행된 네트워크였고, 세계적으로는 국제표준화기구ISO에서 1980년대 개발한 OSI Open Systems Interconnection가 미래 글로벌 네트워크의 표준이 될 것이라는 전망이 일반적이었다. OSI는 국제표준화기구와 국제통신연합ITU을 통해서 국제적 논의가 체계적으로 진행되었지만 그만큼 합의와 개발, 적용에 시간이 걸렸다. 아르파넷은 미국 4개 대학이 국방부와 협업하는 일종의 학술 교류 목적으로 실험을 거듭하는 소규모 네트워크의 하나로 여겨졌지만, 각 대학과 연구 기관을 중심으로 빠르게 확산되었다. 당시에는 미국 정부도 국제 표준인 OSI를 글로벌 컴퓨터 네트워크로 선택하는 분위기였고, 다만 현재의 인터넷에서 OSI로 넘어갈 시점을 고려하는 정도였다.

한 가지 기술 방식에 올인하는 것은 불확실한 미래에 대비해야 하는 시스템 엔지니어에게 추천할 만한 업무 처리 방식이 아니다. 글로벌 동향에 밝은 전길남과 시스템구조연구실은 국제표준화기구의 OSI가 차세대 컴퓨터 네트워크의 표준이 될 수 있다는 생각에 OSI에 관한 연구도 병행해 1986년 SDN에 'OSI

프로토콜'을 추가했다.

불모지에서 탄생한 신기술

인터넷이라는 이름도 자리 잡기 전이고, 미래에 컴퓨터가 얼마나 대중화되어 어떤 용도로 쓰이고 컴퓨터 네트워크가 어떤 형태를 띨지 상상하기 어려운 시절이었다. 전길남에게는 정보의 습득 및 공유 수단으로서 컴퓨터를 연결하는 네트워크의 역할이 중요해지리라는 확실한 믿음이 있었다. 하지만 어떠한 모습의 미래가 올지 구체적으로 제시하거나 설명하기는 어려웠다. 1982년의 TCP/IP 네트워크 구축은 아시아 최초이자 한국을 인터넷 선도국으로 올라서게 한 선구적 작업이었지만, 당시에는 제대로 평가받지도, 널리 알려지지도 못했다.

1982년 5월 서울대와 구미 전자기술연구소의 두 컴퓨터에 유닉스 운영 체제를 설치하고 가까스로 라우터 기능을 하는 소프트웨어를 설치해 SDN 구축에 성공했지만, 환호성을 터뜨린 이는 소수였다. 사실상 두 곳 현장에서 작업을 수행해온 이는 연구원들과 대학원생들뿐이었다. 맨땅에 헤딩하듯 불모지에서 몇 달간 밤샘 연구를 하다 마침내 고지에 도달했으니 당연한 환호였다. 하지만 그 자리에 있던 연구원들도 미래에 '인터넷'이라고 불릴 이 컴퓨터 네트워크가 무엇에 쓸모가 있을지는 알지 못했다.

1980년대 초반, 학계는 물론이고 한국 정부가 컴퓨터 네트워크를 바라보던 인식과 SDN 사이에는 상당한 거리가 있었다. 1982년 TCP/IP 방식 컴퓨터 네트워크 구축은 한국의 인터넷과 정보통신 기술이 비약적으로 발전하는 주요한 이정표가 되었다는 게 지금의 평가지만, 당시에는 사정이 달랐다. 대학을 비롯한 연구 기관이나 관공서들도 제대로 된 컴퓨터를 보유하지 못한 상황이었다. 자유롭게 사용할 수 있는 컴퓨터도 없는데 그걸 서로 연결해 컴퓨터 네트워크를 만든다는 게 무슨 의미가 있는지 이해하기 어려웠다.

정부의 평가가 단적인 예다. 1982년 서울대-구미 전자기술연구소 간 컴퓨터 네트워크 구축 프로젝트는 정부의 과학 기술 지원 예산으로 추진되었지만 좋은 평가를 받지 못했다. "정부 예산으로 불필요한 컴퓨터 네트워크 개발을 지원할 이유가 없다"는 게 그 이유였다. 결과적으로 컴퓨터 네트워크 개발 프로젝트는 정부로부터 일 년 지원을 받는 데 그쳤다. 이듬해에는 아예 지원 대상에서 탈락했다. 이 사업의 결과가 한국의 정보화를 적어도 10년은 앞당겼으며 인터넷의 기본 인프라가 될 국가적 차원의 획기적인 성취라는 것을 알아볼 식견을 갖춘 전문가조차 당시에는 없었다.

사실 한국에서 1982년에 인터넷의 초기 형태인 SDN이 구축될 수 있었던 것도 여러 요소와 자원이 우연히 적절하게 만난 덕분이었다. 그리고 그 중심에는 전길남이 있었다. 그에게는 컴퓨터 연결을 통한 자유로운 정보 소통이 미래에 얼마나 중요해질지에 대한 비전과 확신이 있었고, 그것을 실행할 전문지식과 굳은 의지가 있었다. 당시 그는 해외 과학자 유치 프로그램으로 들어와 국책 연구소에서 컴퓨터 국산화라는 중요한 업무를 맡고 있었다. 정부 프로젝트로 예산과 전문 인력을 적절한 연구에 활용할 수 있는 자리였다.

한국전자기술연구소는 반도체와 컴퓨터 개발을 위해 1976년 12월에 설립한 국책 연구소로, 1985년에 한국통신기술연구소KTRI와 통합돼 한국전자통신연구소ETRI가 되었다.

UCLA와 나사에서 컴퓨터 네트워크를 통한 정보 소통의 중요성을 절감한 전길남은 컴퓨터 개발 프로젝트와 함께 컴퓨터 네트워크 구축 연구를 추진했다. 그리고 한국전자기술연구소에 부임한 이듬해인 1980년, 컴퓨터 개발, 컴퓨터 네트워크 개발 등 2개의 연구 프로젝트를 정부에 제안했다. 그러나 컴퓨터 개발 프로젝트만 선정되고 네트워크 프로젝트는 탈락했다. 그래서 1981년에 연구 지원서를 준비하면서 또다시 컴퓨터 네트워크 개발 연구 프로젝트를 만들었다.

이즈음 우연히 과학기술처에서 만난 경상현 당시 통신기술연구소 부소장에게 결정적인 조언을 들었다. 경상현은 전길남과 달리 한국 사회에 익숙했고, 통신 분야 고위 관료답게 어떤 방법으로 연구 프로젝트를 제안해야 정부 지원을 받을 수 있는지 알고 있었다.

"전 박사, 그걸 2개의 별도 프로젝트로 꾸미면 어떡합니까? 그렇게 해서는 백날 신청해도 통과되기 어렵습니다. 하나의 프로젝트로 묶어서 제안하는 게 좋습니다. 정부의 연구 프로젝트 심사라는 게 결국은 제한된 예산을 집행하기 위해서 불요불급한 프로젝트를 잘라내는 과정입니다. 둘이 분리된 프로젝트면 둘 중 하나만 지원하고 하나는 죽이기 얼마나 쉽습니까? 만약 이게 꼭 해야 하는 프로젝트라면 컴퓨터 개발 프로젝트에 결합시켜서 제안하세요. 정부가 국산 컴퓨터 개발 프로젝트는 절대 탈락시킬 수 없을 테니까요."

한국 물정에 어두운 전길남에게 어떻게 해야 네트워크 연구 프로젝트에 정부 지원을 받을 수 있는지 '정치적 방법'을 알려 준 것이다.

이에 따라 전길남은 2개의 제안서를 수정해 컴퓨터 개발 프로젝트(컴퓨터 아키텍처 개발 계획) 하나로 만들었다. 그 안에 컴퓨터 개발을 위한 필수 과정으로 컴퓨터 간 네트워크SDN 연구 개발이 필요하다는 내용을 포함시켰다. 이를 위해 전길남이 1981년 9월 30일에 작성한 'SDN 예비 계획'에는 메모 교환, 프로그램 교환, 컴퓨터 자원 공유, 데이터베이스 접속, 시스템 시험, 컴퓨터 시스템 개발, 네트워크 환경에서의 작업 습득 등 7가지 개발 사유가 제시되어 있다.

이런 전략 덕에 SDN 프로젝트는 정부 심사를 통과했다. 한국에 오면서부터 구상해온 컴퓨터 네트워크 개발을 1982년에야 비로소 할 수 있게 된 것이다. 많은 인력을 할당할 수는 없었다. 전길남은 전자기술연구소에서 자신의 부서에 있는 연구 인력 50여 명 중 컴퓨터 국산화 프로젝트에 대부분을 할당하고 1명만 네트워크 개발에 투입했다. 전길남이 출강하던 서울대 전산학과의 대학원생 대여섯 명이 개발 작업에 함께 투입되었고, 전길남도 업무의 25퍼센트를 네트워크 개발 연구에 할당했다.

그 과정을 거쳐서 1982년 5월 SDN을 연결하는 성과를 이루어냈다. 하지만 정부의 평가는 인색했다. 일 년 단위로 이루어지는 프로젝트 수행 평가에서 아주 낮은 점수를 받았다. "이런 거 왜 합니까? 그 역량을 컴퓨터 개발에 집중하세요"가 평가 결과였다. 경상현의 조언에 따라 컴퓨터 개발 프로젝트에 슬쩍 끼워 넣어 착수하게 된 컴퓨터 네트워크 개발은 가까스로 일 년간 정부 지원을 받았지만, 그걸로 끝이었다. 지원만 끊은 정도가 아니라 정부 담당자가 '쓸데없는 연구'라고 평가한 부분에 왜 자금과 역량을 투입했는지 설명해야 했다. 전길남이 1982년 가을 카이스트로 자리를 옮김에 따라 SDN 프로젝트 마지막 평가를 위한 최종 보고에는 그의 후임인 전자기술연구소 박승규 박사가 가게 되었는데, 정부 담당자에게 "너무 시시한 연구를 했다"고 심한 질책을 받았다.

당시 한국의 컴퓨터 이용 수준과 환경에서 평가하자면, 전길남이 'SDN 개발 계획'에서 제시한 목표들은 거의 달성되지 않았고, 미래에 구현될 가능성도 요원해 보였다. 컴퓨터가 부족해서 국내 자체 개발이 국책 연구 과제였던 1980년대 초의 상황이다. 당시로서는 국내에 몇 대 있지도 않은 컴퓨터를 서로 연결하기 위해 네트워크를 개발하는 게 어떤 의미가 있는지 이해하기 어려웠다.

한국이 미국 아르파넷에 이어 세계 두 번째로 TCP/IP 방식의 컴퓨터 네트워크를 구축하고 이것이 초고속 인터넷 등 인터넷 발전에 주요한 기여를 하게 된 것은 전길남의 앞선 시도가 없었으면 불가능한 일이었다.

선진국을 추월한 후발 주자

실제로 영국과 프랑스, 일본 등 한국보다 앞서 컴퓨터를 개발하고 컴퓨터 간 통신을 시도했던 나라들의 사례가 이를 말해준다. 이들 나라는 TCP/IP 구축에서 한국보다 늦었을 뿐 아니라 이후 초고속 인터넷으로 이어지는 일련의 정보화 네트워크 건설에서도 한국에 뒤졌다. 1980~1990년대만 해도 컴퓨터를 비롯한 정보통신 기술 연구·개발 분야에서 한국과는 비교되지 않을 정도로 앞선 역량과 자원을 보유한 나라들이었지만, 한국보다 늦게 인터넷 분야에 발을 담갔고 그로 인한 격차는 점점 더 벌어졌다. 반면에 한국은 인터넷과 통신 분야에서 기술적으로 선진국들을 따라잡고, 세계 최고 수준의 네트워크 환경과 인프라를 구축했다. 하루아침에 초고속 인터넷 부문에서 세계 최고의 환경이 만들어진 게 아니다. 후발 주자인 한국이 도약한 배경에는 세계에서 두 번째로 이루어낸 TCP/IP 네트워크 구축과 그 과정에서 훈련된 전문 인력이 있었다.

20세기까지 대부분의 첨단 기술은 미국이나 유럽에서 개발된 뒤 일본을 거쳐서 국내에 수입되고 전수되는 게 일반적이었다. 하지만 컴퓨터 네트워크는 한국이 미국에 이어 세계 두 번째로 TCP/IP 네트워크 구축에 성공하고 오히려 일본에 전수해준 사례가 되었다. 1980년대 중반 일본 인터넷의 대부로 불리는 게이오대학교의 무라이 준村井純은 한국에 SDN이 구축되었다는 소식을 듣고 카이스트를 방문해 견학하고 전길남에게 조언을 들었다. 그리고 일본으로 돌아가 1984년 UUCP 방식의 국제 네트워크 JUNET을 구축했다. 그전까지 일본에는 대형 컴퓨터 업체들이 구축한 대학 간 전산망이 있었지만, 어디까지나 국내용이었고, 동종 컴퓨터 간 네트워크였다. 삼국시대에는 중국의 문물이 한반도를 거쳐 일본에 전해졌고, 20세기 이후에는 서구 문물이 일본을 통해 한국에 전수되었다. 일찍이 서구 문물을 받아들여 산업화를 이룬 일본이 한국보다 늦게 첨단 기술을 수용한 사례는 20세기를 통틀어 이 분야를 빼고는 거의 찾아보기 어렵다. 한국이 일본보다 먼저 직접 서구의 첨단 기술을 받아들여 인터넷을 구축한 사례가 이례적으로 평가받는 이유다.

영국과 프랑스에서는 일찌감치 컴퓨터 네트워크 분야에서 앞선 연구 성과를 냈지만, 미국과 달리 지속적인 정부 지원을 받지 못하면서 실질적인 개발과 구축으로 이어지지 못했다. 특히, 프랑스 국립컴퓨터과학연구소INRIA의 루이 푸쟁은 1970년대 초반 오늘날 인터넷 TCP/IP의 원형이 되는 분산형 네트워크 '데이터그램Datagram'과 '시클라데Cyclades'를 개발해 구축하는 선구적 성과를 이루어냈다. 데이터그램은 전송 도중 장애로 인해 데이터가 중간에 유실되더라도 호스트가 메시지 전송 기록을 보관하고 있다가 네트워크가 정상화되면 자동으로 재전송할 수 있는 구조였다. 푸쟁은 패킷 교환 방식의 연구 네트워크인 시클라데를 1973년에 시작해 1976년에 20여 개 노드까지 확장시키며 실험을 계속했다. 하지만 당시 프랑스 정부는 PC 통신 방식의 미니텔 개발에 역량을 집중하고 푸쟁의 혁신적인 데이터그램에 대해서는 연구할 가치가 없다고 평가해 연구 지원을 중단해버렸다. 유럽연합의 국제 표준을 따르라면서 푸쟁의 선구적 네트워크 연구를 중단시킨 것이다. 푸쟁의 데이터그램은 로버트 칸과 빈트 서프의 TCP/IP 프로토콜 개발에 큰 영향을 끼쳤고, 이후 글로벌 네트워크 연구의 주도권은 미국 아르파넷으로 넘어갔다.

영국 유니버시티 칼리지 오브 런던UCL은 1973년 노르웨이 지진 연구소 NORSAR와 더불어 두 곳뿐인 아르파넷의 해외 노드였다. 스탠퍼드대학교에서 박사 학위를 받고 UCL 컴퓨터 과학 교수로 오래 재직한 피터 커슈타인은 빈트 서프와 함께 인터넷 초기에 중요한 연구 논문을 발표하며 영국의 컴퓨터 네트워크 연구를 주도한 선구자다. 하지만 커슈타인 교수도 영국의 컴퓨터 네트워크를 아르파넷에 연결하지 못했다. 커슈타인이 UCL에 재직하고 있어서 이 대학 지하 연구실에 라우터를 설치한 뒤 이를 위성으로 연결하는 방식으로 아르파넷의 해외 노드가 설치되었다. 커슈타인은 영국의 기존 컴퓨터 네트워크를 확장해서 아르파넷의 UCL 노드에 연결시키려 했지만, 영국 정부의 승인을 얻지 못해 실패했다.

일본은 일찍부터 컴퓨터 산업의 중요성을 인식하고 메인프레임(업무용 대형 컴퓨터) 컴퓨터 산업을 발달시킨 나라다. NEC, 히타치, 후지쓰 등 세계적인 메인프레임 업체들이 있어 컴퓨터 하드웨어와 소프트웨어 전문 인력이 광범위하게 활동했다. 이런 영향으로 일본에서는 아르파넷을 초기 단계부터 알고 있었고 실제로 1970년대 아르파넷과 유사한 형태의 컴퓨터 네트워크(N1 네트워크)를 시도했다. 메인프레임 업체에 네트워크 구축을 맡긴 결과, 강력한 성능의 슈퍼컴퓨터에 접근하는 형태의 네트워크가 중심을 이루었다. 일본의 메인프레임 업체들은 히타치네트워크, 후지쓰네트워크처럼 독자적인 자체 네트워크를 갖고 있었는데, 주요 대학 컴퓨터 센터와도 연계되어 있었다. 그래서 1970년대 후반 미국에서 아르파넷이 구축되는 것을 보고 도쿄대, 교토대, 도호쿠대, 오사카대, 규슈대 등 7개 옛 제국 대학의 컴퓨터 센터를 연결하는 망(N1네트워크)을 만들었다. 하지만 쓸모를 찾지 못해 발달하지 못하고 사장되다시피 했다. 대학별로 구축된 컴퓨터 네트워크가 제각각인 상태에서 서로 다른 제조사의 메인프레임 컴퓨터를 연결한 구조였는데, 슈퍼컴퓨터에 접근하는 기능 위주여서 실제로는 수요가 거의 없었다. 각 대학에 연결된 메인 컴퓨터를 쓰면 충분한데, 굳이 수고롭게 다른 대학 컴퓨터 센터에 접속해 그곳 메인 컴퓨터를 쓸 이유가 없었기 때문이다. 미국 아르파넷의 오픈 네트워크와 달리 일본에서는 대학별로 서로 다른 기종의 컴퓨터 네트워크가 독립적으로 존재하는 형태가 지속되었다.

연구와 개발을 위한 펀딩도 주요 변수였다. 프랑스와 영국에서 연구가 초기에 중단된 이유는 미국과 달리 예산 지원이 끊겼기 때문이다. 미국 정부는 투자 효율성을 따지지 않고 아르파넷 연구를 지원했지만, 다른 나라는 사정이 달랐다. 정부 대신 기업이 연구 지원을 할 수도 있었지만, 기업은 투자 효율성을 고려하기 때문에 인터넷 초기 연구를 지원하기 어려웠다. 더욱이 세 곳 이상으로 연결되는 데이터 통신은 일종의 통신 서비스로 볼 수 있어서 각국 통신 당국의 규제를 받아야 하는 어려움이 있었다. 기존 통신 사업자들의 이해관계를 해칠 새로운 형태의 통신 서비스에 대한 허가를 규제 당국으로부터 받아내는 것은 결코 쉬운 일이 아니었다. 국내에서도 이런 이유로 통신사들이 카카

오톡과 같은 문자 메시지 기반 신개념 통신 수단을 바라보기만 하거나 뒤늦게 대응하다가 사업 시기를 놓치고 플랫폼 구축 경쟁에서 낭패를 보았다. 기술 선진국에서 기업이 컴퓨터 네트워크 분야에 연구 지원을 하지 않은 배경에는 통신 사업자와의 이해관계 속에서 새로운 형태의 통신 서비스가 당국의 허가를 받는 게 어려울 것이라는 판단도 있었다.

차별 없는 접속

컴퓨터 네트워크 연구 개발에 대한 정부 지원은 일 년으로 끝이었다. 개발을 제안하고 주도한 전길남은 그해 전자기술연구소를 떠나 카이스트로 옮겼다. 서울과 구미 사이에 연결된 TCP/IP 네트워크가 테스트만 통과한 뒤 방치되거나 망실될 수 있는 여건이었다. 하지만 정부 지원이 일 년짜리로 끝나고, 전길남이 카이스트로 옮긴 게 결과적으로는 도움이 되었다. 천대받던 컴퓨터 네트워크 연결이 전길남과 그의 연구실인 카이스트 시스템구조연구실 대학원생들이 도맡는 '비정부' 프로젝트가 되었기 때문이다. 국가 지원 연구 개발이 아니라서 지원도 없었지만 간섭도 없었다. 전길남과 대학원생들이 독자적으로 그리고 주도적으로 SDN이라는 컴퓨터 네트워크를 개척하고 확산시켜 나갈 수 있는 환경이었다. 대신 개발과 운영은 물론이고 인력과 자금도 자체적으로 조달해야 했다.

전길남이 교수로 오면서 카이스트는 SDN에 연결된 세 번째 노드 이상의 역할을 했다. 카이스트 시스템구조연구실은 SDN의 운영 센터로 기능하면서, 한국의 초기 정보통신 발달에 지대한 영향을 끼쳤다. 물론 당시 연구실 학생들은 SDN이 구체적으로 무엇에 쓰일지, 어떤 가능성과 영향력을 갖게 될지 짐작하기 어려웠다. 인터넷을 개발한 창설자들도 인터넷이 미래에 어떤 힘과 구조를 갖게 될지 몰랐으니 어쩌면 당연한 일이다. 학생들은 자신들이 하는 일이 미래에 어떤 결과를 가져올지 상상할 수 없었지만, 지도 교수 전길남의 말을 믿었다. 전길남은 늘 네트워크와 정보의 중요성을 강조하면서 "미국의 앞선 환경을 경험하고 온 내가 판단하는데, 이 시스템은 굉장히 유익하고 좋은 것이다. 우리가 잘 만들면 국가 기술 발전은 물론이고 세계 기술 발전에 좋은 기여를 하는 것이다"라고 여러 차례 말했다.

정부 평가에서는 낙제점을 받았지만, SDN의 유용성과 가치는 전산학과가 있는 각 대학과 주요 연구 기관을 중심으로 알음알음 알려졌다. 각 대학이 자체적으로 또는 필요한 경우 카이스트 시스템구조연구실의 도움을 받아 소속 기관의 컴퓨터를 하나둘 SDN에 연결하기 시작했다. 1984년에는 10곳, 1985년에는 20여 곳으로 확대되었고, 가입 기관 대표자들로 SDN기술위원회가 구성되어 이후 국내 네트워크 연구자들의 구심점이 되었다.

정보는 물처럼 높은 곳에서 낮은 곳으로 흐른다. 인터넷이 대중화되면서 쌍방향 소통이 주가 되었지만, 연구 개발망과 같은 정보 요구를 처리하는 네트워크 초기 단계에서는 정보가 많은 곳에서 적은 곳으로 흐른다. 네트워크에 연결하려는 쪽의 주목적은 중요하고 다양한 정보를 얻는 데 있다. 전길남이 TCP/IP 네트워크를 구축하고 UUCPNet, CSNET 등을 통해서 미국에 연결하고자 애쓴 이유도 선진국에서 활발하게 생산되어 공유되는 컴퓨터와 네트워크 연구에 관한 최신 정보를 얻기 위해서였다. SDN에 연결된 국내 각 대학과 연구 기관들의 목적도 비슷했다. 국내 연구 실적을 공유하려는 목적도 분명 있었지만, 미국 등 선진국에 접속해 앞선 연구 동향과 결과물을 구하려는 목적이 우선이었다.

SDN은 최대한 개방적으로 운영되었다. 국내에서 연결을 희망하는 대학이나 기관들의 접속을 거부하지 않았고, 자체 기술 역량이나 자원이 부족한 경우 가능한 범위에서 적극적으로 기술을 지원했다.

SDN 이용자가 늘면서 통신료 부담도 증가했다. 대부분 미국과 유럽 등으로 UUCPNet을 연결한 국제 전화 요금이었다. 1983년 첫해 50만 원이던 요금이 일 년 뒤인 1984년에는 2,400만 원으로 50배 가까이 급증했고, 1986년 무렵에는 국제 전화 요금이 4,000만 원, 1988년에는 6,700만 원 수준까지 나왔다. 1988년 서울 강남의 은마아파트 가격이 5,000만 원대이던 시절이다. 거의 대부분이 전자 우편 사용료였다. 전길남은 자신의 연구실 학생들은 물론이고, SDN에 연결된 카이스트 외부의 가입 기관이나 개인들이 별도의 통신료 부담을 지지 않게 했다. 오히려 학생들에게는 네트워크를 이용해 외국의 최신 정보와 연구 자료를 적극적으로 이용하라고 격려했다. 시스템구조연구실이 SDN 운영 센터를 두고 별도의 컴퓨터를 설치해 SDN의 허브로 기능하면서 전용선이 아닌 일반 전화선을 통해서도 이용할 수 있게 했다. 전용선을 설치할 형편이 안 되는 기관이나 개인도 SDN에 접속해 정보 공유의 혜택을 누릴 수 있게 해야 한다는 신념 때문이었다. 전길남은 SDN 당시 한국에서 인터넷에 접근하고 싶다는 사람을 거부한 적이 없다. SDN 접속은 물론 추후 이메일 계정 생성을 요구하면 모두 만들어주었고 비용도 물리지 않았다. 그래서 항상 다이얼업 포트를 유지하고 상태 관리에 신경을 썼다.

그러다 보니 매년 수천만 원에 이르는 SDN의 국제 통화료는 시스템구조연구실의 프로젝트를 통한 연구비 조달로 해결해야 했는데, 한국전기통신공사(KT의 전신, 한국통신)가 실질적 도움을 주었다. 1983년 어느 날 전길남은 당시 한국통신 부사장으로 데이콤 설립 작업을 주도하던 경상현을 만났다. 몇 년 전 통신기술연구소 부소장 시절 정부 과제 심사를 통과하는 묘책을 조언했던 경 부사장은 잊지 않고 그때 일을 물었다. 전길남은 그간 있었던 일과 카이스트로 옮기면서 네트워크를 확대하는

데 성공했다는 이야기를 들려주었다. 그러고는 "그런데 이 SDN 컴퓨터 네트워크가 너무 성공해서 큰일입니다"라고 운을 뗐다. 전길남의 말에 경상현이 의아해했다. "너무 잘 돼서 큰일이라니 그게 무슨 말이오?" 전길남은 각 대학과 연구소들이 속속 SDN 에 가입해 외국과 이메일을 주고받는 탓에 카이스트 연구실의 프로젝트 재원으로는 국제 전화 요금을 감당할 수 없는 수준이 되었다고 자초지종을 설명했다.

"그래요? 그러면 제가 도와드릴게요." 경상현은 자신이 부사 장으로 있는 한국통신이 프로젝트를 발주해 시스템구조연구 실이 수행하게 하는 방식으로 연구실을 지원했다. 1984년부 터 4년간 진행된 "전산망 간 연동화 연구" 프로젝트다. 해마다 3,000만~4,000만 원 수준이었는데, 카이스트 시스템구조연구 실에 지원된 돈은 국제 전화 요금으로 다시 한국통신으로 돌아 오는 구조였다. 부사장의 지원 지시가 있었지만, 한국통신 내부 를 설득하기는 쉽지 않았다. 미국에서 아르파넷과 인터넷 초기 에 그랬던 것처럼 통신사 실무자들로서는 SDN이 나중에 상업 서비스로 발전하거나 연구 개발 네트워크 이상의 중요한 무언 가가 될 가능성을 발견하지 못했기 때문이다.

당시 박사 과정 대학원생이던 박현제 소프트웨어정책연구소 소장이 SDN 운영관리자를 맡아 매년 한국통신에 프로젝트를 제안하러 갔는데, 갈 때마다 쓸데없는 연구를 한다고 실무자에 게 면박을 당했다며 당시 기억을 생생히 떠올렸다. 한국통신 실무자가 다시 와서 제안하라고 여러 번 권해서 몇 차례 가다가 지쳐서 나중에는 포기하고 아예 찾아가지 않았더니 결국 탈락했다. 시스템구조연구실은 여름방학 때면 설악산으로 수련회를 갔다. 1980년대 중반 박현제는 한국통신의 지원 중단이 결정된 뒤 설악산에서 머물던 연구실 동료들을 찾아가 힘없이 탈락 사실을 보고했다. 전길남은 "알았다"라고만 했다. 그리고 나중에 경상현 부사장에게 이야기해 한국통신의 프로젝트 지원이 계속될 수 있도록 조처했다. 전길남이 경상현에게 두고두고 고마워하면서 전문가로서 그의 판단력을 높이 평가하는 이유다.

"SDN 국제 전화료를 지원하는 대가로 한국통신은 무엇을 기대하나요?" 전길남이 경상현에게 지원을 부탁하면서 물었다. 경상현은 "따로 기대하거나 요구하는 조건은 없습니다. 전 박사께서는 연구만 열심히 해서 이 분야를 잘 키워주시면 됩니다. 국가 차원의 선행 투자라고 이해하세요"라고 답했다. 경상현은 장관 재임 시절인 1995년에 초고속정보통신기반구축 종합 계획을 기초해 '정보통신 한국'의 미래를 준비했다. 경상현이 한국통신 부사장 시절 SDN에 조건 없는 지원을 한 것은 결국 그의 말대로 '국가 차원의 선행 투자'가 되었다.

인터넷의 폭발적 성장

정부와 업계 전문가들의 부정적 인식에도 SDN은 확대일로였다. SDN에 가입하는 국내 기관도 갈수록 늘어났다. 자연히 접속 트래픽과 국제 전화료 등도 증가했다. SA랩에 설치한 SDN 운영 센터로는 감당할 수 없는 규모로 수요와 업무가 증가했다. 결국, 연구실 차원의 인력과 프로젝트로는 유지할 수 없다는 판단을 내렸다. 1987년 8월, SA랩은 5년째 운영해온 SDN 네트워크 운영 센터를 카이스트 전산 센터CSRC로 이관하고, 이후에는 카이스트 차원에서 SDN을 운영했다.

이메일과 뉴스 그룹 등을 통해 외국과 정보 교환을 경험한 SA랩 학생들로서는 실시간으로 다양한 방식의 소통을 가능하게 해주는 인터넷 연결에 더욱 갈증을 느낄 수밖에 없었다. 인터넷 주소IP가 없으면 이메일로만 소통해야 하는데, 아무리 상대가 협조적이어도 하나씩 요청하고 주고받는 데 적어도 며칠, 길게는 2~3주가 걸린다. 그런데 IP 주소를 할당받아 인터넷이 되면 직접 파일 서버에 접속해 데이터를 바로 내려받을 수 있다. 연구 환경에서는 이메일 방식과 IP 방식으로 자료에 접근할 때 생기는 시차와 노력이 더욱 커 보였다. 그래서 1986년 미국의 인터넷 관리 기구인 NIC Network Information Center에 인터넷에 직접 접속할 수 있는 외국 IP를 어느 나라보다 먼저 요청했다. 한국과 거의 같은 시기에 독일도 IP 주소를 요청하자, 존 포스텔이 책임자였던 NIC는 내부 논의를 거쳐 그동안 미국 내에만 부여하던 IP 주소를 국외에 부여하기로 결정했다. 이를 계기로 1986년 7월 미국 외의 국가에도 비로소 인터넷 접속이 개방되었다. 이 시기에 한국의 국가 코드 도메인 네임 'kr'도 부여받았다. 국제표준화기구 ISO에 한국의 국가 코드가 'kr'로 되어 있어, 자연스럽게 인터넷 주소의 한국 국가 코드 주소도 'kr'로 정해졌다.

이후 SDN은 1990년 3월 미국 하와이대학과 위성 회선을 이용한 인터넷 전용선을 구축하면서 연 25만 달러에 이르는 통신비를 조달하기 위해 컨소시엄을 만들면서 하나망으로 다시 확대 개편되었다. 전길남과 그의 대학원생들이 시작한 컴퓨터 네트워크가 씨앗이 되어 국내 대학과 연구소들을 연결하는 거대한 연구 개발망으로 확대되고, 마침내 우리나라를 세계 인터넷과 연결하는 허브로 성장한 것이다.

SA랩 학생들은 외국 뉴스 그룹을 통해 "이 자료는 FTP에 올려놓았으니 인터넷에 연결해 자유로이 가져갈 수 있다"는 정보를 접하곤 했는데, UUCP로 이메일만 교환하는 환경에서는 이용할 수 없었다. 그러나 하나망에 가입한 기관이면 전용선으로 인터넷에 상시 연결된 상태로 얼마든지 사용할 수 있게 되어, 비로소 인터넷의 용도가 다양해지고 대중화되기 시작했다.

스위스 제네바에 있는 유럽입자물리연구소 연구원 팀 버너스리가 1990년 월드와이드웹www을 개발하고, 일리노이대학교의 학부생 마크 앤드리슨이 1992년에 모자이크를 만들고 1994년에는 넷스케이프 내비게이터 등 웹브라우저를 출시하면서 인터넷 대중화는 급물살을 탔다. 이전까지 명령어와 텍스트 기반이던 인터넷 이용이 하이퍼링크로 한결 편리해지고, 다시 그래픽 환경의 웹브라우저가 등장하면서 폭발적 대중화가 이루어졌다. 인터넷을 만든 설계자들도 전혀 예상하지 못한 결과였다. 아르파넷을 설계한 인터넷 선구자들은 아르파넷을 연구자 등 전문가들의 네트워크로 간주하고 일반인용, 상업용 네트워크는 별도로 구상했다. 하지만 웹의 등장으로 완전히 달라졌다. 웹 등장 이후 폭발적 속도로 퍼져나가는 인터넷 대중화는 학계와 기술계가 예상하고 기대한 범위를 완전히 벗어났고, 사용자들 손으로 넘어갔다. 사실상 미완의 제품이 소비자들에게 개방되면서 통제하기 힘든 네트워크가 되어버린 것이다.

초고속 인터넷 프로젝트

우리나라가 가장 먼저 범국가적 초고속 인터넷망을 구축하고 인터넷 선도국으로 올라선 배경에는 전길남과 그의 제자들이 있었다. 1990년대 초반 전길남은 정부의 초고속 정보통신망 구축 마스터플랜을 만드는 위원회의 위원장을 맡아, 인터넷 한국의 청사진을 만들었다. 1994년 3월 정부에 제출한 〈초고속 정보통신망 구축 방안에 관한 연구〉 보고서가 바로 그것이다. 10년 뒤 우리나라의 정보통신 미래 환경에 대한 설계도였다. 프로젝트의 규모는 실로 방대했다. 2015년까지 총예산 45조 원, 당시까지 단일 사업으로는 국내 최대 규모였다. 카이스트 시스템구조연구실에서 SDN을 전국 각 대학에 확산시키고 관리해온 전길남의 제자 허진호 박사는 1994년 인터넷 전용선 서비스를 제공하는 아이네트를 설립해 국내 인터넷 이용률을 크게 늘리고, 박현제 박사는 전력선의 광통신망을 이용한 두루넷 네트워크를 설계해 국내 초고속 인터넷 경쟁에 불을 붙였다.

전길남이 1994년 광통신망 방식의 초고속 인터넷 프로젝트를 수립해 추진할 때 국내에서는 일본이나 독일처럼 기존에 통신업계가 준비해온 ISDN Integrated Services Digital Network을 중심으로 업그레이드해야 한다는 주장이 강력했다. ISDN은 기존의 전화선을 이용한 네트워크로, 아날로그 신호를 디지털로 변환해 전송하는 방식의 통신망이다. 1993년 12월 한국통신이 상용 서비스를 시작한 ISDN의 속도는 128kbps로, 당시로서는 획기적이었고 미래 통신의 대명사로 제시되었다. 한국의 통신 사업자들은 일본에서 대성공을 거둔 ISDN을 미래 통신의 대세로 보았다.

하지만 정부의 초고속 정보통신망 기본 계획을 수립한 전길남은 더 멀리 내다보았다. 1994년, 전길남은 〈초고속 정보통신망 구축 방안에 관한 연구〉 보고서에서 미래 한국의 초고속 정보통신망을 광통신으로 깔고, 2개 이상의 사업자로 경쟁 구도를 가져가야 한다고 명확한 목표를 제시했다. 기존 전화망을 활용하지 않고 광케이블을 새로 깔아 이용자 증가에 영향받지 않고 최종 이용자인 가정까지 속도 저하 없이 광통신으로 연결하는 게 목표였다. FTTH Fiber-optics to the home로 불리는 연결 방식이었다. 기존 전화선을 활용하는 ISDN에 비해 몇 배나 많은 예산인 20조~25조 원이 소요되는 규모였다. 전국을 연결하는 이 광통신망은 한국을 초고속 인터넷, 모바일 선도국으로 만든 결정적 사회 기반 시설이다. 만약 당시 통신업계의 주장과 경제성 논리에 따라 초고속망의 기술 방식을 일본처럼 ISDN으로 채택했다면, 세계에서 가장 먼저 전국에 초고속 인터넷망을 구축해 정보통신 산업의 기틀을 마련할 기회는 영영 오지 않았을지 모른다.

1982년에 처음 인터넷에 연결할 때만 해도 전길남의 선구적 연구는 '쓸데없는 일'로 치부되어 정부로부터 강한 질책을 받고 예산도 할당되지 않아 2차년도 연구가 불가능했었다. 그러나 초고속 인터넷에 와서는 컴퓨터 네트워크 연결의 중요성을 누구나 실감했다. 1997년, 전길남은 초고속 정보통신망을 구축한 공로로 국민 훈장 동백장을 받았다. 1980년에 마터호른 등반으로 체육 훈장을 받고, 17년 뒤에 '본업'으로 다시 공로를 인정받은 것이다.

4

최상의
연구 시스템을
만들다

1990년 시스템구조연구실 MT에서 제자들과.
가운데 모자 쓴 이가 전길남 박사다.

전길남이 1982년 9월 카이스트 전산학과 교수로 부임한 직후 시스템구조연구실이 만들어졌다. 당시 카이스트 전산학과에는 컴퓨터 네트워크를 전공한 교수가 없어서 전길남이 부임한 첫해부터 학생들이 몰렸다. 현재 카이스트 전산학부 교수는 50여 명에 이르지만, 당시만 해도 5명뿐이었다. 1988년 대전으로 이전하기 이전인 서울 홍릉 시절 카이스트에는 석사, 박사 과정만 있었다.

1982년 여름, 2학기부터 전길남이 전산학과 교수로 온다는 소식이 전해지자 석사 과정 1학년생들이 대거 지원했다. 석사 과정은 2학기에 지도 교수와 연구실을 정하고 이후 교수의 지도 아래 졸업 논문을 위한 연구와 준비를 하는 게 일반적이다. 당시 인터넷이라는 개념은 거의 알려지지 않았지만, 미국에서 컴퓨터 네트워크를 전공한 교수가 부임한다는 소식에 지도 교수 신청 단계에서 학생들이 몰리는 일이 일어났다. 특정 교수에게 지나치게 지원이 몰리는 걸 막기 위해 교통정리 차원에서 제비를 뽑자고 논의하면서 학생들끼리 갑론을박을 벌였다고, 당시 석사 과정에 재학 중이던 이동만 현 카이스트 교수는 회상했다. 이동만을 포함한 석사 과정 학생 8명이 전길남의 첫 지도 학생이 되어, SA랩 초기 멤버를 구성했다.

전길남이 카이스트에서 운영한 전산학과 시스템구조연구실은 그때까지 공과대학 교수들이 운영하던 연구실과 상당히 달랐다. 시스템구조연구실이 한국 정보통신 기술 환경과 역사에 끼친 영향은 차원이 달랐다. 교수 한 사람이나 대학 연구실 한 곳이 일반적으로 수행하는 기능을 뛰어넘어 국가 차원의 컴퓨터 네트워크를 실질적으로 구축하고 운영하는 역할을 상당 기간 전담했기 때문이다. 연구실을 직간접으로 거쳐간 사람들의 활동 범위와 역할도 특기할 만하다. 시스템구조연구실을 통해서 관련 전문 인력이 길러지고 네트워크가 만들어졌는데, 이는 향후 한국의 인터넷 발달과 벤처 기업 설립을 주도할 인력을 공급하는 못자리 역할을 했다. 그런데 시스템구조연구실이 이처럼 특별한 역할을 한 것은 우연이 아니었다.

전길남이 학생들의 교육과 훈련을 위해 연구실을 만들면서 가장 중시한 것은 '연구 환경'이었다. 그는 카이스트에서 매사추세츠공과대학MIT, 스탠퍼드, UC버클리 등 세계 최고 수준의 공과대학 컴퓨터공학과와 대등하게 경쟁할 수 있는 졸업생을 길러내는 것이 교수로서 자신에게 주어진 임무라고 생각했다. 사실 카이스트는 전길남이 청소년 시절부터 꿈꾸어온 목적("나중에 한국으로 돌아가 고국에 보탬이 되는 일을 하리라")을 이루기에 최적의 환경을 갖춘 곳이었다. 카이스트는 과학 기술 입국을 꿈꾸는 한국 정부가 과학 기술 전문 인력을 양성하기 위해 1971년에 설립한 이공계 대학원 과정의 국립 교육 기관으로서 교수와 학생들에게 파격적인 특전을 제공했다. 당시 카이스트 교수는 서울대 교수보다 약 3배가량 많은 연구비를 제공받고 수업 부담도 적었다.

최고의 교육은 최고의 환경에서

이공계 연구는 뛰어난 교수와 우수한 학생들이 강의실에서 치열한 토론을 하는 것으로 충분하지 않다. 자유로이 이론을 만들어 검증하고 실험할 수 있는 물리적인 연구 환경이 필요하다. 컴퓨터 네트워크 분야의 연구실은 학생들이 자유롭게 쓸 수 있는 컴퓨터와 빠른 네트워크 환경을 필히 갖추어야 한다. UCLA와 나사 제트추진연구소에서 세계 최고 수준의 컴퓨터 환경을 경험한 전길남은 학생들에게 가능한 한 최고의 컴퓨터 이용 환경을 제공하는 게 급선무라고 생각했다.

전길남은 1980년대 초 미국에서 접한 대표적인 컴퓨터 연구소들의 연구 환경과 국내 환경을 비교해보았다. 미국 피츠버그의 카네기멜런대학교에서는 컴퓨터공학과의 컴퓨팅 센터가 디지털이퀴프먼트DEC의 중형 컴퓨터(슈퍼미니컴퓨터) 백스VAX를 64대나 연결해서 쓰고 있었다. DEC의 백스는 당시 컴퓨팅 자원의 기본 단위로 통했다. 당시 우리나라에서는 주요 종합 대학교 중앙전자계산소에 메인 컴퓨터로 백스를 1대만 갖추고 있어도 대단하다는 평가를 받았다. 미국 대학 한 곳의 컴퓨팅 자원이 당시 한국 전체 컴퓨팅 자원의 몇 배에 달했다. 카네기멜런대학이 컴퓨터 연구를 이끄는 곳 중 하나라는 것을 익히 알고 있었지만, 그것을 가능하게 하는 대학 연구소의 컴퓨터 환경을 접하고 전길남은 충격을 받았다. 학생들이 마음대로 컴퓨터를 다룰 수 있는 환경이 갖춰져야 비로소 연구다운 연구가 가능하다는 사실을 절감했다.

미국 시절 캘리포니아 실리콘밸리에 있는 제록스 팔로알토 연구소(PARC, 파크)를 방문했을 때 연구소가 개발한 혁신적인 워크스테이션 컴퓨터 알토Alto를 시계로 쓰는 것을 보고 놀란 경험도 떠올랐다. 제록스 파크는 개인용 컴퓨터, 이더넷, 레이저 프린터, 그래픽 사용자 환경GUI, 태블릿 PC, 유비쿼터스 컴퓨팅 등 오늘날 대중화된 정보통신 기술과 상품의 원형이 개발된 정보 기술IT 분야의 대표적인 연구소로 유명하다. 당시 제록스 파크의 연구원들은 5만 달러가 넘는 최신형 컴퓨터인 알토 한 대를 시계로 쓰고 또 다른 한 대를 연구용으로 활용하고 있었다. 지금이야 개인용 컴퓨터를 다양한 용도로 쓸 수 있고 화면 보호기를 시계로 쓰는 게 전혀 낯설지 않지만, 당시 '알토 시계'를 본 전길남은 "저 값비싼 최고의 워크스테이션 컴퓨터를 그저 시계로도 쓸 수 있다니… 상상도 못했다"라며 연구소 문화에 충격을 받았다. 제록스 파크가 1973년에 처음 개발한 알토는 훗날 개인용 컴퓨터의 모델이 된, 컴퓨터 역사상 기념비적인 제품이다. 비록 대중화와 상업화에는 실패했지만, 그래픽 사용자 환경과 마우스를 채택한 오늘날 개인용 컴퓨터PC의 원형이다. 1979년 제록스 파크를 방문한 스티브 잡스는 알토의 그래픽 사용자 환경을 보고 아이디어를 얻어 애플 매킨토시를 만들었다. 제록스 파크에 시계가 없어서 값비싼 알토를 시계로 쓴 것은 아닐 테고, 연구자에게 조건 없이 기기를 제공하고 마음대로 조작하도록 내버려두었더니, 평소에는 생각할 수 없는 다양한 아이디어와 혁신적인 발상이 나온다는 사실을 깨달은 것이다.

전길남은 우선 연구실 학생들에게 컴퓨터 단말기를 제공했다. 당시 대학 컴퓨터 전공자들은 학교 전산 센터나 학과에 비치된 중형 컴퓨터에 연결된 단말기(터미널)를 통해 시분할 형태로 접속해 사용하는 게 일반적이었다. 학생 10명당 단말기가 1~2대 수준이었다. 카네기멜런대학교나 MIT 등은 기본 1인 1터미널 환경이었다. 그 수준에 맞추기 위해 시스템구조연구실도 1인 1터미널을 제공했다.

시스템구조연구실 학생들이 컴퓨터를 본격적으로 활용하게 되면서 사용 시간도 늘고 학생들의 욕심도 커졌다. 학생들은 지도 교수인 전길남에게 연구실에 슈퍼미니컴퓨터가 1대 있었으면 좋겠다고 요청했다. 유수의 종합 대학 중앙전산소에나 1대 있는 중형 컴퓨터를 교수 연구실에 비치해달라는 요청이었다. 당돌한 생각이었다. 당시 종합 대학교 1만~2만 명이 사용하는 컴퓨터 자원을 30여 명 규모의 연구실에서 내부용으로 요청한 것이다. 전길남은 "왜 슈퍼미니컴퓨터가 필요한지 1페이지 문서로 나를 설득시켜라"라고 말했다. 그러자 학생들은 "미국에서 컴퓨터 네트워킹 연구를 선도하는 대학들은 모두 그 수준의 컴퓨터를 갖고 있는데 우리도 비슷한 수준의 컴퓨터를 갖고 있어야 협력이 가능하고 세계적으로 진행되는 인터넷 연구에 참여할 수 있습니다"라고 했다. 학생들의 요구는 타당했다. 전길남은 "알았다"라고 답했다.

하지만 1983년에 25만 달러(약 4억 원)에 달하는 슈퍼미니컴퓨터(DEC VAX11-750)를 장만하는 건 만만한 일이 아니었다. 1983년 일 인당 국민소득이 2,076달러(약 230만 원)였던 점을 고려하면, 당시 집 몇 채 값에 해당하는 금액이었기 때문이다. 한국 대학에서 유례가 없는 거액의 컴퓨터 장비 구입이었다. 전산학과 차원에서 구입하는 것도 아니고 일개 교수 연구실에서 대학교 전체 차원에서나 필요로 할 만한 중형 컴퓨터를 장만하는 것을 카이스트 당국도 잘 이해하지 못했다. 예일대학교에서 학위를 마치고 온 전자공학과 동료 교수 정도만이 연구실에 중형 컴퓨터를 비치해야 하는 이유를 이해했다. 전길남은 중형 컴퓨터 구입 자금을 마련하기 위해 프로젝트 6개를 묶어서 진행했다. 과정은 힘들었지만, 이 경험을 통해 연구실과 학생들은 자신들의 요구가 정당한 이유를 제대로 설명할 수만 있으면 지도 교수와 힘을 합쳐 다른 사람들이 상상하지 못한 것까지 이루어낼 수 있다는 자신감을 얻었다.

웬만한 종합 대학도 보유하지 못한 중형 컴퓨터를 연구실에 전용으로 갖춰놓고 학생들이 언제나 사용할 수 있으니, 당시 컴퓨터 전공 학생들이 시스템구조연구실을 선망할 수밖에 없었다. 1983년에 서울대 계산통계학과를 졸업하고 그해 가을 카이스트 전산학과에 입학한 박현제는 서울대 학부 졸업 논문을 마무리하느라 고생했던 경험을 생생하게 기억한다. 그의 논문은 당시로서는 분량이 적지 않은 1,000라인이 넘는 프로그램 컴파일러였다. 컴파일러는 특정 프로그래밍 언어로 쓰인 문서를 읽을 수 있도록 다른 형식으로 옮기는 프로그램이다. 학교 컴퓨터로 프로그램 컴파일러를 짜려면 입력 장치로 펀치 카드를 써야 했다. 오래전에 사라진 펀치 카드는 0과 1의 전자 신호를 기계가 인식할 수 있도록 종이 카드에 구멍을 뚫어 빛이 지나갈 수 있게 한 컴퓨터 입력 장치의 일종이다. 지금은 상상하기 힘들만큼 수고로운 방식으로 기계어를 입력해야 했다. 그런데 그렇게 수고롭게 만든 펀치 카드를 컴퓨터에 인식시키는 절차도 간단하지 않았다. 아침에 펀치 카드를 컴퓨터에 입력하면 이튿날 결과가 나오는데, 이를 일일이 모아 검토하는 방식으로 작업해야 했다. 요즘은 컴퓨터 화면에서 명령어 한 줄 보내고 즉시 결과 값을 모니터로 확인할 수 있다.

서울대 컴퓨터를 이용한 펀치 카드로는 도저히 연구 일정을 맞출 수가 없었다. 안 되겠다 싶어 카이스트로 가서 IBM 대형 컴퓨터를 유료로 빌려 작업을 실행했다. 펀치 카드 대신 시분할 터미널로 대형 컴퓨터를 사용한 덕분에 가까스로 논문을 마무리할 수 있었다.

교수 연구실에 학생들이 마음껏 쓸 수 있는 슈퍼미니컴퓨터가 있다는 점은 무엇보다 큰 매력이었다. 카이스트는 물론이고 전국을 통틀어 컴퓨터를 보유한 교수 연구실은 그곳이 유일했다. 당시에는 서울대 컴퓨터 관련 학과의 전공 수업도 대부분 강의실에서 교재를 놓고 교수가 칠판에 쓰면서 가르치면 노트에 받아 적으며 이렇게 시험도 보는 방식으로 이루어졌다.

연구를 위한 필수 조건

시스템구조연구실의 특징 중 하나는 자료 수집과 문서화를 유난스러울 정도로 강조한다는 점이었다. 전길남은 연구실을 꾸리면서 자료가 너무 없다며 '랩 라이브러리(자료실)'를 만드는 작업에 우선 착수했다. 인터넷이 없던 당시에는 학계의 연구 동향과 성과를 확인하려면 출간된 학술 자료를 찾아보는 수밖에 없었다. 석사 과정 때까지는 교과서를 주로 보지만, 박사 과정에서는 관련 외국 학회의 저널이나 콘퍼런스의 발표 자료를 구해서 보는 게 필수다. 하지만 컴퓨터 네트워크 연구가 주로 이루어지는 미국에서 만든 자료를 태평양 건너 한국에서 바로바로 구하기는 쉽지 않았고, 정기 간행물 위주로 구독하는 게 일반적이었다. 인터넷을 비롯해 컴퓨터 커뮤니케이션 분야의 연구와 기술 개발이 빠르게 발달하는 점을 고려하면, 신속한 정보 수집은 연구의 필수 조건이다. 다양한 컴퓨터 네트워크가 경쟁하던 상황에서 단기간에 인터넷이 지배적인 표준이 되면서 컴퓨터 네트워크 구조가 완전히 달라진 것처럼, 정보 기술 분야에서 1~2년은 연구의 방향이 새로 설정될 만큼 긴 시간이다.

일반적으로 정기 간행물인 주요 학회의 저널에 논문이 실리는 건 대개 연구가 본격화한 지 5~6년이 지난 뒤다. 콘퍼런스에서 발표하는 논문집은 연구를 시작한 지 3년여 정도 지난 경우가 많고, 연구가 본격화한 시점에서는 주로 연구실별로 발행하는 '연구 보고서Technical Report' 형태로 자료가 나온다. 남들보다 앞선 연구 결과를 내놓아야 하는 무대에서 이미 5~6년 전에 시작된 연구를 학술지를 통해 뒤늦게 접하는 구조로는 경쟁력이 없다. 학술대회 논문집Conference Proceedings이나 테크니컬 리포트를 구해야 더 초기 단계의 연구 정보를 얻을 수 있다. 카이스트 석·박사 과정 학생이 빠르게 발전하는 컴퓨터 통신 분야에서 세계 수준의 연구를 하려면 최첨단 글로벌 연구 동향을 파악하는 것이 반드시 필요했다.

미국 최고의 연구소와 대학에서 생활하던 전길남이 한국에서 접한 컴퓨터 관련 연구 정보는 그의 표현대로라면 '거의 패닉 수준'이었다. 한국에 오기 전에 크게 우려했던 대로였다. 컴퓨터 네트워킹 연구와 발표의 주 무대인 미국에서 최신 동향을 바로바로 접하던 것과 달리 한국에서는 관련 논문이나 책 등을 구할 길이 아예 막힌 듯했다. 함께 논의할 동료도 없었다. 첨단 분야를 연구하는 학자가 학계의 최신 연구 동향과 논의에 어둡다는 것은 학문적 생명의 종말이나 다름없다. 외딴 섬에 고립된 느낌이었다. 전길남은 교수로서 낯선 나라에서 자신부터 생존해야 한다고 생각했다. 그래서 최대한 효율적인 데이터베이스를 만들기 위해 랩 라이브러리를 구축하는 작업에 착수했다. 이를 위해 연세대 도서관학과를 졸업한 사서를 연구실에 채용했다.

랩 라이브러리가 만들어진 뒤 다양한 학술지와 정기 간행물 수집이 이루어졌다. 무엇보다 연구 보고서 확보에 역점을 두었다. 학술 분야에서의 연구는 영향력이 큰 저명한 저널에 논문을 게재하는 것으로 공식화되지만, 그러한 정식 결과물에 이르기 전까지 연구가 진행되는 수년 동안 콘퍼런스 발표와 연구 보고서 공개의 형태를 거치면서 다듬어지고 정교해지게 마련이다. 세계 유수의 대학 연구실들은 자기들이 진행하는 연구 작업을 연구 보고서를 통해 공개한다. 이는 관련 연구를 공개하는 행위인 동시에 해당 연구 아이디어에 대한 지적 소유권을 주장하는 행위이기도 하다. 시스템구조연구실은 자료실을 만든 직후부터 카네기멜런, 퍼듀, 스탠퍼드, UC버클리, 위스콘신, UCLA 등 미국 주요 대학의 컴퓨터 연구소와 실험실에 직접 연락을 취해 이들이 내는 연구 보고서를 확보하기 시작했다. 그때까지 국내 대학 연구실에서 볼 수 없었던 모습이었다. 시스템구조연구실에 들어온 석사 과정 학생의 핵심 업무 중 하나는 자료실 관리였다. 미국 주요 대학의 컴퓨터연구실에 편지를 보내 담당자와 소통하고 연구 보고서를 요청했다.

당시 한국 대학에서는 논문으로 공식 발표되기 전에 미국 유명 대학 연구실에서 펴낸 보고서를 구해 읽고 연구에 참조하는 것이 생소한 개념이었지만, 미국 대학과 나사 연구소에서 훈련받은 전길남에게는 기본 중의 기본이었다. 그래서 국책 연구소에서 대학으로 자리를 옮겨 학생들을 지도하기로 마음먹었을 때 정보 공유를 위해 데이터베이스를 구축하는 일을 가장 먼저 해야 한다고 생각했다. 과학 기술 연구와 개발은 최신 정보와 자료 수집이 출발점이다. 세계 수준과 경쟁하려면 자신이 어디쯤 서 있는지 알아야 한다. 자신의 위치를 알려면 먼저 세계 주요 대학 연구실에서 진행되는 연구 정보와 동향을 파악해야 한다. 방대하고 빠르게 업데이트되는 연구 자료와 논문을 모은 데이터베이스를 만들어 누구나 손쉽게 접근하고 공유하게 하는 것은 교수 전길남이 반드시 달성해야 하는 최우선 목표였다. 적어도 자료와 논문 때문에 미국 유학을 고민하게 만들지는 말아야 한다고 생각했다. 시스템구조연구실의 랩 라이브러리가 외국 대학과 직접 접촉해 최신 연구 보고서를 수집하고 체계적으로 자료를 관리하고 운영한다는 사실이 차츰 알려지면서 카이스트의 다른 실험실과 다른 대학에서 시스템을 배우기 위해 견학을 오기도 했다.

세상에 없는 연구 결과를 만들어내는 게 기본인 박사 과정에서 지속적으로 업데이트되는 최신 정보는 대단히 중요하다. 박사 학위 논문을 프로그램으로 단순화하면 데이터는 입력 요소input이고 논문은 결과물output이다. 전길남은 기본 두뇌와 노력 면에서는 MIT나 UC버클리 학생들과 카이스트 학생들이 큰 차이가 없다고 판단했다. 그렇다면 더 나은 결과물을 내려면 당연히 입력 단계부터 차별화된 요소를 투입해야 한다. 중요한 최신 논문을 얼마나 많이 읽고 연구에 반영하는지가 논문의 수준을 결정한다. 그동안 국내 컴퓨터 전공 분야에서 박사 학위 논문은 관련 국제 학술지에 공식 발표된 논문 수십 개를 보고 연구해서 쓰는 수준이었다.

그러나 랩 라이브러리 구축 이후 의미 있는 변화가 생겼다. 이제는 세계 유명 대학의 컴퓨터연구실에서 발간하는 초기 단계의 보고서들을 바로 참조하면서 국제적 최신 연구 동향과 성과를 알고 연구 논문을 쓰는 수준으로 발전했다. 1~2년 만에 기술과 연구의 방향이 달라지는 분야에서 5~6년 전에 시작된 묵은 연구의 결과물이 아니라, 세계적 수준의 연구실에서 이제 막 움트는 최첨단 연구 동향을 살피면서 연구 방향과 목표를 설정할 수 있게 되었다. 전길남은 연구실 학생들에게도 연구 보고서를 만들어 공개하게 했다. 이전까지 완료된 논문 또는 완성을 앞둔 논문만 학회지와 학술대회를 통해 발표하던 카이스트 학생들에게 훨씬 이전 단계의 연구 보고서를 작성하고 공개하게 한 것이다.

자료실을 만들어 외국 주요 연구소의 보고서를 비롯한 최신 자료를 체계적으로 모으고 관리하는 데서 그치지 않고 정보를 만드는 초기 단계에서도 조직적인 체계화와 개혁이 시도되었다. 학생들이 연구실에 오자마자 귀에 못이 박이도록 들은 것은 '체계적 문서화Documentation'와 '한 장 요약1 page write up'이었다. 자료를 우편이나 이메일 등으로 구입하면 맨 먼저 도장과 구입 날짜를 찍는다. 연구 보고서 등 주요 자료는 연구실 전체 구성원에게 이메일을 통해 알리고 보유 자료 목록에 등록한다. 일목요연한 문서화로 누구나 목록을 보고 한눈에 어떤 자료인지 파악할 수 있게 하고, 이 목록을 온·오프라인으로 공개한다. 시스템구조연구실과 온라인으로 연결되는 미국 대학들의 협력 연구실 간에는 자료가 상호 개방되기 때문에 각 실험실의 학생들은 수많은 연구실의 랩 라이브러리 자료에 접근할 수 있었다. 국내에 인터넷이 상업화되기 10여 년 전부터 현재 인터넷에서 이루어지는 정보 공유를 기본 형태로 구현한 것이다. 인쇄된 형태의 물리적 자료는 연구실 라운지의 서가에 일주일간 비치했다. 일주일이 지나면 개가식으로 운영되는 분야별 자료실에 보관하고 필요한 사람은 누구나 대출 카드를 적고 빌릴 수 있었다. 작은 규모였지만 교수 연구실 단위에서 체계적으로 도서관이 운영되었다.

한 장 요약

문서화의 다른 한 축인 '한 장 요약'은 학생들에게 어렵고 두려운 과정이었다. 시스템구조연구실에서 처음 경험한 낯선 문화였다. '한 장 요약'은 발표하거나 보고할 것이 있으면 종이 한 장에 핵심을 요약 정리하는 것이다. 지극히 단순해 보이는 작업 같지만, 학생들에게는 그리 간단한 일이 아니었다. 연구 계획을 제안할 때는 종이 상단에 제목, 날짜, 작성자를 적고 핵심 내용을 카테고리와 절차에 따라 정리해야 한다. 번호 매기는 일부터 쉽지 않았다. 연구 보고서라면 'SALAB TR 1983 M001' 같은 식으로, 나중에 누가 보아도 언제 어디에서 누가 작성한 문서인지 잘 드러나게 작성해야 했다. 학생들이 힘들어한 이유는 글쓰기와 문서 작성에 익숙지 않은 이공계 출신인 탓도 있었지만, 이제까지 유사한 교육이나 훈련을 받은 적이 없었기 때문이다.

그동안 학생들은 발표할 것이 있으면 제목과 이름을 쓰고 곧바로 내용을 적어나가는 방식의 글쓰기를 해왔다. 분량은 내용에 따라 여러 장 또는 수십 장에 달했다.

하지만 전길남은 학생들에게 연구 내용이 아무리 복잡하고 방대해도 한 장에 모든 것을 체계적으로 요약하라고 요구했다. 전길남 교수에게 연구 과정이나 프로젝트 관련 업무를 보고하러 갈 때도 무조건 종이 한 장에 담아야 했다. 일단 두 장이 되면 보지도 않고 바로 휴지통에 버렸다. 수시로 교수에게 보고해야 하는 학생들에게는 늘 어려운 관문이었다. 대학 교수가 된 한 제자는 한 장 요약문을 가져갈 때마다 전 교수가 살펴본 뒤 "엉망이야lousy"라는 말을 반복하며 빨간 펜으로 가차 없이 수정하던 고통스러운 기억을 생생하게 떠올렸다.

모든 것을 한 장 분량으로 요약하는 것은 단순한 요점 정리나 많은 내용을 짧게 압축하는 작업이 아니다. 새로운 사고방식과 구조화된 접근이 필요하다. 전길남은 한 장 요약을 강조하면서 "한 페이지가 시간이 지나면서 살이 붙어서 2~3장의 메모가 되고, 수십 페이지의 연구 보고서와 논문이 되고, 수백 페이지의 연구 결과 보고서가 되는 것"이라고 말했다.

당시 시스템구조연구실에서는 논문 계획서든 업무 보고든 모든 사안을 한 장으로 정리해서 보고해야 했다. 한 장짜리 문서로 축약하려면 자신이 요약하려는 대상에 대해 큰 틀에서 조망하고 무엇이 중요한지 또 어떤 문제들이 핵심 과제인지 파악할 줄 알아야 했다. 전길남이 보기에 한국인들은 생각을 글로 표현하기보다 말로 하는 쪽을 선호했고, 학문적 훈련을 받는 학생들조차 생각을 요약해서 논리적으로 표현하는 능력이 크게 부족했다. 무엇보다 '한 장 요약'을 위해 생각을 구조화하고 정리하는 과정은 전체 그림과 논리적 설계에서 어느 부분이 취약한가를 발표자 스스로 깨닫는 훈련이었다. 전길남이 한 장 요약을 그토록 강조한 이유다. 수천억 원이 투입되는 초고층 건물이나 교량도 설계도와 조감도 한 장에 형태와 구조적 특성을 그리듯 전체적인 틀을 통해 바라볼 수 있어야 한다. 이는 시스템 차원의 사고와 접근법에 대한 요구로 연구자가 갖춰야 할 기본 태도였다.

시스템구조연구실은 매주 금요일 오후에 학생들이 모두 모여서 논문을 발표하는 정기 세미나를 열었다. 전길남은 학생들과 연구실 운영에 관한 기본 규칙을 정하고 각자 맡은 바를 수행하게 했다. 그 외에는 학생들이 평소에 무엇을 하든 거의 간섭하지 않았다. 학생들은 금요일 세미나에서 2주에 한 번꼴로 돌아오는 발표만 제대로 하면 되었다. 사실상 유일한 공식 의무인 세미나는 그야말로 공포의 시간이었다. 전길남은 발표 내용을 지적할 때 주저하거나 에두르는 법이 없었다. 잘못되었거나 부족한 부분이 눈에 띄면 학생 개개인에 대한 배려 없이 직설적으로 혹독하게 지적했다. 학생들에게는 학위를 준비하면서 연구 성과를 발표하고 교수와 동료에게 평가와 도움말을 얻는 꼭 필요하고 소중한 시간이었지만, 한편으로는 구성원 대부분의 냉정한 평가와 마주해야 하는 두려운 시간이었다. 그러다 보니 발표 며칠 전부터 긴장과 불안에 신경이 날카로워졌다.

학생들은 연구실에 적응하려면 발표 자료를 만드는 문턱부터 넘어야 했다. 전길남은 연구 발표가 연구 내용 못지않게 중요하다고 수시로 강조했다. "연구자는 연구 내용을 잘 정리해서 다른 사람들에게 정확하게 발표할 줄 알아야 한다. 연구 자체가 아무리 훌륭해도 다른 사람에게 전달해서 이해시킬 수 없으면 제대로 된 연구라고 할 수 없다." 자신이 표현하고자 하는 것을 명확하게 발표하고 전달하는 능력은 연구자에게 필요한 핵심 기능이라고 강조했다. "엔지니어링에서 실제 개발에 들어가는 시간은 전체의 10퍼센트 수준이고, 나머지는 이를 외부에 전달하고 설명하기 위해 정리, 개념화, 이론화하는 일련의 커뮤니케이션 과정일 뿐"이라고 말할 정도였다.

연구 성과를 효과적으로 커뮤니케이션할 수 있게 하는 훈련 또한 세미나 시간에 이루어졌다. 미국 대학과 연구소에서 프레젠테이션 기법과 문화를 익힌 전길남과 달리 연구실 학생들은 대부분 발표에 서툴렀다. 초등학교부터 대학교에 이르는 십수 년 동안 암기와 사지선다 위주의 주입식 교육을 받으면서 그 시스템에 뛰어난 적응력과 성과를 보여온 학생들에게는 버거운 일이었다.

전길남은 학생들에게 파워포인트를 이용해 발표하게 하면서 기본적인 틀을 요구했다. 무엇보다 한 페이지에 내용이 8줄을 넘어가면 안 되었다. '한 장 요약' 방식으로 간결하고 종합적인 핵심을 전달하라고 요구했다. 내용에 잘못이나 불명료한 부분이 없어야 하는 것은 물론이고 맞춤법에 대한 기준도 까다로웠다. 오탈자가 눈에 띄거나 점이나 쉼표 등 문장 부호를 잘못 사용한 게 발견되면 호되게 지적했다. 하지만 발표 자료 한 장당 8줄을 넘기지 말라고 아무리 강조해도 대부분 내용을 빽빽이 채워서 발표했다. 학생들은 자료를 만들면서 자기가 할 이야기를 문서에 그대로 기록했다. 그러고는 발표할 때 순서대로 읽어나갔다. 아니나 다를까, 발표가 끝나자마자 불호령이 떨어졌다.

"적혀 있는 걸 그대로 다 읽을 거면 왜 발표를 하나. 그럴 거면 자료만 이메일로 보내고 발표하러 오지 마라. 왜 내가 시간을 낭비하게 만드나."

1983년부터 1988년까지 연구실에서 6년간 생활하며 석사, 박사 학위를 따고 나중에 삼보컴퓨터 사장을 지낸 정철의 회고담이다. "학생들은 발표를 해보지 않아서 세미나에서 무슨 질문이 나올지, 어떤 순서로 진행될지 모르기 때문에 불안해서 할 이야기를 전부 적어놓았다. 전길남 교수는 그걸 무엇보다 싫어했다. 그러나 교수에게 그렇게 혼이 나면서도 학생들이 원칙을 지키는 경우는 드물었다."

전길남은 학생들이 발표할 내용을 자신 있게 설명할 수 있을 만큼 스스로 충분히 준비된 상태로 세미나에 임하게 했다. 문서화에 대한 높은 기준은 참고 문헌을 제시할 때도 그대로 적용되었다. 지금은 학문 활동에서 상식이 되었지만, 1980년대 초반만해도 저작권 개념이 박약하고 자신의 주장마다 출처와 근거를밝히는 경우가 흔하지 않았다. 연구실 학생들은 발표와 과제물마다 참고 문헌을 제시해야 했고, 그중에서도 특별히 중요한 주요 논문Key Paper을 2~3개 밝혀야 했다. 과제물 말미에 참고한논문을 나열하는 것으로는 송곳처럼 파고드는 지도 교수의 질문과 지적에 대비할 수 없었다. "왜 그 논문이 키 페이퍼라고 생각하나?" 질문에 대한 답을 제대로 준비하려면, 관련 논문을 광범위하게 읽고 그중에서 어떤 논문이 무슨 이유로 자신의 발표에서 핵심 참고 문헌이 되었는지 구체적으로 설명할 수 있어야했다. 중압감이 따르는 주문이었다. 학생들이 2주마다 돌아오는세미나 연구 발표 시간을 무거운 부담감 속에 맞이하고 두려워하기까지 한 이유다. 입학해서 석사 과정 일 년은 선배들의 발표를 보면서 훈련하는 기간이었지만, 2학년이 되면 박사 과정을 졸업할 때까지 피할 수 없는 의례였다.

매주 계속되는 세미나 발표에서 지도 교수의 가혹하리만큼냉정한 지적을 받고 견디는 것을 학생들은 가장 힘들어했다. 그럴 때면 전길남 교수가 피도 눈물도 없는 기계 인간 같다는 생각이 들었다. 전길남은 자기 학생들이 세계 최고 수준의 대학과경쟁할 수 있도록 할 수 있는 데까지 밀어붙여야 한다는 생각으로 가득 차 있었다. 자신이 일본에서 재일 동포로, 미국에서 유학생이자 아시아 소수 민족으로 사회 주류 세력과 경쟁하면서 살았고, 그것은 곧 자신을 채찍질해서 남보다 나은 성과를 내는 과정이기도 했다. 그는 자신이 학창 시절 이후 줄곧 해온 방식대로 학생들을 밀어붙였다.

특혜와 의무

카이스트는 교수와 학생 모두 한국 사회에서 특별 대우를 받았다. 1971년에 제정된 특별법 한국과학원법에 근거해 1973년 개교한 카이스트는 법적 지위도 교육부가 아닌 과학기술처 산하 연구 기관이어서 대학원 과정만 있었고, 교육부의 관행과 기준에 얽매이지 않았다. 과학 기술 입국을 열망하던 한국은 산업 발달에 꼭 필요한 과학 기술 고급 인재를 키운다는 목적 아래 카이스트에 과감하게 투자하고 '특혜'를 베풀었다. 앞서 언급한 대로 교수의 강의 부담도 적고 일 인당 연구비도 서울대의 3~4배 수준이었다. 1970년대에 건물마다 24시간 에어컨을 가동했다. 최고 수준의 교수와 학생들을 유치하기 위한, 당시로서는 대단한 특혜였다.

교수보다 학생에게 주어진 혜택이 더 파격적이었다. 카이스트에 입학하면 학생 전원에게 등록금 100퍼센트를 장학금으로 제공하고 기숙사 생활을 하게 했다. 생활비도 제공해서 학업 외에는 아르바이트 등 다른 것에 신경 쓸 필요가 없게 했다. 특히, 군대에서 34개월 복무하는 대신 방학 때 3주간 군사 훈련을 받는 것으로 병역 의무를 면제해주는 병역 특례 조항은 당시 카이스트 재학생들에게만 주어졌다. 이공계에서 국내 최고의 인재들이 대학 졸업 후 카이스트로 몰리는 최대 유인이었다.

카이스트 학생들은 치열한 경쟁을 뚫고 입학한 만큼 남들 보다 더 노력한 결과라고 여길 수 있다. 하지만 전길남의 생각은 달랐다. 카이스트 학생과 교수들이 누리는 특별한 대우가 온전히 그들이 노력한 대가만은 아니라고 생각했다. 경쟁을 거쳤어도 결코 당연한 게 아니라고 생각했다. 1973년 카이스트 개교 당시 한국의 일 인당 국민소득은 404달러였다. 남자들은 모두 황금 같은 20대 청춘의 3년(34개월)을 군대에 가서 철책선 아래서 내무반 생활을 해야 했다. 사회 전체가 병영 국가였다. 이런 상황에서 카이스트 학생들에게 주어진 혜택은 결코 개개인의 뛰어난 성취와 우수한 두뇌에 대한 대가일 수 없었다. 과학 기술 입국을 위한 선택과 집중이었다. 국가에 필요한 과학 기술 고급 인재를 길러내기 위해 사회 나머지 영역에는 상당한 희생을 요구하는 상황이었다.

외국에서 한국을 관찰해온 전길남은 한국 사회가 어떤 구조 아래에서 이처럼 제한된 소수에게 특혜를 베푸는지 좀 더 객관적으로 볼 수 있었다. 그가 받는 급여만 놓고 보면 미국 나사 시절보다 훨씬 적었지만, 당시 한국의 국가 규모와 생활 수준을 고려하면 한국 사회에서 카이스트가 누리는 직·간접적 혜택은 파격적이었고, 그는 이런 대학이 존재할 수 있다는 사실에 놀랐다. 선진국에서 전문가로서 누릴 수 있는 안락한 삶 대신에 한국에서의 도전적 삶을 선택한 그였지만, 한국에서 그의 자리는 한국 사회 일반의 상황과 거리가 있었다.

이러한 인식과 의무감, 그리고 전문가주의는 높은 기준과 엄격한 훈련으로 나타났다. 그는 학생들에게 최고의 기량과 세계적 기준을 늘 강조했다. "너희들의 경쟁 상대는 국내가 아닌 세계 최고인 MIT다. MIT 수준의 논문을 쓰려면 남의 것을 모방하는 방식으로는 불가능하다." 금요일마다 열리는 세미나에서 발표가 부실하거나 기대에 못 미칠 때마다 호되게 질책했다. 세계 최고 수준의 대학과 경쟁할 수 있는 인재를 길러내기 위해 극한까지 밀어붙이는 과정이었다.

"너, 나가. 그 정도밖에 안 돼? 너 한 명 후원하기 위해 한국 사회가 얼마나 많은 자원을 지원하는지 알고 있어? 너희들을 위해 다른 부문에서 치르는 희생을 당연하게 여기지 마." 학생들은 그의 이런 질책을 귀에 못이 박이도록 들으며 석·박사 과정을 밟아야 했다.

그의 교수 연구실은 시스템구조연구실 안에 있었다. 늘 학생들과 마주치는 동선으로 배치했다. 학생들에게는 가장 많은 시간을 함께하는 사람이자 언제나 어렵고 두려운 존재였다. 당시 박사 과정 학생이던 넥슨 창업주 김정주는 벤처에 관심이 있던

터라 연구에 늘 부담을 느꼈고, 교내에서 전길남 교수의 차가 지나가는 게 보이면 두려워서 숨었다고 한다. 연구실 2호 박사인 한선영 건국대 교수는 "건물 앞에 교수님 차가 세워져 있을 때와 없을 때 연구실에 들어가는 기분이 완전히 달랐다"고 당시를 회상한다.

초기에 전길남을 지도 교수로 시스템구조연구실을 선택한 학생 수는 전산학과에서 가장 많았으니, 전체 학생의 30퍼센트에 이를 정도였다. 그러나 연구실 생활은 힘들고 어려웠다. 석·박사 과정을 마치지 못하고 중도에 탈락하는 학생의 비율이 해마다 30~50퍼센트 수준이었다. 카이스트에서 가장 높은 탈락률이었다. 박사 과정을 마쳐야 병역 특례가 주어지는 점과 각종 특혜를 고려했을 때 카이스트를 그만둔다는 것은 학생으로서도 고통스러운 선택이었다. 사실 이런 특성 때문에 카이스트의 대다수 연구실에서는 학생들이 도중에 학업을 포기하거나 탈락하는 경우가 매우 드물었다. 박사 과정에 들어오면 사실상 병역 특례와 졸업이 보장되는 구조였다.

하지만 전길남은 자기 학생들 전부를 어떻게든 지도해서 졸업시켜야 한다는 생각 자체를 하지 않았다. 미국 대학에서처럼 기준에 못 미치는 학생은 도중에 탈락시키는 게 당연하다고 보았다. 송재경과 김정주처럼 벤처와 창업에 관심이 있는 학생들은 학업과 자신의 관심사를 병행할 수 없어 '자발적으로' 학교 밖을 선택하기도 했다. 하지만 시스템구조연구실 학생 중에 전공을 바꾸거나 아예 학교를 그만둔 경우는 대부분 지도 교수 전길남의 높은 기준과 호된 질책을 인내하거나 감당하지 못한 탓이었다.

시스템구조연구실은 카이스트 안에서도 유별난 곳으로 통했다. 다른 연구실에는 없는 몇 가지 규칙이 있었다. 연구에 필요한 장비와 자료 등을 최상으로 구비해주지만, 연구 이외의 것들은 거의 허용되지 않았다. 우선 결혼이 허용되지 않았다. 박사 학위를 마칠 때까지는 연구에만 전념해야 한다는 게 명분이었다. "박사 과정 공부하려면 하루 24시간도 모자라는데 결혼하면 그렇게 하기 어렵다. 미국에서도 상위 10위권 대학 박사 과정에서는 그렇게 한다. 승려가 절에서 수도하듯 공부만 하는 기간이라고 여겨라." 학생들도 그의 '금혼령'을 잘 준수했다. 연구실 석·박사 과정을 밟으면서 결혼한 경우는 25년 동안 극소수에 불과했다.

카이스트에서는 일 년에 한 번씩 전교생이 과 대항 체육 대회를 한다. 1980년에 전산과가 몇 차례 우승했는데, 시스템구조연구실은 일절 참여하지 않았다. 체육 대회에 나갈 시간 있으면 논문이나 더 읽고 쓰라는 게 전길남의 방침이었다. 전교생이 참여하는 체육 행사에도 얼씬하지 않고 함께 어울려서 놀지도 않다 보니 다들 전길남 연구실 학생들을 독특한 집단으로 여겼다. 일부 학생들은 "누군 시간 남아서 체육 행사 하나? 누군 밤잠 다 자면서 연구실 생활 하나? 유별나게 구네"라며 비난했다. 연구실 밖에서 보면, 학교 전체 행사에도 참여하지 않고 자신들만 특별하다고 여기는 개인주의적이고 이기적인 집단처럼 보였다. 연구실 학생들은 그 시절 카이스트 안에서 '자발적 왕따 집단'으로 생활했다고 기억한다.

비용 절감보다 중요한 것

전길남에게 카이스트 교수는 자신에게 주어진 또 하나의 과업이었다. 그가 카이스트 교수로서 설정한 목표는 카이스트에서 미국 최고 대학 수준의 박사를 만들어내는 것이었다. 카이스트가 받는 각종 특혜는 이를 위한 게임의 규칙이었다. 단순화하면 입력input은 카이스트 입학생이고 결과output는 박사 학위 논문이었다. 전길남이 보기에 인풋 단계는 문제가 없었다. 70~80퍼센트가 미국의 상위 10위권 대학 박사 과정에서 입학 허가를 받을 수 있는 뛰어난 수준이었다. 비슷한 수준의 인풋을 투입한 뒤, 목적하는 수준의 아웃풋을 만들어내기 위해 그 밖의 다른 조건을 조정해가며 경쟁해야 했다. 당위는 분명했다. 한국의 우수한 학생들을 모두 미국으로 보낼 수 없기 때문이다. 뛰어난 능력을 갖춘 학생들이 유학을 가지 않고도 한국에서 그 수준의 교육을 받을 수 있는 대학을 만드는 게 게임의 목표였다. 당시 카이스트에는 교수가 100여 명 정도였는데, 그중에서 이런 성공 사례가 몇 개 있으면 좋겠다고 생각했다.

전길남은 자신을 지도 교수로 선택한 연구실 초창기 학생들을 보면서 교수로서 그 게임에 도전하고 싶은 의욕을 강하게 느꼈다. '나한테 온 학생들은 대부분 MIT에서도 입학 허가를 받을 수 있을 정도로 뛰어난 학생들이다. 내가 교수로서 공정하려면 MIT 가는 것보다 한국에서 내 밑에서 학위 하는 게 더 낫다는 것을 박사 과정과 연구 결과로 학생들에게 입증시켜야 한다.' 이것이 그의 생각이었다. 시스템구조연구실이 미국 상위 10위권 대학 수준의 컴퓨터 이용 환경을 갖춰야 한다고 생각하고 실제로 구현한 것도 그런 이유에서였다.

학생들이 전공과 관련한 연구와 개발에 전념할 수 있는 환경을 만들기 위해 시스템구조연구실은 관리 직원, 즉 풀타임 스태프를 고용했다. 다른 연구실은 관행적으로 석·박사 과정 학생들이 돌아가며 맡는 업무로 알고 있었고 그대로 따랐다. 하지만 시스템구조연구실은 이런 업무를 전담할 직원을 따로 채용했다. 행정, 컴퓨터 관리 등 기술 관리, 자료실 관리 등을 각각 전담할 풀타임 직원들을 뽑았다. 학생 20~30명 규모의 연구실에 풀타임 지원 인력이 5명까지 있었다. 다른 연구실과 달리 학생들은 프로젝트 예산 관리, 영수증과 회계 처리 등을 전혀 신경 쓸 필요가 없었다. 학생들이 배울 필요가 있는 업무와 네트워크 연결처럼 직원이 할 수 없는 일 정도만 학생들이 직접 했다. 다른 연구실에서는 찾아볼 수 없었지만, 미국 대학 연구실에서는 당연한 방식이었다. 전길남은 자기 학생들을 미국 명문대와 경쟁시키고 훈련시키려면 가능한 한 많은 조건을 동일하게 제공해야 한다고 생각했다. 학생들을 활용해 비용을 아끼는 게 중요한 게 아니고, 학생들이 본질인 연구에 집중할 수 있게 하는 게 중요했다. 그게 공정한 게임의 규칙이었다.

컴퓨터와 지원 인력만 충실히 마련해놓는다고 해서 세계적 수준의 경쟁이 가능한 것은 아니다. 실제로 선진국 명문 대학에서 연구와 발표가 어떻게 이루어지는지 직접 가서 보고, 외국 학자들을 만나서 논의하고 협력하면서 글로벌 수준과 연구자들 간의 업무와 소통 방식을 배울 필요가 있었다. 1980년 초·중반에는 외국에 나가는 경우가 드물었고, 그나마 자유롭게 해외를 드나들게 된 것은 88서울올림픽을 치르고 난 이듬해인 1989년 해외여행 자유화 조처가 시행되면서부터였다.

그런 상황에서 전길남은 학생들이 외국에 나가 선진국에서 어떻게 연구가 이루어지고 학술 콘퍼런스가 진행되는지 배우고 오도록 격려하고 실제로 갈 수 있게 비용 등을 지원했다. 직접 배울 필요가 있는 외국 대학의 교수와 연구실, 또는 중요한 국제 학술 콘퍼런스에 박사 과정 학생들을 보냈다. 교수들도 외국에 나가기가 쉽지 않던 시절이었다. 더욱이 박사 과정 학생들은 병역 특례 연구 기관인 카이스트에 '복무' 중인 상태였으므로, 병무청의 허가를 받아야 했고 여권도 일회용인 단수 여권이었다. 보통 병무청 허가를 받는 데만 한 달 정도가 걸렸지만, 박사 과정 학생 대부분이 학술대회와 공동 연구 참가 등으로 외국 경험을 쌓았다. 이동만은 영국 뉴캐슬대학에서 일 년, 박현제는 케임브리지대학에서 여섯 달, 정철은 UC버클리에서 두 달, 허득만은 카네기멜런대학에서 훈련 기회를 얻었다. 비용은 프로젝트 수행으로 마련하거나 현지 초청을 통해 조달했다.

1985년 10월, 태평양컴퓨터통신국제학술회의PCCS를 준비하기 위해 그해 여름 미국 로스앤젤레스로 두 달간 출장을 다녀온 허진호는 "당시 하루 여비로 40달러를 받아 숙소에 20달러쯤 쓰고 20달러로 먹고 다녔다"고 기억한다. 넉넉한 비용은 아니었지만 대단한 특혜였다. 직접 선진국의 연구 동향을 보면서 자신의 위치를 살펴보고 향후 연구 방향을 재설정할 수 있게 하며 연구 동기를 북돋워준 소중한 경험이었다. 외국 연구자들과 네트워크를 형성하는 계기가 되기도 했다. 다른 연구실에서는 대학원생들을 해외에 내보내는 일을 상상도 하지 못하던 시절이었다. 이러한 경험은 이동만이 카이스트에서 박사 학위를 받고 곧바로 미국 굴지 연구소인 HP연구소에 취업하는 국내 첫 사례를 기록한 것이나 허진호, 정철, 박현제 등이 미국 기업들과 사업하는 데 중요한 자산이 되었다.

스트레스 밸런싱

시스템구조연구실은 연구실 밖 활동도 독특했다. 중학교 수영 선수 출신이자 북미 대륙 최고봉인 알래스카 매킨리봉(6,194미터)과 알프스 마터호른 북벽(4,478미터)을 등정한 '산악인' 전길남의 영향이었다. 카이스트에 부임한 지 일 년 반이 지난 1984년 봄, 연구실이 어느 정도 안정되자 전길남은 학생들과 암벽 등반 모임을 만들었다. 당연히 미국에 있을 때 시에라 클럽에서 활동하며 요세미티의 엘 캐피탄을 암벽 등반으로 오른 전길남이 강사였다. 학창 시절 육상 대표 선수 출신인 정철이나 지구력이 뛰어난 허진호는 이내 주말 암벽 등반을 손꼽아 기다리는 애호가가 되었다. 연구실은 여름방학과 겨울방학에 바다나 산으로 캠프를 갔다. 고된 연구실 생활에서 벗어나 여름에는 설악산 등반이나 스킨스쿠버를 했고, 겨울에는 주로 스키를 탔다. 경비는 외부 투고를 통해 모인 원고료 등의 부수입으로 절반을 마련하고 나머지는 개인이 부담하는 방식이었다.

이런 캠프와 별개로 카이스트가 홍릉에 있던 시절, 전길남은 어려운 연구 과제를 안고 씨름하는 학생들에게 종종 '산악 달리기'를 하게 했다. 홍릉에서는 북한산이 멀지 않았다. 모두에게 시킨 것은 아니고 운동 잘하는 학생에게만 적용한 '훈련'이었다. 전길남은 "문제가 어려울수록 더 힘든 코스를 더 빨리 뛰어서 올라가라"고 주문했다. 뭔가 어려운 과제를 풀려면 핵심에 접근해야 하는데, 몸 상태를 극한까지 밀어붙이는 방법이 효과적이라는 것이다. 그는 산에 뛰어 올라가면서 줄곧 한 가지만 생각하면 어느 순간 평소에는 떠오르지 않던 아이디어가 떠오를 수 있다고 믿고, 학생들에게도 그대로 적용했다. 그는 "산에서 오르막 달리기를 해서 능선에 올라 맞은편 봉우리가 보이는 순간, 아이디어가 떠오르는 경우가 많다. 이 방법은 날씨가 좋지 않을수록, 눈이 오고 바람이 불고 힘들수록 효과가 좋다. 그런 식으로 답을 찾은 학생들이 적지 않다"고 말한다.

특수 부대 수준의 산악 달리기는 학기 중 피로를 풀러 간 설악산 여름 캠프에서 더 강도 높게 이루어지곤 했다. 정상인 대청봉(1,709미터)까지 가는 최단 코스인 오색약수터에서 출발해 돌아오는 루트를 선택하곤 했다. 아침 7시에 출발해 대청봉 정상을 밟고 오전 11시, 4시간 만에 출발 지점으로 오는 여정이었다. 등산 안내도에는 오르는 데만 4시간, 왕복 6시간으로 제시된 코스다. 정철에 따르면, 설악산 여름 캠프에서 전길남을 포함해 등산에 자신 있는 연구실 일행들과 오색약수터-대청봉-공룡능선-외설악-소공원으로 연결되는 설악산 횡단 루트를 4시간 15분 만에 주파한 일도 있다고 한다. 정철은 학창 시절 육상선수 출신이지만 "4시간 15분 만에 어떻게 그 코스를 갔다 왔는지 모르겠다. 산에서 어떤 경로를 거쳐 올랐는지 경치는 전혀 생각나지 않고 앞사람 꽁무니와 바닥만 보면서 뛰어다녔다"라고 술회했다. 웬만한 산악인들도 엄두를 내기 힘든 수준의 산악

마라톤으로 설악산을 횡단한 것이다.

암벽 등반과 산악 달리기 등으로 정신과 육체를 강인하게 단련하는 연구실 바깥 활동은 전길남이 스스로 실천하던 일종의 '스트레스 밸런싱' 기법이다. 연구실에서 고도로 집중하고 스트레스를 많이 받을수록 몸을 힘들게 하거나 잡념 없이 육체 활동에 집중하게 해 피로와 스트레스를 해소하는 것이다. 암벽 등반은 한순간의 실수나 방심이 곧 생명을 앗아가기 때문에 잡념이 허용되지 않는다. 바위와 자신의 몸에만 모든 신경을 몰입시키는 고도의 정신 집중 스포츠다. 암벽 등반을 즐기는 사람들은 "바위에 매달려 있을 때는 그것 외에 아무것도 생각나지 않는다. 모든 잡념이 사라지고 머릿속이 깨끗이 청소되는 느낌이다"라고 위험한 도전이 주는 매력을 이야기한다. 시스템구조연구실 출신 중에는 "그 시절 전 박사에게 암벽 등반을 배운 게 무엇보다 좋았다. 카이스트를 졸업한 이후에도 암벽 등반을 즐기게 되었다"고 말하는 이들이 여럿이다.

5

벤처의
산실이 된
연구실

1988년 어느 날의 시스템구조연구실 풍경.
왼쪽부터 차례로 심영섭, 허진호, 한선영, 박현제.

존경은 있어도 학맥은 없다

전길남의 직업은 교수다. 카이스트에서 25년간 전산학과 교수로 재직하고 정년퇴직한 명예교수다. 교수로 일하면서 국내에서는 인터넷과 초고속망 구축 프로젝트를 주도하고, 국제 무대에서는 아시아 각국에 인터넷을 보급하고 인터넷 거버넌스 활동을 하며 관련 국제 조직을 만들었다. 학교와 연구실에 오래 머물 시간 없이 늘 분주했지만, 본업은 학생들을 지도하는 교수였다. 카이스트에 재직하는 동안 박사 과정 대학원생 25명을 받아 그중 15명이 박사 학위를 받도록 지도했다. 석사 과정 학생까지 포함하면 훨씬 많다. 전길남을 지도 교수로 학위를 받은 박사들이 적지 않지만, 그를 중심으로 한 학맥은 아예 없다. 전길남이 순수 연구를 하는 학자라기보다 시스템 엔지니어로서 프로젝트 실행에 주력했다는 것도 한 가지 이유다.

시스템구조연구실 출신 박사들이 대학에도 적지 않게 자리를 잡았지만, 대학교수가 된 제자들과 전길남의 관계는 한국의 일반적인 사제 관계와 사뭇 다르다. 한국 사회에서 박사 학위를 매개로 맺어진 지도 교수와 제자의 관계는 부모 자식 관계를 방불할 정도로 끈끈하고 깊은 경우가 많다. 하지만 전길남과 제자들의 관계는 그렇지 않다. 지도 교수를 깊이 존경한다는 제자들이 많지만, 관계는 끈끈하지 않다. 특히, 일가를 이룬 대학교수가 만년에 누리는 명예와 보람은 학계에 있는 제자들이 얼마나 많고 주요한 역할을 하는가 하는 '계보'에 큰 영향을 받는다. 교수의 역량이 얼마나 제자들을 잘 키워내 주요 대학 교수로 많이 보내느냐로 평가받다 보니 이에 주력하고, 자연스럽게 계보가 만들어지는 게 학계 현실이다.

　전길남은 제자들을 자주 만나지만 제자들이 집단화하는 걸 꺼렸다. 사적 인연을 기반으로 한 끈끈한 집단에 속하는 것 자체가 그의 성격에 맞지 않는 일이기도 하지만, 의도적으로 자신을 중심으로 학연이나 계보가 형성되면 안 된다고 생각했다. 한국에 온 목적이 컴퓨터 네트워크 분야에서 전문성과 역량을 갖춘 리더를 만들어내는 것이고 그렇게 해서 한국을 도우려는 것인데, 자신이 특정 집단의 리더로 부각되면 안 된다고 여겼다. 자신이 키워낸 인재들이 활약해야지, 자신이 두드러지는 것은 좋은 게 아니라고 판단했다.

　전길남은 높은 기준을 세우고 학생들을 몰아붙여 수준 높은 연구 결과를 내놓게 했지만, 대학교수 배출이 주목적은 아니었다. 박사 학위를 마치고 어떤 길을 갈 것인가는 학생 스스로 판단할 문제라고 생각했다. 교수로서 세계적 수준의 박사 학위자를 길러내는 게 자신의 임무라고 여겼다. 카이스트에서 박사를 취득한 뒤의 경로는 크게 두 가지다. 대학교수가 되거나 대학 외부에서 일하는 것이다. 후자의 경우 정부나 기업의 연구소에서 일하거나 창업하는 길이 있다. 김대중 정부 시절인 1990년대 말 초고속 인터넷 확산과 더불어 벤처 열풍이 불고, 2010년 이후 모바일과 4차 산업혁명 분위기에서 창업이 활성화되었지만, 그전까지는 사정이 달랐다. 1980년대와 1990년대에 대기업 위주의 경제가 자리 잡은 한국 상황에서 정보 기술을 기반으로 창업하는 것은 큰 도전이었고, 흔하지도 않았다.

시스템구조연구실에서는 뛰어난 논문을 쓰고 학위를 활용해 대학교수가 되는 게 대세가 아니었다. 1983년부터 1990년까지 연구실 생활을 한 허진호는 "전길남 교수는 항상 '박사 학위 이후에 왜 대학으로 가야 한다고 생각하니? 대학으로 가는 대신 세상에 뭔가 의미 있는 걸 만드는 일을 시도해봐. 대학교수는 나중에 할 게 없으면 그때 해도 된다'고 자주 말했다"라고 전한다.

사회적으로 개인적으로 뭔가 의미 있는 것, 구체적으로 그 일은 창업을 통해 새로운 것을 만드는 벤처 기업을 말하는 것이었다. 전길남은 카이스트 교수로서 자신의 주된 임무가 교수 자원을 키워내는 게 아니라고 생각했다. 대학교수를 할 사람들은 앞으로 외국 유학을 마치거나 국내 주요 대학에서 박사 학위를 마친 인재들로 충분히 공급될 것이다. 제한된 국내 교수 자리를 놓고 경쟁에 뛰어드는 것은 의미 있는 게임이 아니다. 전길남은 소모적 경쟁에 에너지를 쏟을 필요가 없고, 새로운 영역에 뛰어드는 게 보람 있다고 생각했다.

벤처를 독려한 이유

1980년대에는 국내에 벤처 기업이 드물었다. 큐닉스컴퓨터, 비트컴퓨터, 미래산업, 메디슨 등 신생 기업이 설립되어 성장했지만, 오늘날의 벤처 기업과는 상당히 거리가 있었다. 비트컴퓨터와 한글과컴퓨터 등 소프트웨어 회사들이 몇 곳 있었지만, 기본적으로 하드웨어 기반 기업들이었다. 벤처 기업 문화가 생겨난 미국 실리콘밸리의 영향이나 관련은 전혀 없었고, 기술을 가진 엔지니어들이 이를 활용해 만든 기업들이었다. 사실 그 시절에는 벤처 기업이라는 개념 자체가 생소했다. 신문에는 1980년대 중반까지 '벤처 기업'이라는 말이 등장하지 않았다. 미국에 있는 모험 기업에 투자하는 투기성 자본을 '벤처 캐피털'이라고 불렀을 따름이다. 1988년 무렵에야 비로소 '벤처 기업'이라는 말이 처음 등장했고, 1995년에야 벤처기업협회가 결성되었다.

당시 국내에서는 개인용 컴퓨터 제조 분야를 개척한 삼보컴퓨터가 기술 기반 신생 기업으로 주목받았다. 삼보컴퓨터는 전자기술연구소 부소장이던 이용태 박사가 1980년에 창업한 기업이다. 이용태는 전길남을 1979년 미국에서 스카우트해 국산 컴퓨터 개발 책임을 맡긴 인물이다. 국내 벤처 기업의 출발점으로 알려진 삼보컴퓨터는 개인용 컴퓨터 시장을 개척하며 초반에 큰 성공을 거두었다. 하지만 하드웨어 업종이라는 점에서 전길남의 전공이나 관심과는 거리가 있었다. 당시는 IBM과 애플이 전 세계 개인용 컴퓨터 시장을 지배하는 상황이었다. 세계 시장을 상대로 하는 이들 글로벌 PC 제조업체와 달리 한국 업체는 언어 등 제한된 사용자에게 맞춤화된 제품을 만들어야 했다.

전길남에게는 규모의 경제 원리가 작동하는 하드웨어 분야가 매력적으로 보이지 않았다. 일찍부터 슈퍼컴퓨터, 워크스테이션 등 다양한 종류의 컴퓨터 환경을 접해온 그는 PC 제조가 컴퓨터 산업의 한 영역일 뿐 특별한 기술이라고는 생각하지 않았다. 삼보컴퓨터라는 기업의 실력과 사업 모델보다는 한국에서 그러한 새로운 개념의 창업을 시도하고 사업화하는 마인드와 능력이 대단하다고 생각했다. 전길남은 미국 실리콘밸리를 중심으로 형성되어 확산 중인 개인용 컴퓨터 시장과 흐름을 읽고, 한국에서 PC 제조와 판매에 뛰어든 이용태 박사의 통찰과 사업가다운 추진력에 감탄했다. 본인도 기술 전문가이지만, 자신에게는 기술을 시장과 연결해서 어떤 사업 기회를 만들어낼 관심도 능력도 없다는 걸 잘 알았기 때문이다.

전길남은 UCLA에서 아르파넷이 인터넷으로 확대되는 걸 지켜본 덕분에 미래의 정보 사회가 하드웨어보다 인터넷과 소프트웨어를 중심으로 한 초연결 사회가 되리라는 걸 일찌감치 예견했다. 제자들에게 어떤 분야의 사업을 개척하라고 구체적으로 말하거나 추천하지는 않았지만, 미래는 인터넷 세상이 될 것이 분명하다는 확신 속에 연구실에 미국 주요 대학 수준과 같은 최고 사양의 컴퓨터와 네트워크 환경을 제공해 학생들 스스로 미래의 모습을 상상하고 익숙해지게 했다.

또한, 대학원 과정인 카이스트에 오는 학생들은 기본적으로 자신이 하고 싶은 것을 하는 것이고, 교수는 이를 도와주는 역할을 할 뿐이라고 생각했다. 그래서 학생 개개인의 진로와 관련해서 구체적으로 조언하지는 않았지만, 시스템 엔지니어로서 좀 더 구조적 차원에서 학생들의 졸업 후 진로를 고민했다. '내 제자들을 포함해 카이스트 출신 졸업생들이 계속 배출될 텐데, 한두 해도 아니고 앞으로 졸업생들은 어떤 진로를 갖는 게 바람직할까?'

당시는 대기업들이 경쟁적으로 카이스트 졸업생들을 스카우트하던 시기라서 취업을 걱정하지는 않았지만, 현실적인 문제가 있었다. 기업들은 전문성을 갖춘 카이스트 출신을 요구했지만, 카이스트 졸업생들이 국내 대기업에 적응하기는 쉽지 않았다. 상당수 졸업생이 대기업과 정부 연구소에 들어갔다가 잘 적응하지 못하고 중도 퇴사했다. 전길남은 학생들에게 "들어간 조직에서 일을 배우는 기간이 최소 1~2년 필요하니 적어도 4년 정도는 있어야 한다"라고 말했으나, 대부분이 1~2년 만에 뛰쳐나왔다. 창의성과 자발성이 가득한 대학에서 자유롭게 연구 생활을 하던 학생들이 관료적이고 상명하복과 집단주의가 몸에 밴 대기업과 공공 기관 연구 조직에서 버티기는 쉽지 않았다. 지적 자극과 도전이 없는 거대 조직에서 부속품으로 사는 것을 못 견디고 나오는 제자들을 전길남은 이해할 수 있었다. 기본적으로 시스템구조연구실 환경을 미국 명문 공대 수준으로 만들고 그에 걸맞은 교육을 한 까닭에 제자들이 미국 기업에 취업하는 것도 불가능한 길은 아니었다. 하지만 졸업생 대부분이 미국행을 선택할 것도 아니고, 국내 과학 기술 인력 육성을 위해 만든 국책 엘리트 대학원 졸업생 다수가 미국 기업에 취직한다면 그 또한 문제였다. 인재를 길러냈지만, 현실적으로 그 인재들이 만족스럽게 일할 만한 기업이 없었다.

미국 회사나 대기업에 취업하지 않고 국내에서 제3의 길을 찾아야 했다. "현재 그러한 경로가 없다면 직접 만들면 된다." 전길남은 시스템구조연구실에서 첨단 기술과 학문을 배운 학생들이 괜찮은 기업을 만들어서 키우면 향후 연구실 후배나 졸업생이 가고 싶은 기업이 될 수 있으리라 생각했다. 그 길은 '벤처 창업'이었다.

한국에는 없지만 시스템구조연구실에서 훈련받은 대로 실리콘밸리 수준의 벤처를 만든다면 전길남 아래에서 배운 것을 그

대로 쓸 수 있고 학창 시절처럼 흥미를 갖고 주도적으로 일할 수 있다. 그런 새로운 분야에 뛰어드는 벤처들이 많이 나온다는 것은 국내에 신규 사업과 서비스를 만들어내는 것을 의미한다. 이러한 개념의 벤처 기업이 많이 만들어져 시장과 생태계를 이룰 수 있을 정도의 규모인 '크리티컬 매스critical mass'에 도달해야 한다고 생각했다. 물리학 용어인 '크리티컬 매스'는 임계점을 넘어 지속적 변화가 가능한 충분한 숫자와 규모를 의미한다. 그렇게 되면 한국에 새로운 산업 분야가 생겨서 사회적 기여를 하는 것은 물론이고, 부수적으로 제자들을 비롯한 한국의 젊은이들에게 졸업 이후 다양한 선택지가 생긴다.

더욱이 전길남의 전공인 시스템 엔지니어링과 컴퓨터 네트워크 분야는 논문과 토론을 중심으로 가치를 인정받는 순수 학문이 아니다. 카이스트의 목적도 국가의 과학 기술 분야와 기술 기반 산업 분야의 핵심 인재를 만드는 것이다. 시스템 엔지니어링은 이론의 영역이 아니라 다양한 현실에서 이론을 실제로 구현하는 게 주된 목적이다. 벤처 창업을 통해서 세상에 없는 새로운 서비스와 가치를 만들어내는 것이 중요하다고 본 이유다.

그는 제자들에게 수시로 벤처에 대한 꿈을 불어넣었다. "벤처를 만들어 성공시키는 것은 박사 학위를 따고 교수가 되는 것보다 훨씬 어려운 일이다. 불확실성이 더 많은 도전이다. 박사가 되려면 머리 좋고 성실한 것만으로는 충분치 않다. 기존 연구를 섭렵하고 이를 바탕으로 아직 규명하지 못한 새로운 문제를 찾아내고 접근법을 발견해야 한다. 박사 논문의 핵심인 연구 문제를 만들려면 엄청난 집중력이 필요하고, 그래서 지적으로 매우 도전적인 영역이다. 이제껏 누구도 가보지 못한 새로운, 미지의 영역에 도달해야 하는 미션이다. 하지만 벤처는 그보다 더 어려운 일이다."

그는 학생들에게 높은 수준의 지적 전문성을 요구하며 훈련했지만, 그런 훈련을 통과해야 하는 박사 학위보다 벤처 창업이 더욱 도전적인 과제라고 말했다. 훨씬 불확실성이 많기 때문이다. 벤처는 우수하고 성실한 학생이 시간이 지나면 계획대로 성공시킬 수 있는 게 아니다. 논문은 논리적으로 가능하면 대부분 통과되지만, 벤처는 정교한 사업 모델을 만들어야 하고 그것이 시장에서 작동하게 해야 한다. 즉 수익을 낼 수 있어야 한다.

벤처의 산실

오늘날 온라인 게임, 인터넷 포털, 소프트웨어, 모바일 서비스 등이 정보 기술 산업의 주류를 형성하고 있지만, 1980~1990년대에는 그런 개념 자체가 없었다. 그런 상황에서 시스템구조연구실 학생들은 한국에 있으면서도 미국 실리콘밸리의 기술 흐름이나 산업 동향, 그리고 미국 주요 대학 컴퓨터공학 전공 학생들의 움직임을 볼 수 있었다. 미국 실리콘밸리와는 언어와 문

화가 다를 뿐만 아니라 시장 규모 면에서 비교할 수도 없었지
만, 학생들은 연구실에서 훈련받고 배운 것이 세계적 수준이라
는 데 자부심과 자신감을 가졌다. 학생들에게 첨단의 연구 동향
과 산업 동향을 접하게 하고, 당시로서는 파격적일 정도로 학생
들을 미국과 유럽에 보내 선진국의 기술 수준과 산업을 경험하
게 한 것이 자부심과 자신감의 배경이었다. 국내 시장만 생각했
다면 벤처 창업은 무모한 짓이었겠지만, 전길남의 제자들이 시
도한 벤처는 대부분 처음부터 한국과 미국 등 글로벌 시장을 동
시에 겨냥했다. 처음부터 국내 시장은 신경 안 쓰고 미국 시장
을 겨냥한 창업도 여러 건이었다. 이 연구실에서 배운 게 국내
용이 아니라 세계적으로 통할 수 있다는 자신감을 가졌기 때문
이다.

전길남은 "회사에 들어가면 옆 사람보다 잘하면 된다. 어렵지
않다. 하지만 회사를 만드는 것은 어렵다. 벤처는 박사 학위보다
훨씬 더 집중해야 하고 힘을 쏟아야 하지만, 대부분 실패한다.
하지만 젊어서 도전하지 나이 들어서는 못하는 일이다. 여러분
처럼 첨단 기술력을 가진 사람은 몇 안 된다. 자부심을 품고 새
로운 것을 만드는 일에 도전하라. 기업을 만드는 일에 한 번은
도전하는 게 좋다. 사실 대학교수는 국제적 학술지에 일 년에
논문 한 편 쓰면 된다"라고 말했다. 본인이 교수였지만 교수가
되는 것은 도전적인 삶에서 한발 뒤로 물러나는, 치열한 현실을
두고 일찌감치 은퇴하는 것이라고 생각했다. 이런 영향으로 그

의 제자들 사이에는 자연스럽게 벤처 창업을 통해 세상에 없는 새로운 것에 도전하는 것이 가치 있는 삶이라는 흐름이 형성되었다. 허진호는 "내가 시스템구조연구실에 있던 1980년대 우리 랩에서는 벤처에 도전하지 않고 대학교수로 간다고 하면 솔직히 주류에서 밀려나는 분위기였다"라고 말한다. 왜 많은 제자가 벤처에 뛰어들었는지 짐작할 수 있는 대목이다.

그는 미국의 기업과 실리콘밸리 문화를 잘 알았다. 그래서 학생들이 한국 시장만이 아니라 미국과 글로벌 시장을 염두에 두고 벤처를 꿈꾸도록 지도했다. 특히, 이런 흐름을 선도한 그룹은 1983년에 입학한 정철, 허진호, 박현제 등 연구실 2기들이었다. 이들이 처음 길을 여니, 나중에는 동료들과 선후배들끼리 서로 도움을 주고받으면서 벤처를 창업하고 서로를 끌어들이는 시스템이 만들어졌다. 전길남은 학생들에게 유망한 분야를 거론하거나 구체적으로 추천하지는 않았다. 주로 촉매자 역할을 했다. 창업을 꿈꾸는 학생들에게 필요한 도움을 주고 관련한 목표를 제시하고 계속 기회를 주는 역할이었다. "제자들이 뛰어난 학생들이라서 내가 어떻게 창업을 하라고 가르칠 필요가 없었다. 한국 사회가 워낙 '무엇 무엇은 하지 마라'는 식으로 억압과 통제가 많은 곳인 만큼, 학생들이 스스로 그러한 환경을 극복하게 하는 데 신경을 썼다. 외국 대학이나 연구소들과 네트워크 연결 업무를 하거나 국제 학회에 참가하면서 학생들은 자연히 선진국에서 일어나는 시도를 접할 수 있었다"라고 그는 말했다.

정철은 카이스트를 졸업한 1989년에 삼보컴퓨터의 출자를 받아 휴먼컴퓨터를 창업했다. 전자출판 소프트웨어 '문방사우', 한글 워드프로세서 '글사랑', 윈도용 한글 서체 '휴먼폰트' 등을 개발해 인기를 누린 초창기 벤처 기업이다. 허진호는 1994년 한국 최초의 인터넷 서비스ISP 기업인 아이네트를 창업해 인터넷 시대를 열었다. 시스템구조연구실에서 오랜 기간 시스템 관리자로 일한 박현제는 1998년에 삼보컴퓨터 자회사인 두루넷의 기술이사CTO로 한국 최초 초고속 인터넷 서비스를 시작했다. 1990년에 국내에서 처음으로 미국 하와이대학교와 인터넷 연결에 성공한 최고의 컴퓨터 네트워크 엔지니어로서의 노하우를 두루넷에서 제대로 발휘했다. 두루넷이 국내 최초로 초고속 인터넷 서비스를 시작할 수 있었던 배경에는 당시 기술 담당 전무였던 박현제의 기술적 뒷받침이 있었다.

연구실 출신들이 창업에서 특히 두각을 보인 영역은 온라인 게임 분야였다. 송재경은 1994년 '쥬라기공원'에 이어 1996년 세계 최초의 그래픽 머드MUD 게임 '바람의 나라', 1998년 '리니지'를 개발해 서비스하며 세계 최초로 온라인 게임 분야를 개척했다. 김정주는 1994년에 송재경과 함께 온라인 게임 회사 넥슨을 설립해 다수의 온라인 게임을 국내외에서 성공시키며 세계적인 온라인 게임 회사로 키워냈다. 송재경과 김정주는 1986년 서울대 컴퓨터공학과에 입학한 동기로 함께 카이스트에 진학해 전길남 교수 밑에서 석사 학위를 받고 박사 과정까지

같이 다닌 단짝이었다. 두 사람은 박사 과정을 다니면서 온라인 게임에 빠져 앞서거니 뒤서거니 박사 학위를 포기하고 중퇴한 이력도 같다. 최초로 아바타를 통한 부분 유료화 모델을 만들어 낸 세이클럽의 창업자 나성균도, 카이스트 경영학과 출신이지만 시스템구조연구실 구성원들과 긴밀하게 지내면서 그 환경에서 지낸 사람으로 분류된다.

시스템구조연구실에서 초창기 벤처 창업과 온라인 게임을 주도한 벤처 1세대가 대거 배출된 것은 우연이 아니다. 1997년 IMF 구제 금융 위기 이후 정부의 벤처 육성 정책도 영향을 끼쳤지만, 세계 어느 곳보다 일찍 초고속 인터넷 환경이 구축되어 사용자와 시장이 형성된 덕이 가장 크다. 무엇보다 학생들에게 가장 도전해볼 만한 일이 새로운 기술과 서비스를 하는 기업을 만드는 일이라고 강조해온 전길남이 있었고, 그러한 시도를 꿈꾸어온 사람들이 있었다.

시스템구조연구실은 종합 대학교 중앙전산센터나 갖추고 있는 중형 컴퓨터를 연구실에 구비해놓고, 박사 과정 학생들에게 PC가 아닌 워크스테이션을 1대씩 제공했으며, 국내 최초의 컴퓨터 네트워크이자 인터넷으로 발달한 SDN이 연결되어 있었다. SDN을 초기에 구축하고 운영하는 일을 연구실 소속 학생들이 전담했기에 라우터 설치를 비롯해 국외 망으로의 연결과 이메일 관리 업무를 맡아 전문성을 키워온 박현제, 허진호가 나중에 국내에서 초고속 인터넷 사업을 누구보다 먼저 시작한 것은 자연스러운 흐름이었다.

학생들은 주어진 과제 발표 등 정해진 일만 수행하면 가욋일이 없었다. 다른 연구실처럼 선후배 간 위계가 강하지도 않았고, 연구와 무관한 비용 정산 등 행정 잡무에 동원되지도 않았다. 최고의 컴퓨터 설비와 외국과 연결되는 통신망을 활용해 각자 관심 있는 분야를 마음껏 모색할 수 있었다.

SDN이 구축되어 연구실과 카이스트 학생들이 자유롭게 인터넷을 이용할 수 있는 환경이 만들어지다 보니 통신 이용료와 관련한 에피소드도 여럿 생겼다.

건국대 교수 한선영은 1980년대 중반 시스템구조연구실 시절 박사 논문을 위해 미국의 컴퓨터과학자 아델 골드버그와 이메일을 주고받고 골드버그가 개발한 최신 가상 머신virtual machine 운영 체제 소프트웨어 '스몰토크'를 다운받았다. 전용선이 구축되기 이전이라 다이얼업 모뎀으로 연결했는데, 스몰토크 소프트웨어는 이미지 파일이라 크기가 10메가바이트였다. 이메일로 텍스트를 주고받는 것을 대단하게 여기던 시절에 덩치 큰 파일을 온라인으로 수신하는 데 성공한 것이다. 그런데 국제 전화 요금이 300만 원이 나왔다. 당시 대도시 집값이 1,000만~2,000만 원, 연구실 일 년 예산이 2,000만 원인 것을 고려하면 엄청난 돈을 하룻밤 국제 전화 통신료로 사용한 것이다. 전길남은 이튿날 "누가 이렇게 전화 요금을 많이 썼느냐"고 지적했고, 당사자인 한선영은 어쩔 줄 몰랐다. 당시는 뉴스 그룹 등 덩치가 큰 파일은 미국 대학으로부터 마그네틱 테이프로 배송받던 시절이었다. 연구실 일 년 예산의 상당 부분이 전화 요금으로 통째로 날아갔으니 당혹스러웠다. 경위를 알게 된 전길남은 "알겠다"고 했으나, 연구실 행정 직원은 걱정이 되어 "정말로 괜찮을까요?" 하고 거듭해서 물었을 정도로 심각한 상황이었다. 전길남은 미국에서 개발된 최신 소프트웨어를 온라인으로 다운받는 것을 보고 당장은 그해 연구실 운영비가 걱정이었지만 속으로는 흐뭇했다. 국내 최초로 인터넷 파일 전송 프로그램을 이용해 소프트웨어를 내려받은 사례였기 때문이다. 연구실 안에서 또는 SDN을 통해서만 인터넷이 가능하던 시절이니, 연구실에서 시도된 사용법이 국내 첫 사례이던 상황이었다. 학생들에게 미국 명문 공대와 같은 수준의 연구 환경을 만들어주겠다고 늘 이야기해온 데다 학생이 다른 목적이 아니라 연구를 위해서 파일을 최신 기술로 내려받는 데 성공했으니 야단 칠 일은 아니라고 생각했다. 이후 전길남은 학생별 인터넷 사용량을 패킷 단위로 측정해서 연구실에 붙여놓았다. 아껴서 쓰라는 의미에서, 그리고 누가 더 열심히 쓰면서 연구하는지 경쟁하게 하기 위해서였다.

온라인 게임 서비스의 탄생 비화

1990년, 전용선으로 미국의 인터넷과 직접 연결되면서 카이스트 교내에서는 '요금 걱정 없는 인터넷 상시 연결' 상태를 경험하게 되었다. 시스템구조연구실 학생들만이 아니라 한국과학기술대KIT* 학생 등 카이스트 주변의 다양한 사람들도 인터넷 세상에 접근하게 되었다. 다수의 학생이 전산실과 교내 기숙사에 비치된 워크스테이션 컴퓨터로 인터넷을 하면서, 자연히 게임의 세계를 경험했다. 전자오락실에서 하던 비디오게임과 달리, 인터넷에서는 전 세계 이용자들이 상호 작용을 하는 새로운 형태의 게임을 할 수 있었다. 그중 머드MUD, multi-user dungeon 게임은 한정된 공간에서 여러 사용자가 채팅하면서 게임을 하는 신개념 서비스였다. 그래픽 없이 영어 텍스트와 아스키 자판 부호로만 게임을 했다. '로그Rogue'라는 게임에서는 @이 게이머 자신이고 d는 개를, D는 용을 의미한다는 식으로 약속했다. 게이머가 조작을 하면 '강하게 때렸습니다', '펀치를 맞았습니다'라는 식으로 텍스트로 상황이 표시되었다. 학생들은 처음에 인터넷으로 해외 머드 게임에 접속해 외국 사용자들과 영어로 게

---

* 한국과학기술대학은 1985년 대덕 연구 단지에 설립된 학부 과정으로, 석·박사 과정의 한국과학기술원 KAIST과 독립된 대학이었으나, 1989년에 카이스트와 통합되었다. 이로써 카이스트는 학사, 석사, 박사 과정을 모두 갖추게 되었다.

임을 했지만, 이내 이것을 한글로 바꿔서 좀 더 친숙한 환경에서 게임을 해야겠다고 생각했다. 머드 게임은 대부분 오픈 소스여서 어렵지 않게 한글화할 수 있었다.

과학기술대 학생 김지호가 1991년 덴마크 코펜하겐대학교DIKU 학생들이 만든 디쿠머드를 수정해 첫 국내 머드 게임인 'KIT 머드'를 만들었다. 머드 게임을 즐기던 학생들은 '아프게 맞았습니다'라는 식의 텍스트 환경을 그래픽으로 처리하면 환상적일 것이라고 생각했다. 텍스트 머드 게임에 빠져 지내던 학생들은 "머드 게임에 몰두하다 보면 모니터에서 d는 개로 보이고 D는 용처럼 보이곤 했다"라고 말한다. 이런 게임 몰입 경험은 그래픽 온라인 게임 개발 시도로 이어졌다. 김지호 등은 상업용 머드 게임 '단군의 땅'을, 송재경은 세계 최초 그래픽 온라인 게임 '바람의 나라'를 개발했다. 이는 이후 한국에서 온라인 게임이라는 새로운 서비스가 만들어지는 출발점이 되었는데, 그 배경에는 전길남이 만들어놓고 학생들에게 자유롭게 활용하게 한 인터넷 환경이 있었다.

전길남의 연구실과 제자들을 통해 온라인 게임이라는 새 장르가 개발되었지만, 전길남은 게임과 거리가 멀다. 테트리스만 몇 차례 해보았을 뿐, 온라인 게임은커녕 비디오게임도 거의 해보지 않았다. 하지만 그는 학생들이 온라인 게임에 빠져 지내도, 연구실에서 맡은 최소 임무만 문제없이 수행하면 전혀 개의치 않았다. 당시 카이스트의 다른 연구실에서 학생들이 게임에 빠지는 것을 부정적으로 보던 분위기와 대조적이었다. 그래서 게임을 좋아하는 학생들은 전길남 연구실로 몰렸다. 세계 최첨단 컴퓨터 환경을 제공할 뿐만 아니라 학생들의 활동에 간섭하지 않았기 때문이다.

이런 환경은 학생들의 벤처 창업 문화에 많은 영향을 주었다. 전길남은 애플이 1985년 미국에서 레이저라이터Laser Writer라는 레이저 프린터를 발매하자, 이를 바로 구입해 연구실에 설치했다. 덕분에 연구실 학생들은 세계 첨단 제품을 국내에서 가장 먼저 사용해볼 수 있었다. 당시 도트 프린터와 함께 레이저 프린터가 보급되고 있었지만, 레이저 프린터라고 해도 도트 프린터와 크게 다르지 않았다. 해상도가 높고 속도가 빠를 뿐 인쇄할 내용을 미세한 점으로 분해해 잉크를 분사하는 방식은 기본적으로 유사했다. 레이저 프린터로 인쇄된 글자를 확대해서 보면 글꼴이 뭉개지고 점으로 이루어진 게 드러났다. 깔끔하지도 아름답지도 않았다. 애플의 레이저 라이터는 처음으로 도트 매트릭스 형태가 아닌 종이 인쇄처럼 글꼴의 윤곽선이 살아 있는 기술(포스트스크립트, 트루 타입 폰트)을 도입해 프린팅 기술을 바꾼 혁신적인 프린터다. 애플의 포스트스크립트 방식의 레이저 프린터는 매킨토시 컴퓨터와 짝을 이루어 데스크톱 전자 출판 시장을 만드는 혁신 도구가 되었다. 이런 세계적 최신 기술을 국내에서 누구보다 먼저 접하는 건 학생들에게 놀랍고 남다른 기회였다. 애플 레이저 프린터는 기본적으로 알파벳 문자용이었다. 박사 과정을 밟던 정철은 애플 레이저 프린터를 보면서 앞으로 데스크톱 전자 출판이 대중화할 것으로 예견하고 한글 데스크톱 출판 시스템을 구축할 때 무엇이 필요할지 생각했다. 그리고 졸업하자마자 휴먼컴퓨터를 창업해 전자출판용 한글 서체 개발에 나섰다. 연구실 시절 한국에서 누구보다 먼저 애플 레이저 프린터를 사용해본 경험 덕분이었다.

전길남은 새로운 기술과 서비스를 개발하려면 최신 기술 환경에 먼저 노출되어야 한다는 걸 잘 알고 있었다. 영국의 팀 버너스리가 1990년에 월드와이드웹을 개발해 오늘날 인터넷 세상을 가능하게 한 데는 유럽 입자물리연구소 연구원으로 일한 경험이 결정적인 역할을 했다. 유럽 입자물리연구소에는 전 세계의 많은 연구자가 생산해내는 방대한 연구 자료가 있었지만, 관리 및 검색이 효율적이지 않아 불편했다. 방대한 자료를 공유하고 검색할 방법을 고민하다가 하이퍼링크라는 혁신적인 방법을 고안해 월드와이드웹을 개발한 것이다.

텍스트 기반이던 팀 버너스리의 월드와이드웹이 오늘날처럼 그래픽 웹브라우저로 바뀌면서 결정적으로 인터넷 대중화가 이루어졌다. 1993년 일리노이대학교 학부생 마크 앤드리슨이 개발한 '모자이크'가 세계 최초의 그래픽 기반 웹브라우저다. 앤드리슨은 모자이크 이후 상업용 브라우저인 넷스케이프 내비게이터를 개발해 폭발적 인기를 누리고 인터넷 대중화를 선도했다. 앤드리슨이 대학교 3학년 때 오늘날과 같은 그래픽 웹브라우저를 세계 최초로 개발한 것은 최신 컴퓨터를 마음껏 사용할 수 있었기 때문이다. 일리노이대학교는 미국 국립과학재단NSF이 운영하는 5개 국립슈퍼컴퓨터센터NCSA 중 한 곳으로, NSFnet 의 핵심 노드였다. 1990년대 초반 앤드리슨이 그래픽 기반의 인 터페이스를 채택한 혁신적 웹브라우저를 개발했지만, 그래픽이 라는 특성 때문에 제한적 환경에서만 돌아갔다. 통신 대역폭이 넓고 컴퓨터 성능이 좋아야 했기 때문에 컴퓨팅 '자원을 과소비 하는' 구조였다. 일반 용도로는 쓸 수 없을 정도로 강력한 컴퓨터 성능과 자원을 요구했다. 일리노이대학교는 학부생에게도 미국 최고의 슈퍼컴퓨터와 인터넷 회선을 제공했다. 앤드리슨은 고성 능 브라우저가 갖춰야 할 기능에 집중해 개발했다. 넷스케이프 내비게이터는 이후 PC 성능이 좋아지고 초고속 인터넷 환경이 갖추어지면서 더욱 각광을 받았다.

구글의 출발점도 비슷하다. 래리 페이지와 세르게이 브린이 스탠퍼드대학교 컴퓨터공학과에서 박사 과정을 밟던 중에 연구 삼아 실험해본 검색 프로젝트가 구글의 시작이다. 대학원생이 지만 막강한 컴퓨터 자원을 마음껏 활용해 전 세계 웹페이지를 인덱싱하고 정교한 검색 결과를 제공하는 실험을 할 수 있었던 스탠퍼드대학교의 환경이 구글이라는 거대 기술 기업이 태어나 는 모태가 되었다. 전길남이 자기 학생들에게 최고의 연구 실험 환경을 제공해야 한다고 생각한 이유도 여기에 있다.

176

세상에 없는 새로운 것

이런 환경 덕분에 시스템구조연구실 출신들은 다양한 벤처 기업과 신규 서비스를 만들어 인터넷 기반 벤처 생태계를 활성화했다. 그러나 의욕이 큰 만큼 어려움도 많았다. 전길남은 제자들에게 "남이 먼저 만든 것을 비슷한 방식으로 하지 마라. 이미 있는 것은 가져다 쓰면 된다. 이미 있는 것에서 한발 더 나아간 새로운 것을 하라"고 주문했다. 독려인 동시에 큰 부담이었다. 정철은 "벤처를 시작할 때 우리는 세계적 수준의 새로운 것을 해야 한다는 압박을 받았다"라고 말한다. "그래서 우리 실험실에서는 네이버 같은 서비스가 나오기 어려웠다. 외국에 이미 있는 서비스 모델을 국내에 도입해 적용해보는 시도는 별 의미가 없다고 보았다. 네이버와 같은 포털 서비스에 대해, 연구실에서는 '이미 야후가 있는 세상인데 비슷한 것을 왜 하냐'라는 분위기가 지배했다. 언제나 남들이 안 하는 걸 시도해야 했다. 이런 일은 세계적으로 보면 매우 중요한 작업이지만, 한국 시장을 기반으로 한 엔지니어한테는 현실적 어려움이 많았다."

이렇듯 전길남은 창업을 꿈꾸는 제자들에게 버거울 정도로 '세계적 수준의 새로운 시도'를 요구했다. 그는 그것이 무리한 요구가 아니라 당시 상황에서 자연스러웠다고 생각한다. "그 시절 우리 연구실 그룹의 역할이 특수했다. 당시는 인터넷이 확산되면서 아무도 시도하지 않는 영역이 계속해서 생겨나는 특수

한 상황이었다. 연구실 제자들이 직접 하지 않더라도 국내에서 누군가 이런 시도를 하는 사람들이 나오면 좋겠는데 그렇지 못했다. 제자들에게 새로운 걸 만들라고 독려한 이유였다."

제자들에게 "세상에 없는 새로운 걸 만들어보라"라며 벤처 창업을 독려했던 전길남은 스스로 벤처 기업 경영자가 되기도 했다. 한국 경제는 김영삼 정부 말기인 1997년 외환 보유고 부족으로 국제통화기금IMF의 구제 금융을 받는 곤경을 겪었다. 구제 금융의 위기 상황에서 당선된 김대중 대통령은 대기업 위주의 한국 경제를 벤처 창업을 통해 일신하고자 했고, 본격 인터넷 보급기였던 당시는 세계적으로 벤처 열풍이 거셌다. 시스템 구조연구실 출신들이 국내 벤처 열풍 시기에 두드러진 것은 자연스러운 일이었다. 1990년대 초부터 졸업생들이 벤처 기업을 세워 키웠고, 이들의 시도는 1990년대 말 정점을 이루었다. 연구실 출신 선후배 벤처 기업인들이 자연스럽게 회합하는 네트워크와 모임이 만들어지고, 새로 스타트업을 시작하는 후배들을 도와주자는 논의도 이루어졌다. 불모지에서 도전하는 후배들이 시행착오를 덜 겪고 창업할 수 있게 지도하고 투자자와 연결해주는 일을 했다. 이는 사업 경험 없이 기술과 사업 계획서만 있는 젊은 창업인에게 큰 도움이 되었다.

그러던 2000년 6월, 이 모임에서 "우리에게 늘 새로운 것을 만드는 벤처 기업에 도전하라고 독려했던 전길남 교수에게 직접 벤처 창업 컨설팅과 인큐베이팅을 해보시라고 하면 어떨까"

라는 제안이 나왔다. 남다른 기회를 마련해준 스승에 대한 보은 차원이기도 했고, 벤처 기업인다운 투자이기도 했다. "그래, 그거 재미있겠다. 우리 지도 교수가 얼마나 잘하는지 볼 수도 있고, 탁월한 능력을 갖춘 분이니 좋은 기술 기업을 잘 키워낼 수 있을 것이다." 어렵지 않게 동의가 이루어졌다. 벤처 열풍이 불면서 교수들도 기업을 세워서 경영하는 게 허용되었고, 카이스트 전산과 교수의 10~20퍼센트가량은 벤처 기업을 창업해 경영하던 시절이었다.

제자들의 아이디어는 벤처 기업을 만들어 전길남을 대표이사로 영입하고, 벤처 기업 발굴과 투자를 진행하게 하는 방식으로 구체화되었다. 당시 벤처업계에서 잘나가던 허진호 아이월드네트워킹 사장, 정철 삼보인터넷 사장, 박현제 두루넷 전무, 강성재 아이큐브 사장 등이 1억여 원씩 출자해 5억 원의 자본금을 만들었다. 그리고 전길남을 영입해 대표이사 직위를 주고, 자본금을 전혀 내지 않았지만 그에게 최대 지분을 부여했다. 졸지에 전길남은 '네트워킹닷넷'이라는 기업의 대주주 겸 대표이사 사장이 되었다. 제자들은 이사와 감사를 맡았다. 스승과 제자의 역할이 바뀌어 제자들이 학창 시절 지도 교수에게 '벤처 기업 경영'을 가르치고 조언하는 관계가 되었다. 이후 직원 5명을 뽑고 서울 강남에 사무실을 마련했다. 대표이사 전길남은 대전 카이스트에 있으면서 일 주일에 며칠은 사무실에 나와 회사 업무를 처리했다. 하지만 회사 경영은 녹록지 않았다. 전길남은 처음부터 자신이 직접 사업을 하는 것은 자신 없어서, 될성부른 기술 기업을 발굴해서 컨설팅과 투자를 통해 키우는 것을 목표로 삼았다. 전문성을 지닌 인터넷 프로토콜이나 아이피IP 주소 분야의 기술 벤처 기업을 발굴해 투자하겠다는 계획이었다.

네트워킹닷넷은 계획대로 설립 초반에 한두 곳의 스타트업에 투자를 진행했지만, 결과는 미미했다. 소규모이고 시간도 얼마 지나지 않았지만, 투자금을 회수할 수 있을 것 같지 않았고 다른 사업 기회도 보이지 않았다. 전길남은 대표이사로 책임을 맡은 이상 회사 경영에 신경을 써야 했고, 수익이 없어도 사무실 임대료, 직원 월급 등으로 비용을 계속 지출해야 했다. 앞날을 생각하니 겁도 났다. 설립 후 일 년도 채 지나지 않았지만, 이사회를 열어 기업을 청산하기로 했다. 자본금에서 1억~1억 5천만 원 정도만 사용한 상태였다. 법인을 청산하고 남은 돈을 주주들의 지분에 따라 분배하니 전길남에게 가장 큰 몫인 약 3,000만 원이 돌아왔다. 청산 절차를 관리해온 제자가 남은 돈을 통장에 넣어둔 채 잊고 여러 해가 흘렀다. 그러다 아시아의 인터넷 역사를 기록하는 '아시아 인터넷 히스토리 프로젝트'를 시작하며 어디에서 융통할 자본이 있는가 살펴보았더니, 제자들이 그 돈이 있다고 알려왔다. 그래서 그 돈을 거기에 투입하기로 했다. 돈을 보람 있는 데 쓴다는 생각이 들었고 비로소 마음이 편해졌다.

제자들의 권유도 있고 전길남도 자신을 갖고 뛰어든 기업 경영자로서의 삶이었지만, 그는 자신의 한계를 절감했다. 컴퓨터 국산화, 인터넷 연결, 전국 초고속망 구축 등 거액의 예산을 합리적으로 사용하고 투자하는 대규모 공공 프로젝트에는 뛰어난 능력을 보였지만, 수익을 내는 능력은 전혀 없었다. 평생 안정적으로 월급을 받는 생활에 익숙했지, 투자자로서 기업 경영자로서 어디에 투자하면 얼마나 이익을 거둘 수 있을지에 대해서는 감이 없었다. 늘 톱다운 방식으로 거액의 예산을 어떻게 합리적으로 집행해 공공적으로 최선의 결과를 거둘지만 생각해왔는데, 기업 경영은 오히려 반대의 사고방식이 필요한 일이었다. 시장에서 아직 개발되지 않은 새로운 요구와 수익화 방법을 찾아내서 사업 모델로 만드는 것이 사업인데, 그는 그런 방식으로는 머리가 돌아가지 않는 사람이었다.

시스템구조연구실을 거쳐 간 많은 제자가 우리나라에서 가장 먼저 세계적 수준의 정보 기술 환경과 인터넷을 경험한 덕분에 벤처 기업을 창업해 대규모 기업으로 키워냈지만, 전길남이 금전적으로 얽힌 사례는 없었다. 투자 제의가 적지 않았지만, 제안의 내용과 전망을 불문하고 참여하지 않았다. 많은 제자에게 벤처를 창업하라고 독려하고 다양한 방식으로 도움을 주었지만, 단한 곳의 지분도 갖지 않았고 직책도 맡지 않았다. 벤처 기업을 하는 제자들에게 기술적 조언을 하는 것이 자신의 역할일 텐데, 지분이건 직책이건 어떤 형태로든 개입이 되면 그 역할을 제대로 할 수 없다고 보았다. 조언가와 투자자의 이해 충돌을 우려했다.

그런 그가 제자들의 기업에 지분을 갖게 된 예외 사례가 하나 있다. 연구실 초창기 멤버로 중요한 역할을 했던 한 제자가 2005년 즈음 창업을 했는데, 거기에 소액 투자로 참여한 것이다. 그 제자가 실력과 노력에 비해 빛을 보지 못하고 고생한다는 생각에 당시 연구실 출신들이 모두 나서서 도움을 주자는 분위기였다. 각자 200만 원 정도로 지분 참여를 해서 주식으로 받았고, 여기에 전길남도 뜻을 같이했다. 5년여 뒤 그 기업은 어려움을 겪고 결국 사업을 중단했고 전길남의 주식도 그대로 남아 있다. 유일한 사례가 된 벤처 기업 소액 투자는 투자가 아니라 일종의 부조였던 셈이다.

　삼보컴퓨터와 두루넷을 창업한 이용태 박사는 전길남과도 막역한 사이지만, 두 사업의 특성상 전길남의 여러 제자를 불러 주요 업무와 직책을 맡기고 오랜 기간 지켜본 인물이다. 이용태 박사는 무엇보다 제자들이 스승을 대하는 태도를 보고 전길남을 높이 평가한다. "전길남 박사에게 놀라운 게 하나 있는데, 전 박사 제자들이 스승을 매우 존경한다는 점이다. 서울대, 카이스트를 거쳐 박사 과정을 마친 사람들에게서 일반적으로 보기 드문 현상이다. 전 박사가 무엇보다 사심이 없고 공명정대하며 항상 옳은 길을 가려고 한 점이 제자들에게 깊은 존경심을 불러일으킨 것이라고 본다."

6

도전의 의미를
묻다

출처 : Franco Pecchio/wikimedia commons

•

전길남에게 등반은 불가능에 대한 도전이자 자연 속의 명상이다.
암벽 등반에 몰두하고 있는 전길남, 그리고 마터호른 북벽의 모습.

오래 품어온 강렬한 꿈

2003년 1월 3일 저녁, 남산 자락 국립극장에 있는 널찍한 식당. 회갑을 맞은 전길남을 축하하기 위해 카이스트 시절 제자들과 친지 등 수십 명이 모였다. 스승에게 기념 논문집을 헌정하고 축가로 기쁨과 고마움을 나누는 조촐한 자리였다.

축하와 감사의 꽃다발이 전달되고 전길남 교수의 학문적 기여와 업적을 소개하는 순서로 이어졌다. 전길남이 카이스트에 부임해 처음 지도한 학생이자 시스템구조연구실 1호 박사인 이동만 카이스트 교수(당시 한국정보통신대학원 교수)가 마이크를 잡았다. 그리고 "우리 지도 교수님은 인터넷 연구와 개발 공로로 훈장을 받으셔야 하는데, '딴 일'로 체육 훈장을 먼저 받았다"고 말문을 열었다. 대학 교수 전길남이 전공인 인터넷과 관련한 학문적 기여와 업적이 아니라 '딴 일'을 열심히 해서 훈장까지 받았다는 우스개 섞인 소개였다. 제자들과 친지 사이에서 폭소가 쏟아졌다. '딴 일'을 열심히 해 받은 훈장이란 알프스 원정대를 이끈 공로로 받은 '체육 훈장 기린장'을 말한다.

전길남은 1980년 8월 3일 80한국알프스원정대의 일원으로 한국 등반사상 처음으로 알프스 마터호른 북벽 등정에 성공했다. 거대한 암벽에 매달려 수차례 위험한 고비를 넘기고 이틀 만에 마터호른 정상에 발을 디뎠다. 극한의 모험을 거쳐 정상에 오르자, 등정을 축하하듯이 건너편으로 몬테로사산Monte Rosa이 나타났다. 몬테로사산은 알프스에서 몽블랑에 이어 두 번째로 높은 산(4,634미터)이자 스위스의 최고봉이다. '장미의 산'으로 불리는 우아한 아름다움을 지닌 산봉우리다. 마터호른 정상에 올랐을 때 만년설과 빙하에 덮인 몬테로사산은 한낮의 햇빛을 반사해 더욱 눈부신 자태를 뽐냈다. 전길남이 몬테로사산의 아름다움을 동경해 딸을 로자Rosa라는 애칭으로 불렀을 정도다.

"꿈꾸던 마터호른 북벽을 마침내 올랐구나." 전길남이 인생에서 가장 황홀했던 순간으로 추억하는 장면 중 하나다. 마터호른은 미국 영화사 파라마운트의 로고 이미지로 널리 알려진, 사람의 범접을 허락하지 않을 듯 보이는 칼날 같은 삼각뿔의 봉우리다. 전자기술연구소 책임연구원으로 있던 전길남은 이때 서른일곱이었다. 등반대장 전길남을 포함한 대원 5명이 마터호른 북벽 등정에 나서 첫 등정에서 깔끔하게 성공했다. 전길남을 뺀 나머지 대원들은 모두 악우회 소속의 20대 전문 산악인이었다. 원정대장이나 등반대장은 경험 많은 산악인 출신이 맡는 게 관례다. 그때에도 체력과 나이 등을 고려해 정상 공략에서는 물러서고 캠프에서 지휘와 지원 업무를 맡는다. 전길남은 전문 산악인도 아니었고 나이도 30대 후반에 한국에 온 지 겨우 일 년이 지난 상태였다. 국책 연구소에서 컴퓨터 국산화와 컴퓨터 네트워크 구축이라는 프로젝트를 맡아 밤낮없이 연구에 매진하던 책임자급 엔지니어였다. 그런 그가 등반대장을 맡아 자일에 몸을 묶은 채 한국 전문 등반가들도 한 번도 오르지 못한 고난도 직벽 등반에 도전한 것이다. 매우 이례적인 일이었다.

알프스 3대 북벽 등정은 한국 등반사에 새겨진 의미 있는 이정표로, 당대 한국 최고 실력의 암벽 전문 산악 클럽인 악우회岳友會가 이루어낸 쾌거였다. 악우회의 허욱과 윤대표는 1979년 스위스 융프라우의 아이거 북벽 등정에 성공하여 국내 산악계를 놀라게 했다. 이듬해에는 스위스 마터호른 북벽과 프랑스 그랑드조라스 북벽 등정에도 성공하며, 알프스 3대 북벽 등정 쾌거를 기록했다. 알프스 3대 북벽은 히말라야 8,000미터대 봉우리들과 함께 세계에서 가장 어렵고 위험한, 산악인들의 꿈이자 목표다. 한국 산악 실력을 국내외에 드높인 공로로, 알프스 원정대는 등반 4개월 뒤인 1980년 12월 30일 체육 훈장을 받았다. 다른 산악인들도 마찬가지였지만, 전길남은 국내 첫 마터호른 북벽 등정이라는 기록과 명예에 끌려 암벽에 매달린 게 아니었다.

마터호른 북벽 등정은 전길남의 오래된, 그리고 강렬한 꿈이었다. 그는 미국 유학 시절인 20대 때 캘리포니아의 유서 깊은 환경운동 단체인 시에라 클럽에 속해 체계적으로 등반 훈련을 받고 적극적으로 활동했다. 한때 요세미티 등 시에라네바다산맥에서 암벽에 매달리면서 프로 등반가의 삶을 구체적으로 모색하기도 했다. 결국 프로 등반가의 삶은 접었지만 전 세계 전문 등반가들이 꿈꾸는 마터호른 북벽 등정에 성공했으니, 감회가 남다른 것은 자연스러운 일이었다.

등반가의 삶

전길남이 산을 다니기 시작한 것은 초등학교 때 오사카 미노오 지역으로 이사해서 집 뒤편으로 이어진 산을 만나면서부터다. 중학교 1학년 여름방학 때 후지산 정상을 오른 것을 시작으로 중고교 시절 몇 차례 높은 산을 경험했고, 오사카대학교에 입학해 잠시 산악부 활동을 했다.

그리고 미국에 가면서 본격적으로 등반을 시작했다. 사실 그는 학교나 직장을 고를 때 남들과 다르게 한 가지를 더 고려했다. 일상생활을 하며 등산이나 수영 등 좋아하는 스포츠를 즐기기에 적합한 환경을 갖춘 곳인가 하는 점이다. 컴퓨터 분야를 전공하기로 하고 UCLA를 최종 선택한 데는 캘리포니아에 매력적인 등반 대상인 시에라네바다가 있다는 점도 크게 작용했다.

미국 생활 초기인 석사 과정 동안에는 유학 생활에 적응하느라 산에 갈 시간적·정신적 여유가 없었다. 생존하는 게 우선이었다. 석사를 마친 뒤 콜린스 라디오에 입사하면서 본격적으로 등반을 시작했다. 2주에 한 번씩 시에라네바다 등 캘리포니아 산악 지대로 갔다. 당시 패킷 통신 설계를 했는데 처음 계획과 달리 진전이 없어 일이 단조롭고 힘들었다. 그래서 더 자주 산에 갔다. 목요일 밤이면 차에 등반 도구를 꾸려놓고 금요일 일찍 출발해 로스앤젤레스에서 여섯 시간가량 걸리는 시에라네바다로 가서 일요일 밤에 돌아왔다. 프로 산악인들은 한 달짜리 등반도 했지만, 전길남은 주로 금요일부터 일요일까지 사흘 코스로 했고 휴가 때는 1~2주 코스를 등반했다.

시에라 클럽의 암벽 등반 커뮤니티에 가입해서 제대로 교육받고 활동했다. 미국의 대표적인 환경 단체인 시에라 클럽은 환경 보호와 안전을 강조했다. 시에라 클럽 등반에는 항상 리더가 있었다. 리더는 시에라 클럽에서 지도자 자격을 따야 하는 것은 물론, 남들보다 하루 먼저 목적지에 도착해 정상 근처까지 가서 모든 상황을 점검해야 했다. 보통 차로 갈 수 있는 마지막 지점인 로드헤드Road Head까지 가면 해발 2,500미터 정도인데, 고도 적응을 위해 인근에서 하루 자고 토요일과 일요일 이틀간 등반한 뒤 돌아오는 일정이었다. 전길남은 1979년에 한국에 올 때까지 10년 넘게 시에라네바다산맥의 봉우리를 중심으로 한 달에 한두 번씩 강도 높은 등반을 했다. 수백 개가 넘는 시에라네바다산맥의 주요 봉우리 중 30여 개 이상을 올랐다. 그중에서도 특히 좋아한 봉우리는 고딕 성당 첨탑처럼 삐죽 솟은 커시드럴 피크(3,326미터)였다.

전길남은 1971년 미국의 최고봉인 휘트니산(4,421미터)에 오른 것을 비롯해 주로 시에라네바다의 봉우리들을 암벽 등반으로 올랐고, 와이오밍의 그랜드티턴(4,199미터), 알프스의 융프라우(4,158미터) 등도 등반했다. 한국에 오기 한두 해 전 나사 연구원으로 근무하던 시절에는 등반에 더 몰두했다. 1977년 고산 전문 여행사인 마운틴트래블을 통해서 북미 대륙 최고봉인 알래스카의 매킨리봉(6,194미터)을 올랐다. 일반 루트로 올랐다가 반대편으로 내려오는 횡단 코스로, 거의 원정대 루트에 가까운 경로였다. 알래스카의 매킨리봉은 높이는 6,000미터대지만, 히말라야 8,000미터급에 버금가는 고난도 등반을 요구한다. 자전하는 지구의 특성상 적도에 가까울수록 산소가 풍부하고 북극이나 남극으로 갈수록 산소가 희박하다. 매킨리봉은 위도상 극지에 가까운 위치로 추위도 심하지만, 유사한 고도의 산들에 비해 산소가 부족해 등반이 어렵다. 전길남의 매킨리봉 등정은 한국 공식 등반 기록보다 2년 앞선다. 한국의 매킨리봉 초등은 1979년 5월 고상돈이 이끈 원정대가 이루어냈다. 고상돈은 1977년 9월 한국 최초, 세계 여덟 번째로 에베레스트 정상에 올라 국민의 영웅이 된 바 있다.

전길남은 한국에 오기 직전인 1978년에 꿈에 그리던 요세미티의 엘캐피탄 암벽 등반에 도전해서 성공했다. 그보다 열 살 가량 많지만 체력이 탁월한 미국인 친구와 둘이 이스트 버트리스 코스로 엘캐피탄에 도전했다. 이스트 버트리스 코스는 엘캐피탄에서 바위틈이 많은 크랙crack 구조여서 확보belay*가 용이하고 인기가 높은 코스다. 일반적으로 사나흘 코스인데, 전길남과 파트너는 이틀 코스로 빠르게 올랐다. 대장 바위라는 뜻의 엘캐피탄은 평지 위에 거대하게 솟은 세계 최대의 화강암 덩어리로 전 세계 암벽 등반인의 성지다. 바위의 순수 고도 차이만 1,086미터에 이르는 직벽이 암벽인들을 불러들인다. 가능해 보이지 않던 엘캐피탄 직벽 등반은 1958년 11월, 미국의 등반가 워런 하딩이 처음으로 성공했다. 하딩 등 세 사람은 바위에 매달린 채 수십 일을 지내는 새로운 기술을 선보이며 45일 만에 등반에 성공했다. 이렇게 암벽 등반의 새 장이 열리면서 이후 다양한 루트와 기술을 이용한 거벽 등반 분야가 개척되었다. 하지만 하딩의 등반법은 "볼트를 지나치게 많이 박고 올라가며 자연을 훼손했다"는 비판에 직면해 '클린 클라이밍' 논쟁으로도 이어졌다. 우리나라를 비롯해 전 세계 암벽인들은 등반의 난이

●　등반자의 안전을 확보한다는 의미로, 로프나 후등자와의 연결 등을 통해 추락을 정지시키는 기술이다. 두 사람이 로프로 묶고 짝을 이루어 진행하는 암벽 등반에서는 주로 후등자가 선등자의 추락에 대비해 확보의 임무를 지닌다.

도를 평가하는 기준으로 요세미티 십진 등급 체계YDS를 사용하는데, 이 기준도 요세미티 엘캐피탄 등반에서 유래한 등급이다.

전길남의 엘캐피탄 등반 파트너였던 미국인 친구는 로스앤젤레스에서 시에라네바다의 휘트니산 아래까지 500킬로미터에 이르는 길을 오토바이를 몰고 와서 정상 등정을 한 뒤 다시 오토바이로 귀가할 정도로 대단한 체력의 소유자였다. 엘캐피탄 등정에 성공한 뒤 둘이서 나중에 하프돔을 등반하자고 약속했는데, 전길남은 한국으로 돌아오고 친구는 몇 해 뒤 다른 등반 도중 사고로 숨졌다.

미국에 거주하던 시기 시에라 클럽을 기반으로 미국 동료들과 등반한 기록이긴 하지만, 1977년 알래스카의 매킨리봉을 등정하고 1978년 엘캐피탄을 오른 것은 국내 등반계의 공식 기록보다 앞섰거나 주목할 만한 것이었다. 전문 산악인이 아니라 박사 연구원이었지만, 등반 실력과 의욕만큼은 세계적인 수준이었던 셈이다.

악우회와의 만남

1979년 2월, 한국 정부의 해외 과학자 유치 프로그램으로 입국하여 한국 생활이 아직 익숙하지 않던 초기에 전길남은 연구소 일과 별개로 산악인들을 만났다. 그해 여름 악우회의 두 젊은 산악인 윤대표와 허욱은 한국 최초로 알프스의 악명 높은 아이거 북벽 등정에 성공하며 등반계를 흥분시켰다. 그동안 한국의 등반은 높이 위주의 경쟁이었고, 난이도 등반은 악우회 소속 두 산악인의 아이거 북벽 도전이 사실상 처음이었다. 세계 산악계도 주목할 만한 뛰어난 성취였다. 해발 3,970미터 아이거 북벽은 수직에 가까운 1,800미터가 암벽과 눈, 얼음으로 뒤덮여 세계에서 가장 어려운 등반 코스 중 하나로 꼽힌다. 아이거 북벽에 도전했다가 숨진 산악인만 60여 명에 달해 '죽음의 벽Mordwand'으로도 불린다. 전길남은 윤대표와 허욱이 2박 3일간 바위에 매달려 사투를 벌인 끝에 아이거 북벽을 등정했다는 뉴스를 보고 한국 등반계의 실력에 감탄했다.

당시 전자기술연구소에 부임한 전길남은 동료 직원들에게 나사 제트추진연구소 시절을 비롯한 미국 생활을 슬라이드로 소개하면서 매킨리 등정과 엘캐피탄 등정 등 전문가급의 등반 활동에 관해서도 이야기했다. 연구소 직원들은 전길남이 들려주는 미국 생활에 관심이 많았다. 직원 중 한 사람이 악우회 대표와 고교 동창이었는데, 그가 친구에게 "미국에서 온 우리 연구소 박사가 시에라 클럽에서 활동한 전문 암벽 등반가다"라는 이야기를 건넸다. 오래지 않아 아이거 북벽을 등정한 허욱 등 악우회 회원들이 전길남을 만나러 왔다. 악우회는 1979년 아이거 북벽에 이어 이듬해부터 차례로 마터호른과 그랑드조라스 북벽을 등정하는 알프스 3대 북벽 등정 프로젝트를 추진 중이었다.

악우회의 요청을 받고 전길남은 알프스 북벽 프로젝트에 합류했다. 여기에는 두 가지 동기가 함께 작동했다. 한국 최고의 암벽 등반가들과 팀을 이루어 꿈꿔오던 알프스 북벽에 도전한다는 개인적 성취가 하나였고, 미국 시에라 클럽과 요세미티에서 배운 과학적 등반 기법을 한국 산악계에 전수할 기회라는 판단이 다른 하나였다.

알프스 북벽에 도전할 악우회 원정 대원들은 1980년 5월부터 7월 초까지 남산에 합숙소를 설치하고 주로 북한산 인수봉에서 훈련했다. 2박 3일, 3박 4일 동안 식량과 물, 장비 등 20킬로그램이 넘는 배낭을 짊어지고 인수봉과 선인봉에 매달려 한 번도 땅을 밟지 않은 채 암벽 등반 훈련을 하는 식이었다. 연구소에서 근무해야 하는 전길남은 다른 대원들처럼 1박 2일, 2박 3일 훈련을 하지는 못했다. 대신 주로 윤대표와 짝을 이루어 매주 일요일 인수봉에서 당일치기로 훈련했다.

전길남은 미국에서 만든 새로운 암벽 등급 체계를 한국 암벽 등반계에 소개했다. 당시까지만 해도 한국은 등반 난이도를 표시할 때 1~6급으로 이루어진 유럽식 등급을 사용했다. 많은 사람이 암벽 등반을 스포츠로 즐기려면 암벽마다 전문가가 객관적으로 매긴 등급이 있어야 하는데 한국에는 그런 등급이 거의 없다시피 했다. 그가 볼 때 한국의 암벽 등반 등급은 알프스에서 유래한 알파인 스타일보다 요세미티 스타일이 더 적합했다. 바위도 요세미티처럼 화강암이어서 얼음과 낙석이 혼재하는 상황에 적합한 알파인 스타일보다는 요세미티식 스포츠 클라이밍이 더 맞았다.

전길남은 한국의 바위들에 요세미티 암벽 등급 시스템을 도입하기 위해 노력했다. 요세미티 암벽 시스템은 5.8, 5.10a 등 10진법으로 정밀하게 루트의 난이도를 표현한다. 암벽의 등급은 해당 암벽을 처음 등반한 사람이 전체 암벽이 몇 구간으로 이루어져 있고, 구간마다 가장 힘든 곳이 어느 정도인지를 보고 해 이후 등반자들이 참조할 수 있게 하는 것이다. 암벽 등반이 스포츠가 되려면 등반하는 사람마다 자기 능력에 맞는 암벽에 도전할 수 있도록 암벽에 대한 객관적 자료가 필요하다. 그 기본이 전국 암벽 지도와 암벽별 등급이다. 전길남이 한국에 와서 보니, 암벽 등반을 할 수 있는 바위는 많은데 암벽 지도와 등급 시스템이 제대로 정리되어 있지 않았다. 암벽 지도를 만들려면 등급별로 최소 2명 이상의 등반가가 전국 각지의 바위를 등반해보고 그 결과를 발표한 뒤 등급을 매겨야 했다. 암벽 등반 실력이 뛰어난 악우회가 직접 등반을 해본 뒤 요세미티의 10진법 체계로 암벽 등급을 발표하면서 자연스럽게 유럽식 방식을 밀어내고 요세미티 등급 체계가 자리 잡게 되었다.

마터호른 북벽 등반

1980년 알프스 원정에서 전길남은 등반대장(원정대 부대장)을 맡아 그랑드조라스와 마터호른 북벽에 대해 열심히 연구하고 대원들을 이끌어 목표한 바를 이루었다.

전길남은 알파인 스타일 등반가다. 알파인 등반은 다른 사람의 도움 없이 스스로 식량, 침낭, 장비 등 모든 것을 짊어지고 가는 자급자족형 등반법이다. 히말라야 8,000미터 이상 14좌가 모두 등정된 이후 세계 산악계에서 단순 고소高所 등반 경쟁은 의미가 없어졌다. 그보다는 새로운 루트를 얼마나 창의적으로, 얼마나 어려운 조건에서 등반했는가를 중시했다. 등반 역사 초기는 누가 먼저 미등정봉의 정상에 발자국을 남기고 국기를 꽂느냐 경쟁하는 시기였다면, 현대는 등정 자체보다 어떤 방법으로 어떤 루트를 오르는가를 의미 있게 평가하는 등로주의登路主義 시대다. 등로주의는 1880년 영국 등반가 앨버트 머메리가 주창해서 '머메리즘Mummerism'이라고도 부른다. 시에라 클럽은 환경 보존 운동과 함께 구성원들에게 자연을 손상하지 않으면서 탐험하는 자연주의 등반을 강조한다.

알파인 등반은 가장 순수한 형태의 등반으로 평가받는 등로주의를 따른다. 대규모 원정대 방식의 등정이 불필요한 알프스 지역에서 주로 행해져왔다. 20세기 최고의 등반가로 북부 이탈리아 출신의 라인홀트 메스너는 1995년 페터 하벨러와 함께 히말라야 카라코람산맥의 가셔브룸 2봉(8,035미터) 북서벽을 알파인 스타일로 최초 등반하는 데 성공하는 대기록을 세웠다. 대담하면서 치밀한 메스너의 도전이 성공하면서 알파인 등반은 알프스 지역에서 히말라야로 확장되었다. 국제산악연맹UIAA은 알파인 스타일의 등반 기준을 6가지로 제시한다. 등반 인원은 6명 이내, 로프는 팀당 1~2개, 고정 로프나 다른 팀이 기존에 설치한 로프 이용하지 않기, 사전 정찰 등반 하지 않기, 포터 등 외부 지원 받지 않기, 산소 기구 등 사용하지 않기 등이다.

1980년, 마터호른 등반대는 8월 2일 0시에 캠프를 출발했다. 마터호른 북벽은 여름이면 북동쪽에서 해가 떠서 낮이 되면 얼음이 녹아 낙석 위험이 커진다. 그래서 사고 위험이 상존하는 마의 코스다. 해뜨기 전에 낙석 구간을 지나가야 하는 이유다. 등반대는 5명. 가장 먼저 윤대표가 홀로 올라가고, 유한규와 임덕용이 자일을 묶고 출발했다. 다음으로 허욱과 전길남이 뒤따랐다. 위기가 엄습했다. 한밤에 출발해 직벽에 가까운 마터호른 북벽에 매달려서 등반하던 중 기온이 높아지자 정상 부근에서 얼어 있던 돌이 떨어졌다. 낙석은 전길남과 자일로 연결된 채 선등하던 허욱을 아슬아슬하게 스쳤다. 조금만 잘못 맞았으면 허욱뿐 아니라 함께 줄을 묶은 전길남도 위태로울 수 있었다. 허욱의 헬멧 가장자리로 떨어진 낙석은 헬멧과 안경 일부를 파손시키고 몸을 살짝 건드렸다. 허욱은 그 순간을 어제 일처럼 생생히 기억한다. "입고 있던 네 겹 옷이 찢겨나갔고 살은 시커

멍들었다. 위험천만한 낙석이었다. 1센티미터만 빗나갔으면 치명적일 수 있는 순간이었다." 하지만 전길남의 판단은 달랐다. 마터호른 등반을 준비하며 외국 등반대가 기록한 등반 일지를 면밀히 검토하면서 등정 계획을 세운 전길남에게 이날 낙석은 확률적으로 예상 범위 안에 있는 위험이었다. 기존 등반대의 기록과 정보를 기반으로 확률적 사고를 하는 그에게 이 낙석은 등반대가 원천적으로 피할 수 없고 확률적으로 감수해야 할 위험이었다. 하지만 낙석을 실제로 경험한 일행은 심리적으로 큰 충격을 받았다. 등반대는 논의 끝에 유사한 낙석 사태에 대비해, 3팀으로 나누었던 5명을 한 줄로 연결하기로 했다.

그날 밤, 5명은 북벽에 매달린 채 잠을 잤다. 그런데 이번에는 눈 폭풍이 닥쳤다. 깎아지른 북벽의 특성상 몸을 누일 곳은 없었다. 돌출한 바위 턱에 엉덩이를 걸친 채 앉아서 잠을 자야 했다. 산악 용어로 비바크Bivouac 방식이다. 가슴까지 오는 다운 바지를 입고 다리 부분은 배낭 속에 집어넣었다. 등반대장 전길남은 각자 배낭 무게를 10킬로그램 미만으로 꾸리고 슬리핑 백은 가져가지 않기로 결정했다. 밤에는 배낭을 비운 뒤 슬리핑 백으로 활용했다. 해발 3,000미터의 깎아지른 북벽에 걸터앉은 채였다. 폭풍설 구름의 영향으로 바위 위에서 잠을 청하던 등반대는 번개를 맞았다. 치명적 피해를 주는 낙뢰와는 달랐다. 쿠션 위에 앉으면 절연 상태가 되어, 번개를 몸에 맞아도 큰 피해가 없다. 약하게 감전되는 상태 또는 전기 마사지와 비슷한 형태로 몸에 전류가 지나간다. 고지대 암벽 등반에서 날씨가 나빠지면 흔히 만날 수 있는 상황이다. 전길남은 익히 알고 있어 예상한 바였으나 일행은 북벽에 가까스로 몸을 걸친 상태에서 번개를 맞아 적지 않게 놀랐다.

포터의 지원 없이 스스로 자일과 피켈, 옷, 식량, 기록 및 촬영 장비 등 각자의 짐을 지고 등반해야 하는 알파인 스타일에서는 어떻게 등반 계획을 짜느냐가 중요하다. 짐의 무게를 줄여야 하지만, 짐을 최소화하면 폭풍설과 같은 기상 변화나 악천후를 만날 때 보호 장비가 부족해 조난으로 이어질 수 있다. 등반의 효율성을 고려하면서도 가능한 위험에 대비해야 한다. 산악과 등반대의 조건을 고려한 최적의 상황을 찾아내 등반 계획을 짜고 판단을 잘하는 게 알파인 클라이밍의 핵심이다. 체력이나 정신력 등 등반 기량 못지않게 등반 대상과 환경, 과거 등반 기록에 대한 광범위한 조사와 면밀한 탐구, 정확한 판단이 중요하다. 전길남이 흥미를 느끼고 잘할 수 있는 영역이다. 그에게 알파인 클라이밍은 전공인 시스템 엔지니어링과 유사했다. 기본적으로 불가능에 가깝거나 매우 어려운 도전이지만, 대상을 깊이 연구하고 준비해 역량을 키우면 '최적의 방법'을 찾아낼 수 있기 때문이다. 더욱이 그 목표가 다른 사람들이 시도해보지 않았거나 성공하지 못한 과제일 때 새로운 방법으로 도전하는 것은 가슴 뛰는 일이었다.

불가능에 대한 도전

전길남이 가장 존경하는 산악인은 라인홀트 메스너다. 그
는 1986년 로체봉(8,516미터)에 오르며 세계 최초로 히말라야
8,000미터 14좌를 모두 등정한 역사상 최고의 산악인이 되었
다. 그가 특별한 이유는 8,000미터 14좌를 처음으로 올랐다는
기록 때문만이 아니다. 메스너는 16년에 걸쳐 8,000미터 14개
봉우리를 모두 무산소로 등정하며 개척 등반, 단독 등반, 동
계 등반 등 가장 어렵고 새로운 기법으로 도전했다. 얼마나 높
은 산을 얼마나 빨리 오르느냐에는 관심을 두지 않았다. '어떻
게' 그리고 '왜' 그 산을 오르는가를 물으며 가장 창의적이고 어
려운 방법으로, 기존에 시도하지 않았던 방식으로 등반을 감행
했다. 또한, 후원을 받거나 원정대를 꾸려서 대규모 병참 지원
을 받는 군사 작전을 펼치듯 정상을 공략하고 산꼭대기에서 깃
발을 흔드는 행위를 하지 않았다. 그런 행동은 등반의 순수성을
훼손하는 행위라고 경멸했다. 그는 산소통에 의지해 에베레스
트를 오르는 것은 등반을 진전시키는 게 아니라 오히려 퇴보시
키는 것이라고 말했다. 메스너가 도전한 8,000미터봉 14좌 등
정은 모두가 '창의적 등반'의 기록이다. 20세기 고산 등반의 역
사와 지평은 메스너의 발길을 따라 확대되었다. 1978년, 그는
불가능하다고 여겼던 에베레스트 무산소 등정에 최초로 성공해
세계를 놀라게 했다. 2년 뒤인 1980년에는 에베레스트 무산소

단독 등정에 성공했다. 세계 최고봉을 산소통 없이 혼자 오르는 일은 경이로움을 넘어 불가능하다고 여기던 영역이었다. 초인적인 체력과 정신력만으로 할 수 있는 도전이 아니었고, 장비를 최소화하고 루트와 기간을 단축하기 위해 모든 가능성과 조건을 면밀히 검토하고 지극히 엄밀한 과학적 접근을 해야 했다.

메스너는 일반적으로 에베레스트를 오르는 네팔 쪽 루트 대신 중국 티베트 쪽 루트를 연구한 결과 여름 몬순 시기에 열흘 안팎 단독 등반이 가능한 시기가 열린다는 사실을 알아냈다. 그 작은 확률에 대담하게 베팅하여 성공한 것이다. 1982년에는 한 시즌에 칸첸중가(8,586미터), 카라코람 가셔브룸 2봉(8,036미터), 카라코람 브로드피크(8,048미터) 등 8,000미터봉 3개를 연속으로 무산소 등정하는 대기록을 세웠다.

초인이라 불릴 정도로 육체적 능력이 뛰어나기도 했지만, 대상에 관한 치밀한 탐구와 그것을 극복할 방법을 찾아내고 스스로 완벽해질 때까지 훈련하는 능력이 더 탁월한 등반가다. 그의 경이적인 기록은 철저하게 대상과 자신에 관한 탐구와 계획을 통해 창의적이고 대담한 도전 과제를 만들고, '계산된 도전'을 성공시키기 위해 치밀하게 준비하고 부단히 노력한 결과물이다.

전길남에게 등반은 보상이나 명예가 아니라 불가능에 대한 도전과 자연 속에서의 명상이라는 의미로 일상 속에 들어온다. 매킨리봉, 엘캐피탄, 마터호른 북벽 등정은 직업이나 전문적 성취와는 무관하게 아마추어의 순수한 열정에서 비롯한 도전의 결과였다. 또한, 암벽 등반과 미등정봉을 향한 극한적 경험의 추구는 그에게 도전적 삶을 의미한다. 기본적으로 불가능하다고 여겨온 목표지만, 가능한 모든 자원과 방법을 동원하고 수단을 최적화하면 길이 열리는 세계다. 이는 기본적으로 그의 전공인 시스템 엔지니어의 삶과 유사하다. 많은 사람이 불가능하다고 보지만 모든 가능성을 조사하고 실낱같은 루트를 찾아낸 다음 준비하고 훈련해서 최적의 상태에 도달한 뒤 목표에 도전하는 게 창의적인 등반의 세계다. 전길남이 따르고자 한 메스너의 길이 바로 그러했다.

암벽 추락 사고

1980년 악우회 회원들과 마터호른 등 알프스 북벽 등반을 성공리에 마무리한 뒤, 전길남이 산악인들에게 다음 목표로 제시한 것은 높이 위주의 등반이 아닌 난이도 중심의 등반이었다. 당시 한국 산악계의 주된 관심과 도전은 여전히 히말라야 8,000미터 봉우리에 누가 더 많이 오르느냐에 쏠려 있었다. 그것도 메스너처럼 창의적인 방법이 아니라, 누가 더 빨리 더 많이 8,000미터 넘는 봉우리에 등정하느냐 하는 숫자 위주 경쟁이었다. 하지만 8,000미터 봉우리가 모두 등정된 시점에서 대규모 원정대를 꾸려서 군사 작전하듯 앞선 사람이 개척한 루트를 되밟아 올라가는 것은 세계 산악계에서 인정받는 등반 스타일이 아니다.

전길남은 본업에 몰두해야 했기에 실제 등반에는 참여하지 못했지만, 함께 알프스를 다녀온 국내 최강 암벽 등반팀 악우회에 '세계 최초'에 도전하는 등반과 난이도 위주의 거벽 등반을 제안했다. 그 첫 대상은 히말라야 서부인 파키스탄 카라코람산맥에 있는 바인타브락 2봉이었다. 당시 한국에는 네팔을 중심으로 한 히말라야와 8,000미터 봉우리들만 알려져 있었을 뿐, 파키스탄과 아프가니스탄 등지의 미등정 고봉에 대해서는 알려진 게 거의 없었다. 바인타브락 1봉(7,285미터)은 1977년 크리스 보닝턴이 이끄는 영국 원정대가 등정에 성공했지만, 바인타브락 2봉(6,960미터)은 미등정 상태였다. 이탈리아와 영국 등반대가 수차례 시도했으나 번번이 실패했다.

세계 산악계가 인정하는 새롭고 창의적인 방식의 미등정봉 도전이 한국 산악계의 미래가 되어야 한다는 전길남의 제안에 따라 한국 산악계의 도전이 시작되었다. 당시 카라코람의 바인타브락 2봉은 국내 산악인들에게 등반 역사와 특성은 물론 존재 자체가 거의 알려지지 않은 상태였다. 눈산 위주의 히말라야와 달리 거대한 벽 등반이라 등반 기법도 판이했다. 악우회는 1981년 바인타브락 2봉 원정대를 꾸려 허욱, 윤대표, 유한규, 임덕용 등 마터호른 북벽 도전 대원을 중심으로 등정에 나섰다.

산악인으로서 미지의 봉우리와 새로운 루트에 도전하면 성취와 함께 실패와 희생을 마주할 수밖에 없다. 전길남도 피해 갈 수 없었다. 산에서 동료의 희생, 자신의 실패와 실수에 직면해야 했다. 오사카대학교 산악부 시절에도 선배가 추락하는 사고를 옆에서 지켜봐야 했고, 요세미티 엘캐피탄을 함께 오른 자일 파트너는 나중에 다른 등반에서 사고로 숨졌다는 소식을 전해 들었다. '나와 함께 암벽 등반을 하며 내 스타일에 영향을 받은 게 사고의 한 원인이지 않았을까?' '혹시 나와 파트너가 되었다면 사고를 피할 수 있지 않았을까?' 등반하면서 인연이 깊어진 사람일수록 사고 소식을 들으면 회한과 자책감도 깊어졌다.

그중에서도 전길남이 가장 충격을 받은 사고가 바로 자신의 제안으로 이루어진 1981년 7월 악우회의 바인타브락 2봉 도전 때의 사고였다. 원정대 5명 중 유한규, 이정대가 정상 등반에 도전했으나 예상과 달리 너무 힘들어서 정상을 60미터 남기고 퇴각하다가 이정대가 추락해 사망하는 사고가 일어났다. 비극이었다. 전길남은 직접 원정대에 참여하지 않았지만, 세계 미등정봉 최초 등정이라는 목표를 제시하며 카라코람 히말라야로 원정대를 인도한 것에 지도자로서 깊은 책임을 느꼈다.

혈기 넘치는 20대의 청년 산악인들에게 "등반 선진국인 영국도, 이탈리아도 계속 실패한 미등정봉이다. 우리가 오르면 세계 최초다"라며 제시한 바인타브락 2봉 초등 목표는 지나치게 달콤했다. 젊은 악우회 대원들은 경험이 많고 미국의 전문 등반 클럽에서 활동하다 온 리더 전길남의 제안을 가슴으로 받아들였다. 이미 마터호른과 그랑드조라스에서 전길남의 리더십을 경험한 대원들이었다. 하지만 실제 등반에서는 예기치 못한 다양한 상황에 직면한다. 육체적으로는 물론이고 정신적으로 잘 관리하지 못하면, 균형이 무너져 위험해진다. 실족 사고는 운이 나쁜 탓이었다고 해도 대원들에게 바인타브락 2봉은 너무 힘든 도전이었다. 생환한 대원들도 엄청나게 힘든 등반이었다고 말했다.

원정대가 대원 한 명을 잃는 사고를 겪고 한국에 돌아왔을 때, 전길남은 이들을 만나고 다시 한 번 큰 충격을 받았다. 정상 도전 도중 숨진 대원의 추모식을 하고 추모비를 북한산에 세우려고 했는데 유골이 없다는 걸 알게 된 것이다. 실족한 대원이 절벽 아래로 2,000미터가량 추락했는데, 나머지 대원들이 주검을 수습하지 못한 채 돌아왔다. 전길남은 원정대가 사고 뒤 적어도 1~2주 동안은 추락한 동료의 주검을 수습하기 위해 갖은 노력을 기울였으리라고 생각했다. 그가 "왜 추락한 동료의 주검을 찾으려 하지 않았느냐?"고 묻자 원정대는 "그 당시 너무 힘들었다"고 대답했다. 처음에는 어떻게 그럴 수 있나 싶어 말할 수 없이 화가 치밀었다. 하지만 이내 '생사를 같이한 동료를 잃었을 대원들의 상실감과 자책감이 누구보다 컸을 텐데, 동료를 찾으러 나서지 못할 정도면 얼마나 힘이 들었을까?'라는 데 생각이 미치자 마음이 혼란스러웠다. 악우회는 2년 뒤인 1983년 바인타브락 2봉 재등정에 나섰고, 유한규와 임덕용이 마침내 세계 초등에 성공했다. 이때 두 사람은 2년 전 도전 당시 숨진 이정대의 사진을 정상에 묻고 왔을 정도로, 동료의 희생은 함께 자일을 묶은 대원들의 가슴에 깊이 남는 아픔이다.

인생의 본질을 생각하다

전길남도 등반하다 사고를 당했다. 예순 살이 되던 2003년 가을이었다. 주말 아침, 평소처럼 혼자 북한산에서 암벽 등반을 하다가 추락했다. 몇 해 전 암벽 등반을 하다 무릎이 가볍게 부서진 적이 있었지만, 이때의 암벽 추락은 심각했다. 엉덩이뼈가 완전히 부서져 20여 개로 조각났다. 금속 2개를 골반 부위에 삽입해 조각난 뼈 20여 개를 고정하는 대수술을 해야 했다. 아침 7시에 시작한 수술이 열두 시간이 지난 저녁 7시에야 끝이 났다.

이날 암벽 사고는 파트너와 자일 없이 단독 자유 등반을 하다가 일어났다. 암벽 등반은 일반적으로 자일을 묶은 파트너와 짝을 이루어 진행하지만, 단독 자유 등반은 파트너와 자일, 보호 장비 없이 오로지 등반자의 손과 발만 이용해 홀로 등반한다. 볼트와 하켄, 자일, 하네스 등 각종 암벽 장비가 개량되고 등반 기술이 발달함에 따라 등반 불가 영역으로 여기던 암벽들까지 사람들이 오르게 되고, 요세미티 등급 5.14, 5.15처럼 등급이 매겨지고 있다. 이와 함께 등반계에는 갈수록 인공화하는 암벽 등반에 대한 반작용도 일었다. 도구를 사용하지 않고 오로지 사람의 힘과 기술에만 의지해 암벽을 오르는 자유 단독 등반의 흐름이 생겨났다. 미국에서는 1960년대 우드스톡 세대가 암벽 등반에서도 장비를 사용하는 인공 등반보다 자유 등반이 훨씬 좋은 것이라는 생각을 퍼뜨리고 실행했다. 전길남도 그 영향권에 있었다. 당시 전길남은 자유 단독 등반을 즐겼다. 자일 파트너에 구애받지 않고 혼자 아무 때나 할 수 있다는 점이 좋았고, 수준이나 성향이 맞지 않는 파트너와 함께하느니 혼자 하는 게 낫다고 생각했다. '자일 없는 암벽 등반도 불가능하지 않다. 자일이 없는 상태로 도전할 수 있는 암벽을 대상으로 훈련하면 자일 없이도 암벽을 오를 수 있다'고 생각했다.

이렇게 그는 혼자 암벽을 오르다가 4~5미터 아래로 떨어졌다. 이전에도 몇 차례 올랐던 바위였다. 자유 단독 등반으로 다섯 차례 올랐고 세 번은 무사히 내려왔다. 암벽은 올라가는 것보다 내려오는 게 훨씬 어렵다. 자유 단독 등반으로 내려온 바위를 오르는 건 크게 어려운 일이 아니다. 그런데 몇 가지 오판이 있었다. 안개가 끼었다고 생각했는데 살짝 비가 내린 상태였다. 암벽화는 신던 게 아니라 새 신발이었다. 평소처럼 바위의 자연적 홀드hold(몸을 지탱할 수 있도록 손으로 잡거나 발을 디딜 수 있는 곳)에 의지해 발을 디뎠는데 비에 젖은 탓에 미끄러졌다. 몇 차례 몸이 돌면서 떨어졌는데 바닥은 울퉁불퉁한 바위였다. 왼발로 바닥을 디디면서 왼쪽 고관절 부위가 산산이 부서졌다.

사고 지점은 등산로에서 5미터 떨어진 곳이었다. 마침 지나던 등산객이 발견해 119에 구조를 요청했다. 다행히 헬리콥터 착륙장이 바로 20미터 옆이었다. 등산객에게 발견되기 어려운 위치였거나 발견되더라도 뼈가 조각난 상태로 1~2킬로미터를 이동해야 하는 상황이었다면 치명적이거나 심각한 장애로 이어질 수 있었다. 그래도 운이 좋았다. 출동한 119 구조대는 이런 복합 분쇄 골절을 수술할 수 있는 병원을 찾았다. 2~3개 병원에서 수술이 가능하다는 회신이 왔고, 헬리콥터는 가장 가까운 서울아산병원으로 날아갔다. 병원 응급실에 도착하면서 고통이 시작되었다. 추락할 때 충돌로 압축된 왼쪽 다리를 이틀 동안 고관절에서 뽑아내는 고통스러운 과정을 거친 뒤 수술이 이어졌다.

의료진은 수술 성공을 담보할 수 없고, 성공하더라도 전과 같은 신체 기능을 회복하기는 어려울 거라고 설명했다. 수술을 앞두고 의사는 "수술이 실패할 수 있는데, 그러면 인공 골반으로 대체해야 한다"고 말했다. 그럴 경우, 암벽 등반, 수영, 조깅, 서핑 등 다양한 스포츠 활동을 하면서 살아온 전길남의 활동적인 인생은 끝나는 것이었다.

위험이 따르는 수술이었고 수술 전후의 신체적 고통도 상당했다. 하지만 그 못지않게 고통스러운 것은 '왜 이런 실수를 했을까?'라는 자책과 회오였다. 그는 미국 시에라 클럽에서 안전과 환경 보호를 무엇보다 중시하는 등반 교육을 받고 수많은 산을 올랐다. 한국에 와서는 최고의 암벽 산악인들로 구성된 악우회 원정대를 이끌며 등반대장으로서 누구보다 안전과 원칙을 강조해왔다. 주변 산악인들의 숱한 사고를 접할 때마다 카이스트 연구실 제자들에게 안전을 강조하면서 사고는 우연히 일어나는 게 아니라고 가르쳐왔다. "사고는 운이 없거나 재수가 나빠서 나는 게 아니다. 객관적으로 존재하는 위험 요인을 파악하지 못하고 그에 대한 대비를 못 해서 만나게 되는 인과적 현상을 사고라고 부를 뿐이다"라고 말해왔다. 암벽 등반은 위험해 보이지만 규칙만 제대로 지키면 절대 위험하지 않고 안전한 스포츠라고 역설하며, 두려워하던 제자들을 바위의 세계로 안내하던 그였다. 카이스트에서는 연구실 제자들을 이끌고 토요일마다 북한산으로 가서 인수봉에 매달리며 암벽 등반을 가르치던 시절 혹독할 정도로 안전을 강조하기도 했다.

제자 허진호는 전길남에게 암벽 등반을 배운 것을 무엇보다 즐겁고 유익한 경험으로 기억한다. 그는 스승의 암벽 사고를 이해할 수 없었고, 차마 그 이유를 묻지도 못했다고 말한다. 전길남은 바위에 처음 매달리는 것을 두려워하는 카이스트 학생들에게 "암벽 등반에서 사고는 지켜야 할 사항을 지키지 않아서 일어나는 것일 뿐, 교통사고보다 발생 확률이 낮다"고 안심시켰다. 허진호는 "인수봉 아래쪽에는 암벽 등반 경력이 몇 년 되면 자일 없이도 갈 수 있는 가파르지 않은 경사면인 대슬랩slab이 있다. 상당수 클라이머가 이 구간을 추락에 대비한 중간 확보Belay 없이 올라가는데 전 박사는 한 번도 이를 허용하지 않았다. '어떤 이유로든 암벽에서 사고가 나면 치명적이다. 사고 확률을 판단하기 어려우면 항상 최악을 상정하고 대비하라'고 가르쳤다"고 말한다. 암벽 등반을 즐기게 된 허진호는 어느 날 선배와 함께 인수봉에서 매달려 교대로 선등하며 올라갔는데 도중에 비가 왔다. 비가 오면 바위가 미끄럽다. 구간의 80퍼센트가량을 올라갔고, 정상까지는 2~3피치(100~150미터)가량만 더 가면 되는 상황이었다. 허진호가 선등할 차례였는데, 선배에게 비가 오니 내려가자고 했다. 하지만 선배는 "거의 다 올라왔으니 마저 오르자"고 했다. 허진호는 "내가 전 박사에게 배운 바로는 이런 상황에서는 못 간다. 난 선등 못한다. 굳이 가겠다면 나는 확보를 하겠다"고 말했다. 결국, 등반을 고집한 선배가 선등했으나 미끄러져 다리가 부러지는 사고가 났다.

그렇게 가르쳐오던 전길남이 판단 착오를 하고 사고가 난 것이다. 그는 이제껏 생각해보지 않았던 질문을 끊임없이 자신에게 던지며 깊이 생각했다. 등반 기술만의 문제가 아니었다. 지적으로 훈련받았고 늘 지도자 역할을 해왔는데, 어떻게 스스로 이런 실수를 하고 사고를 만나게 되었을까. 설령 그 바위에서 사고가 나지 않았더라도 같은 태도였다면 사고를 피할 수 없었을 것이다. 만약 네팔에서 히말라야를 등반하다가 비슷한 사고를 당했다면 어땠을까 상상하니 끔찍했다. 더욱이 마터호른 북벽 등반 때처럼 등반대장으로 다른 사람들을 이끌고 이러한 판단 실수를 했다면, 자신만이 아니라 대원 전원이 희생되는 참사로 이어질 수 있었다. 그동안 자신은 늘 신체적으로나 지적으로 훈련되어 있고 능력이 있다고 생각했는데, 마주친 실수는 전혀 그렇지 않을 수 있다는 걸 알려줬다. 시스템 엔지니어로서 모든 가능성을 미리 계산하고 통제된 위험에 도전하는 삶을 살아왔다고 생각했는데, 자신도 큰 실수를 할 수 있다는 점을 스스로 증명한 셈이었다. 암벽 등반에서 마주친 실수와 사고를 통해 그는 자신이 무엇을 잘못했는지, 그로부터 무엇을 깨닫고 배워야 하는지 오랫동안 깊이 생각했다.

암벽 사고는 인생과 세상을 이전과 다르게 바라보는 계기가 되었다. 그때까지 전길남은 한국 생활을 '무대 위 퍼포먼스'라고 생각했다. 한국은 그가 공연하는 무대이며, 일본과 미국 생활은 공연을 위한 준비와 연습 시간이라고 여겼다. 제대로 준비하지 못해 무대에서 실수하면 무척 실망스럽고 스스로 깊은 회의에 빠질 테니 늘 긴장한 상태로 살았다. 무대에서 공연하는 연기자처럼 실수는 용납되지 않는다는 강박을 안고 매 순간 긴장한 상태로 준비하고 또 점검했다. 하지만 암벽 사고는 진정으로 삶에서 의미 있는 것이 무엇인지 자문하게 했다. 아무리 긴장하고 노력해도 실수를 피할 수 없다는 걸 깨달았다.

사고를 당했을 당시 전길남은 인생의 한 주기를 마무리하는 예순 살이었다. 사고를 겪으며 인생의 한 사이클이 지나고 새로운 장이 시작된다는 생각이 들었다. 이후 그는 긴장에서 벗어나 마음의 여유를 갖고 매사를 바라보았다. 실수하면 안 되는 무대에서 공연하듯 사는 인생이 아니라 자신에게 진정 의미 있는 것이 무엇인지 생각했다.

전길남에게 산은 어릴 때부터 친근하고 믿음직했다. 들어가면 저절로 심신이 편안해지는 마음의 고향 같은 곳이었다. 70대에 들어서도 일 년에 한 번씩 3,000미터 넘는 높은 산에 가고 가끔 암벽에 매달려야 비로소 마음이 평온해진다. 젊을 때처럼 히말라야, 시에라네바다, 알프스 등을 번갈아 찾는 삶을 살고 있다. 그에게 산은 푸근하고 사랑하는 공간 이상의 의미가 있다. 등반은 산과 만나는 방법이자 인생을 본질적으로 또 압축적으로 체험하는 방법이다. 육체적 운동인 동시에 정신적 명상인 셈이다. 암벽 등반, 산악 달리기, 마라톤처럼 강도 높은 유산소 운동을 통해 신체를 극단까지 몰고 가면 잡다한 생각과 비본질적인 상념에서 자연스레 벗어나게 된다. 그런 면에서 암벽에 매달려 고도로 집중하는 시간은 새로운 깨달음과 힘을 얻는 명상의 시간이기도 하다.

7

모두를 위한
네트워크

2010년 요하네스버그에서 열린
AFRINIC 모임에서 친구들과.

세계가 더 주목한 사람

전길남은 2012년 4월 스위스 제네바에 있는 인터넷 소사이어티ISOC 사무실로 초대를 받았다. 인터넷 소사이어티는 인터넷 및 관련 기술의 개발과 보급을 목적으로 1992년에 설립된 비영리·비정부 국제기구다. TCP/IP 프로토콜을 개발해 '인터넷의 아버지'로 불리는 빈트 서프와 로버트 칸이 설립했으며, 첫 회원은 '인터넷의 신'으로 불린 존 포스텔이다. 인터넷 소사이어티는 창립 20주년을 맞아 인터넷 발달과 확산에 크게 기여한 33명을 선정해 '명예의 전당'에 헌액하는 행사를 진행했다. '명예의 전당'에는 인터넷의 과거와 현재를 만든 사람들이 모두 망라되었다. 빈트 서프와 로버트 칸을 비롯해 리눅스를 만든 리누스 토르발스, 파이어폭스를 개발해 보급한 모질라재단의 미첼 베이커, 패킷 통신의 초기 연구자인 루이 푸쟁, 피터 커슈타인,

레너드 클라인록 등이 이름을 올렸다. 존 포스텔과 폴 바란처럼 작고한 이들도 포함되었다. 전길남도 33인에 포함되어 기념식에 초청을 받았다. 대부분 미국과 유럽 사람인 이들 33인은 인터넷 개척자Pioneer, 전파자Global Connector, 혁신가Innovator 세 부문으로 분류되었고, 전길남은 인터넷 전파자로 이름을 올렸다. 인터넷을 아시아 각국으로 확산시킨 노력과 기여를 높이 평가한 것이다.

이보다 5개월 전인 2011년에는 '존 포스텔 상'도 받았다. 존 포스텔 박사는 인터넷 초창기부터 각 컴퓨터가 인터넷에 연결될 수 있도록 주소 체계(도메인 네임 시스템)와 IP 기술과 정책을 설계하고 관리해온 과학자다. 1997년에 영국 시사 주간지 《이코노미스트》가 "만약 인터넷에 신이 있다면 그는 아마 존 포스텔일 것이다"라는 기사를 실었을 정도다. 존 포스텔은 당시 미국 정부가 관할하던 인터넷 거버넌스 구조를 전 세계 전문가가 참여하는 민간 조직 형태로 바꿀 목적으로 빈트 서프 등과 함께 '인터넷 소사이어티'를 만들었다. 인터넷을 특정 국가가 소유·관리해서는 안 된다는 신념을 지닌 그는 이에 반대하는 미국 정부와 마찰을 빚었다. 존 포스텔은 인터넷 접속이 가능하도록 인터넷에서 컴퓨터에 접속 권한을 부여하는 주소 체계를 관리하는 최상위 권한인 '루트 권한'을 갖고 있었다. 그는 1998년 1월 전 세계 인터넷을 미국 정부가 통제하는 루트 서버 대신 존 포스텔의 컴퓨터로 연결하는 일종의 '루트 서버 쿠데타'를 감행했다가 미국 정부의 경고를 받고 일주일 만에 거사에 실패한 일이 있다. 비록 시도는 실패했지만, 인터넷은 '모두를 위한 네트워크'가 되어야 하고 그러려면 특정 국가의 소유가 되어서는 안 된다고 여긴 인터넷 창설자들의 이상을 보여주는 일대 사건이었다.

존 포스텔은 이 일이 있고 9개월 뒤 심장마비로 숨졌다. 인터넷 소사이어티는 이러한 그의 신념과 공로를 기려 1999년부터 매년 한 명씩 선정해 상금 2만 달러와 함께 시상을 해왔다. '존 포스텔 상'은 인터넷 서비스 분야에서 탁월한 기여를 한 개인과 조직에 주는 상이다. 전길남은 아시아 지역의 인터넷 발달과 확산에 이바지한 공로로 2011년 11월 타이베이에서 열린 인터넷 엔지니어링 태스크포스IETF 연례 회의에서 이 상을 받았다. IETF는 1986년 빈트 서프 등 인터넷 창설자들이 주축이 돼 설립한 기구로, 인터넷의 기술 표준을 정하는 인터넷 기술과 거버넌스의 핵심 조직이다.

전길남은 1991년 아시아·태평양네트워킹그룹APNG, 1997년 아시아·태평양 어드밴스드 네트워크APAN, 1999년 아시아·태평양 톱레벨 도메인네임포럼APTLD 등 아시아에서 15개의 인터넷 관련 국제기구를 설립하거나 의장을 맡았으며, 아시아·태평양 지역의 인터넷 보급과 발전에 이바지해왔다.

또한, 2008년 카이스트를 정년 퇴임한 해에는 중국 베이징의 칭화대와 일본 도쿄의 게이오대 초빙교수로 초청돼 중국과 일본을 오가면서 학생들에게 강의했다. 두 대학은 아시아 지역의 인터넷 개척자와 선구자로서 그의 역할을 높이 샀다. 2011년, 인터넷 소사이어티 회장 린 아무르는 존 포스텔 상을 수여하는 자리에서 전길남을 이렇게 소개했다. "15년 전에 전길남 교수를 처음 만났다. 전길남 교수는 줄곧 인터넷을 더 건강하게 키우기 위해 노력해온 선구자다. 특히, 전 교수는 이 분야에서 남긴 탁월한 업적 말고도 다른 사람들에게 동기를 부여하는 데 매우 뛰어난 분이다. 전길남 교수는 글로벌 인터넷이 진정으로 인류 모두를 위한 도구로 쓰일 수 있도록 수많은 사람에게 꿈을 불어넣은 분이다."•

미국의 정보 기술 전문지 〈와이어드〉는 2012년 6월 26일 "아시아 인터넷은 전길남으로부터 시작되었다"라는 제목으로 전길남의 공로를 집중 조명했다.•• 1982년에 구축한 한국의 SDN이 미국과 유럽 간 아르파넷에 이은 세계 두 번째 인터넷 프로토콜 네트워크라는 사실과 전길남이 아시아·태평양 지역에서 인터넷을 발전시키고 확산시키기 위해 노력해온 사실을 전했다. 〈와이어드〉는 "전길남은 직접 아르파넷에 참여하지는 않았지만 어쩌면 그보다 훨씬 큰 일을 해냈다"고 평가했다.

• "Leading Technologist Professor Kilnam Chon Receives 2011 Jonathan B. Postel Service Award", Internet Society Press Releases, 2011. 11. 17.

•• Cade Metz, "Asian internet traces roots to Kilnam Chon", *Wired*, 2012. 6. 26.

미국과 캐나다에서 활동하는 저널리스트 사이러스 파리바는 여러 차례 방문 취재를 통해서 2011년 미국 럿거스대학교 출판부에서 《인터넷 오브 엘스웨어The Internet of Elsewhere》를 펴냈다.* 이 책은 전 세계에서 통신 네트워크가 가장 발달한 나라로 한국을 소개하면서 전길남과 그의 제자들이 활동하고 기여한 내용을 40여 페이지에 걸쳐 상세히 다뤘다. 풍부한 취재를 바탕으로 전길남의 구체적인 활동 내용과 개인적 소신과 이력, 그리고 그가 기여한 것에 대한 평가를 담고 있다. 이 책은 발간 당시까지 전길남에 관한 가장 구체적이고 상세한 내용을 담은 문서이기도 했다. 하지만 미국에서 영문으로만 발간되었다. 그때까지 한국 언론과 인터넷에 전길남에 관한 기사와 글이 적지 않았지만, 가장 내용이 풍부하면서 다양하고 종합적인 평가가 담긴 책이 미국 대학에서 한국어가 아닌 영어로 먼저 발간되었다는 점은 이색적이다. 한국 내에서의 평가와 국제 사회의 평가 사이에 온도 차가 있음을 알 수 있는 사례다.

●　Cyrus Farivar, *The Internet of Elsewhere: The Emergent Effects of a Wired World*, Rutgers University Press, 2011.

인터넷 보급의 선도자

전길남은 아시아 각국에 인터넷을 보급하는 일에 적극적으로 나섰다. 인터넷이 상업성과 연결된 시점은 대중화가 이루어지기 시작한 1990년대 말 즈음이었고, 그 이전까지 인터넷은 상업적 네트워크와 거리가 멀었다. 일차적으로 네트워크와 컴퓨터 연구자들 위주의 학습과 연구를 위한 도구였고, 새로운 형태의 네트워크를 구축하는 작업은 물질적 보상 없이 주로 자원봉사 형태로 진행되었다.

미국에서 최초의 인터넷 연구는 국방부 고등연구계획국ARPA이 주도한 아르파넷 프로젝트에서 비롯되었지만, 이후 인터넷이 각 나라로 확산되는 과정은 다양했다. 한국에서는 전길남 개인의 관심과 주도로 연구실 제자들을 중심으로 구축되어 다른 대학과 연구 기관으로 확산되었다. 인터넷이 대중화되기 이전 단계여서 인터넷이 앞으로 사회 각 분야에 가져올 엄청난 파급 효과와 잠재력을 상상하기 힘든 시기였다. 1980년대에는 전길남처럼 네트워크와 컴퓨터 연구자 중 일부가 관심을 가졌고, 1990년대 이후 정부 차원의 관심이 생겨났다. 두 경우 모두 자국 안에 인터넷을 구축하려면 기존 통신 환경에 인터넷 규약을 적용해야 했기에 네트워크 전문가의 역할이 중요했다. 국가 정책 차원이 아니라 학계와 전문 연구 기관의 네트워크 전문가들 중심으로 인터넷 기술 도입이 진행되었다. 국제 학술회의나 미팅을 통해 인터넷 구축 성공 국가의 사례와 노하우를 각국 전문가들이 학습하고 공유한 뒤, 이를 자국에 적용하는 방식이었다. 국내에 제대로 알려지지 않았지만, 아시아 지역의 인터넷 보급과 확산 과정에서 전길남의 역할은 핵심적이었고 독보적이었다.

1982년 서울대와 구미 전자기술연구소 간 TCP/IP 구축이 세계 두 번째라는 점에서 알 수 있듯이, 전길남이 1980년대 초반 보유하고 있던 이 분야의 지식과 정보는 아시아에서 독보적이었다. 미래와 글로벌화, 지식의 접근성과 직결된 최첨단의 중요한 정보였다. 인터넷이 발달한 미국이나 유럽과 달리 당시 아시아에는 인터넷에 대한 지식과 정보, 글로벌 네트워크를 두루 지닌 사람이 전길남 외에는 사실상 없었다. 그는 자신의 지식이 한국에만 필요한 게 아니라 다른 아시아 국가에도 똑같이 필요하다고 생각했다. 전 세계를 연결하는 네트워크인 인터넷에서 아시아 국가들은 그림자조차 찾기 어려웠고 미국과 유럽만 보였다. 따라서 한국만 네트워크 구축에 성공한다고 될 일이 아니었다. 다른 아시아 국가들에도 인터넷이 구축되어야 정보 공유와 접근성을 통한 혜택을 함께 누릴 수 있었다. 그래서 아시아 여러 나라에 자신이 가진 정보를 전달하고 공유해야 한다고 생각했다.

전길남은 한국이 인터넷 규약 방식의 컴퓨터 네트워크를 구축한 것을 보고 충격을 받은 일본 게이오대학교의 무라이 준

교수에게 도움을 주어 일본이 1984년 같은 방식의 네트워크JUNET를 구축하게 하는 등 일본의 인터넷 구축에도 큰 영향을 주었다.

전길남은 한국에서 네트워크 구축에 성공한 이후 약간 마음의 여유를 갖고 한국 너머의 상황을 바라보았다. '인터넷은 미국이 주도했지만, 특정 국가의 네트워크가 아닌 글로벌 네트워크다. 세계의 모든 정보와 지식을 연결하고 공유하는 거대한 단일 네트워크인 만큼 서구 문명과 함께 동양 문명이 서로 조화를 이루어야 한다. 인터넷의 기본 구조와 거버넌스를 서구가 좌우해서는 안 되고 동서양 문명이 함께 균형 있고 조화로운 질서를 만들어야 한다'는 게 그의 신념이다.

1982년, 미국 보스턴에서 개방형 컴퓨터 운영 체제인 유닉스 관련 규약을 논의하는 모임USENIX이 열렸고, 전길남도 초청받아 참석했다. 그런데 전길남을 빼고는 참석자 모두가 미국과 유럽 출신이었다. 국제적 차원에서 컴퓨터와 통신 관련 규약을 만드는 논의에 유럽과 미국의 목소리만 있었다. 아시아나 아프리카, 남미 등의 목소리가 반영될 여지가 없었다.

통신은 두 사람 이상이 만나면 저절로 이루어지는 게 아니다. 네트워크 참여자들끼리 소통을 위한 규약을 만들고 통신 방식과 구조에 동의해야 한다. 19세기에 모스 부호로 전신이 가능했던 이유도 전기 신호를 주고받는 물리적인 네트워크와 함께 송신자와 수신자가 합의한 통신 규약이 있었기 때문이다. 전 세계 컴퓨터를 연결하는 인터넷도 서로 정보를 주고받을 수 있는 통신 규약인 TCP/IP가 만들어져서 가능해졌다. 통신 규약은 통신에 임하는 다양한 당사자가 이해관계를 내놓고 서로 조정하고 논의하면서 합의하는 방식으로 만들어진다. 대개 테이블에 먼저 도착한 사람들끼리 편한 대로 만들어놓고 나중에 오는 사람은 정해진 대로 무조건 따라야 한다고 요구하는 식이었다.

하지만 전길남은 그런 방식이 부당하다고 생각했다. 초청을 받아 그 자리에 참석했지만, 아시아 지역이나 아시아의 한 나라를 대표하는 자격으로 초청받은 게 아니었다. UCLA에서 박사 학위를 받고 나사 연구소 등 미국 주요 기관에서 네트워크 전문가로 활동해온 배경으로 국제 전문가 모임에 초청받았을 뿐이다. 주최하고 초청한 쪽에서 전길남이 아시아 출신이라는 점과 그가 한국에 거주하고 있다는 점을 고려한 게 아니었다. 자연스럽게 미국과 유럽 위주로 논의가 이루어졌다. 아시아 등 다른 지역에 대한 고려나 논의는 없었다. 전길남은 지구상의 모든 사용자가 영향받을 규약과 구조에 관한 논의 틀에 당연히 다른 지역 대표도 참여해 목소리를 내야 한다고 생각했다.

모임을 주도한 사람들과의 친분과 전문성 덕분에 참여하게 되었지만, 자신이 아닌 다른 아시아 국가 사람들도 참석할 수 있는 시스템을 만들어야 한다는 걸 절감했다. 중요한 논의와 정보가 교환되는 자리에 미국과 유럽 국가들끼리만 참석하고 그 밖의 국가들은 구경꾼이 되는 현실은 부조리했다. 아시아에도 동등한 기회가 주어져야 했다. 그래서 논의 자리에서 아시아도 미국이나 유럽과 동등한 발언권과 참여 권리를 가져야 한다고 주장했다. 그리고 이러한 이야기를 아시아 각국 전문가들에게도 전달해 공유했다. 글로벌 네트워크 규약에 관한 다양한 국제적 논의마다 전길남이 참석하는 것은 지속 가능한 방법이 아니었다. 국제적 논의 틀에 아시아를 대표해 참여하는 안정적인 시스템이 이루어지려면 무엇보다 먼저 아시아에 이러한 조직이 만들어져야 했다. 유럽과 미국에서는 오래전에 만들어진 컴퓨터와 네트워크 관련 국가 단위 조직들이 아시아에는 전혀 없다시피 했다.

아시아넷의 탄생

그렇다 보니 기술적으로도 쓸데없는 비용이 많이 들었다. 1980년대에는 아시아 국가들을 연결한 역내 컴퓨터 통신 네트워크가 없었다. 유닉스 환경에서 다른 나라로 이메일을 보내려면 모든 이메일이 미국에 있는 서버를 거쳐야 했다. 예를 들어, 한국에서 일본이나 홍콩으로 이메일을 보내면, 우선 미국으로 간 다음 그곳에서 일본이나 홍콩으로 배달되는 방식이었다. 기술적으로 비효율적이고 통신 비용도 비쌌다. 아시아 각국이 미국과는 국제 회선이 연결되어 있었지만, 이웃 나라끼리는 연결되어 있지 않은 탓이었다. 미국까지 갔다 올 필요 없이 아시아 국가 간에 직접 이메일을 주고받으려면 아시아 단위의 네트워크를 구축해야 했다.

1984년 2월, 싱가포르에서 열린 유네스코 워크숍에 참석한 전길남은 아시아 각국 네트워크 연구자들이 모인 자리에서 두 가지를 제안했다. 아시아 각 나라의 연구망을 서로 연결하는 아시아넷AsiaNet을 구축하자는 제안과 아시아 지역에서 컴퓨터 네트워크 국제 학술대회를 개최하자는 제안이었다. 그의 제안에 따라 이듬해 아시아넷 추진 모임이 만들어졌다. 각국의 기술 수준과 환경이 같지 않았기에 몇몇 국가가 다른 아시아 국가들에 기술과 정책을 지원해야 했다. 당시 기술 수준이 앞서 있던 한국, 일본, 오스트레일리아는 어렵지 않게 연결할 수 있었지만, 나머지 나라들은 그렇지 못했다. 그래서 오스트레일리아가 필리핀을 맡고, 한국은 인도네시아를 담당하는 방식으로 진행했다. 프로젝트를 제안하고 누구보다 열정적이었던 전길남이 인도네시아, 태국, 홍콩, 대만, 말레이시아를 담당해 아시아넷에 연결하는 작업을 지원하기로 했다. 그 결과, 1987년 북미와 유럽을 제외한 최초의 UUCP 네트워크인 아시아넷이 탄생했다. 1987년 당시 한국, 일본, 오스트레일리아, 싱가포르, 말레이시아, 홍콩 등이 연결되었고 이후 계속 연결 국가가 늘어났다.

아시아 각국을 아시아넷이라는 하나의 네트워크에 연결하기 위해 의견을 조정하면서 공동의 목적을 제시하고 실행하는 것은 간단한 일이 아니었다. 무엇보다 아시아의 많은 나라가 제각 각 사정이 달랐고, 고유의 역사와 문화를 지니고 있어 같은 목 적을 향해 움직이기가 어려웠다. 인도 같은 경우 아시아 단위의 공동 프로젝트에 참여하는 일이 드물었다. 오히려 유럽과 직접 접촉했고, 스스로 또 하나의 작은 대륙이라고 여겼다. 인도의 관 점에서 보면 인도 안에는 모든 게 다 있었다. 그들에게는 인도 가 우선이고, 아시아는 그다음이었다. 중국도 마찬가지였다. 가 장 인구가 많은 중국은 자기네가 아시아 또는 세계의 중앙이라 고 생각해서 아시아 단위 조직체의 일개 구성원이 되는 것을 탐 탁지 않아 했다. 일찍이 선진국의 문턱을 넘은 일본은 스스로 다른 아시아 국가와 다르다고 생각하고, 오히려 서구를 더 가깝 게 여겼다. 일본은 자기네가 아시아와 태평양에 걸쳐 있다고 생 각하기도 했다. 오스트레일리아는 지역적으로 아시아·태평양 에 있지만, 영연방 국가로 언어적·인종적으로 아시아보다 유럽 에 가깝다고 여겼다.

다양한 나라의 많은 사람에게 지식을 공유하고 확산시키는 지름길은 관심 있는 사람들이 한자리에 모여서 해당 주제를 논 의하고 학습하는 국제 콘퍼런스를 개최하는 것이다. 전길남이 제안한 국제 학술대회는 자연스레 한국의 몫이 되었다. 그래서 카이스트 연구실 제자들과 함께 국제 콘퍼런스를 개최하기로 하고 준비에 나섰다. 1985년 10월 22일부터 사흘간 서울 쉐라 톤워커힐호텔에서 개최된 태평양컴퓨터통신국제학술회의PCCS

였다. 국내에서 컴퓨터와 관련해 개최된 첫 국제 학술대회 중 하나였다. 외국 참가자들은 참가비를 내야 했고, 외국 학회지처럼 발표 논문은 엄정한 심사를 거쳤다. 당시는 외국 학자들이 스스로 경비를 부담하면서 한국에서 열리는 국제 학술대회에 참가하는 일이 드물었다. PCCS 이후에도 유사한 형태의 국제 학술대회가 국내에서 다시 열리고 자리 잡기까지는 상당한 시간이 걸렸다. 이 모든 일을 전길남이 주도했다.

국제 학술대회를 위해 1984년 초부터 카이스트 시스템구조연구실에 사무국이 설치되었다. 경상현 전자통신연구소ETRI 소장이 조직위원장을 맡고, 전길남과 미국 사우스플로리다대학교 김광회 교수가 공동 프로그램위원장을 맡았다. 전길남과 친분이 있고 미국 전기전자공학회IEEE에서 활동하고 있던 김광회는 미국 관련 업무를 주로 담당했다. 학술대회에는 아시아, 북미, 남미, 유럽 등 16개국에서 온 150명의 외국 참가자와 국내 참가자 200여 명이 참석했다. 데이비드 파버, 루이 푸쟁, 로런스 랜드웨버 등 네트워크 연구 분야의 세계적 권위자들이 한자리에 모인 드문 모임이었다. 최초로 개최된 세계적 규모의 인터넷 관련 학술대회였다. 더욱이 국제 컴퓨터 네트워크 연구의 변방으로 여기던 한국에서 열린 대회였다. 규모와 성격이 비슷한 국제적 차원의 인터넷 학술대회가 다시 열린 것은 6년 뒤였다. 1991년 6월 덴마크 코펜하겐에서 제1회 아이넷INET 콘퍼런스가 열렸다. 이 콘퍼런스에서 빈트 서프가 인터넷 소사이어티 창설을 발표하고, 이후 연 1회 아이넷 콘퍼런스가 정례화되었다.

워커힐 학술대회 행사장에는 참가자들이 SDN과 연결된 해외 네트워크를 사용할 수 있도록 데이터 통신 네트워크를 구성해 참가자들에게 찬사와 열띤 호응을 받았다. 국제적인 네트워크 전문가들인 참가자들이 미국이나 유럽 등 자국의 대학 연구실에서 쓰던 이메일을 서울의 학술대회장에서 그대로 쓸 수 있게 한 것이다. 원격지의 컴퓨터에서 자신의 이메일 계정에 접속할 수 있는 서비스는 당시 미국의 유수한 학술대회에서도 만나기 어려운 첨단 서비스였다. 워커힐호텔에는 삼성전자가 개발한 16비트 유닉스 컴퓨터 SSM-16을 서버로 설치하고 전용선을 연결했다. 참가자들은 한국의 기술 수준에 감탄에 가까운 찬사를 보냈다. "한국 학술대회에 와서 미국의 내 이메일 계정에 접속할 수 있다니, 한국 기술 수준이 놀랍다. 미국 학술대회에서도 찾아보기 힘든 서비스다. 서버로 쓰인 컴퓨터는 삼성전자가 한국 기술로 자체 제작했다니 그것도 놀랍다." 참여한 시스템구조연구실 학생들은 외국의 저명한 학자들에게 찬사를 받으면서 세계 속에서 자신들의 위치를 확인할 수 있었다. 전길남 교수가 말해온 것처럼, "카이스트 연구실에서 세계적 수준의 연구를 하고 있구나"라는 자부심과 자신감을 확인한 순간이었다.

아시아에서 전길남이라는 존재

아시아에서 전길남의 존재는 각별했다. 아시아 각국의 전문가들은 기본적으로 자기 나라, 아시아 수준에서 보게 마련인데, 전길남은 아시아인이지만 미국에서 첨단 기술을 공부한 사람이었다. 아르파넷의 본고장에서 인터넷이 어떻게 시작되었고 앞으로 어떻게 발전할지 알고 있었으며, 기술적으로 어려움에 부닥칠 때 미국과 유럽의 전문가들에게 곧바로 연락할 수 있는 사람이었다. 많은 아시아 국가가 미국과 유럽에서 중요하게 매진하는 새로운 네트워크 기술이 있다는데 그게 과연 어떻게 될지 관심은 있지만 스스로 판단하기 어려워 자신 없어 했다. 미국에서 온 그 분야 최고 전문가 전길남이 직접 기술을 소개하면서 같이 하자고 제안하고 지원하자 아시아의 많은 전문가가 움직였다.

전길남이 제안과 지원의 대가로 아시아 각국에 기대한 것은 없었다. 그는 사심 없는 전문가였고, 자기 자신이나 자기가 속한 집단의 이익을 꾀하는 사람이 아니었다. 바로 그 점은 아시아 여러 나라가 그의 제안에 따라 움직이는 데 중요한 요인으로 작용했다. 개인에게 이익이 돌아오지 않지만 수고로운 업무를 감당해야 하는 글로벌 모임에서 권위와 신뢰를 얻는 길은 전문성과 함께 진정성, 열정 그리고 지속성이다.

2000년대 후반 전길남이 홍콩에 갔을 때 일이다. 홍콩의 대학 교수들과 전문가들이 그를 환대하며 "전 박사님, 이번에는 어떤 일로 홍콩에 오셨습니까? 또 무슨 좋은 것을 가지고 오셨는지 기대됩니다"라고 좋아했다. 전길남은 1983년에 처음 홍콩을 방문한 이후 지속적으로 인터넷 구축을 도왔다. 그때 그들의 기대에 부응하는 새로운 것을 들고 다시 간 것은 아니었지만, 홍콩 전문가들이 자신을 어떻게 생각하는지 알게 되어 흐뭇했다.

2010년 무렵 인터넷 관련 국제 콘퍼런스에 참석했을 때는 한 일본 사람이 찾아와 "전길남 박사님, 정말 고맙습니다"라며 인사했다. 아시아·태평양 어드밴스드 네트워크APAN 중 농업 부문 워킹 그룹에 참여한 사람이었다. 1995년 무렵, 일본 쓰쿠바에서 아시아 인터넷 콘퍼런스를 할 때 리서치 네트워크에 농업 부문 워킹 그룹이 처음으로 만들어졌다. 미국이나 유럽에도 없는 조직이었다. 선진국에서도 시도하지 않는데 농업에 기가비트 환경의 고도화 망을 적용하는 게 과연 소용이 있을지 참석자들도 확신하지 못했다. 일본 연구자들이 전길남에게 물었다. "농업에서도 이런 첨단 네트워크 기술을 연구할 필요가 있습니까?" 전길남은 이렇게 답했다. "인터넷의 영향은 특정 산업 분야에만 국한되지 않을 겁니다. 농업 부문에 첨단 네트워크 기술을 적용하려고 연구하면 앞으로 굉장히 중요한 워킹 그룹이 될 겁니다. 무조건 해야 합니다."

"우리가 전 박사님 그 말씀 하나 믿고 15년간 흔들림 없이 계속 워킹 그룹을 통해 연구하고 작업해왔습니다. 전 박사님의 그 말이 아니었으면 아마 그런 확신과 기대를 품기 어려웠을 겁니다. 그 결과 농업에 첨단 네트워크 기술을 활용하는 분야에서 아시아가 세계적인 리더십을 갖게 되었습니다. 그때 해주신 도움 말씀에 정말 감사드립니다." 그 일본 사람은 진심으로 고마워했다.

글로벌 인터넷 커뮤니티에서 전길남의 위치와 활동상을 알려주는 사례들이다. 아시아 각국이 인터넷에 대한 지식과 비전이 없을 때부터 전길남은 "인터넷으로 연결된 세상이 온다. 당신 나라도 인터넷을 만들어야 한다. 필요한 지식과 정보를 나눠주겠다"라며 열정과 확신에 차서 아시아 각국을 설득하고 다녔다. 더욱이 그는 그 대가로 돈이나 지위를 추구하지 않았다. 오로지 사명감으로 움직였다. 오랜 세월 다양한 무대에서 계속 활동하면서 그에 대한 신뢰와 존경도 자연히 높아졌다. 아시아 각국의 전문가들은 '기술적 리더십이 뛰어난 전길남이 사심 없이 아시아 각국의 정보화를 도와주려 한다', '믿어도 된다'라는 인식을 갖게 되었다.

비영리 목적의 민간 글로벌 무대에서는 보편적 가치를 지향하면서 전문 지식과 자발적 헌신성을 지니고 활동할 때 리더십이 생긴다. 공식 직함이나 명성에 의지해 국제 무대에 참석하는 인사들은 다른 나라 전문가들에게 오랫동안 권위와 존경을 얻을 수 없다. 중국, 홍콩, 대만, 오스트레일리아, 인도, 일본, 싱가포르, 인도네시아, 태국, 스리랑카 등 아시아 대부분의 나라에서 다양한 인터넷 관련 국제회의나 심포지엄이 열릴 때마다 전길남은 기조연설자 또는 공동 의장을 맡곤 한다. 전길남만큼 자주 아시아의 인터넷을 대표하는 자리를 맡아 연설한 사람은 아무도 없다. 그는 여러 인터넷 관련 국제기구의 창설자나 책임자로 초청을 받는다. 일찍부터 한국만이 아니라 아시아의 인터넷 확산과 구축을 위해 노력하고 아시아 단위의 국제기구를 여러 개 만들어온 공로를 모두가 인정하기 때문이다.

전길남은 그동안 방문한 전 세계 60개국 중에서 약 50개국에 인터넷과 관련해 직·간접적으로 도움을 주었다. 대부분은 아시아와 아프리카 대륙의 나라들이고 몇 나라를 제외하고는 저개발국가다. 아시아에서는 중동 지역 국가들과 북한을 빼고는 거의 모두 방문해 인터넷 구축과 관련한 구체적인 도움을 주거나 컨설팅을 해주었다. 그중에서도 중국과 일본, 태국 등을 많이 방문했는데 각국을 적게는 10번에서 많게는 100번 정도 갔다. 특별히 중국에 신경을 많이 썼다. 아시아와 세계에서 중국이 차지하는 위치가 중요한 만큼, 중국의 인터넷이 잘되어야 아시아 전체가 잘되고, 그래야 미국과 유럽 위주로 굴러가는 글로벌 거버넌스에서 아시아가 주요한 역할을 할 수 있다고 생각했기 때문이다. 중국의 인터넷 구축을 위해 일 년에 여섯 번씩 방문하기도 했다.

약자에 대한 배려

전길남은 고교생 시절 4·19에 영향을 받아 한국에서 자신의 삶을 펼치고 개발도상국인 고국을 돕는 일에 나서기로 마음먹었다. 그렇다면 그는 왜 한국이 아닌 다른 아시아 국가들의 인터넷 구축과 발달을 지원하는 일에 나섰을까? 거기에는 몇 가지 배경이 있다.

우선, 전길남은 누군가를 돕는 행위에서 의미를 찾고 즐거움을 발견하는 사람이다. 사교 모임을 즐기는 성격은 아니지만, 모임에서 자신이 해야 할 일이 있으면, 더욱이 그것이 누군가를 돕거나 자신이 이바지할 수 있는 일이면 태도가 달라진다. 아내 조한혜정은 "내가 '또하나의문화' 등의 모임을 꾸리느라 주말 모임에 남편에게 '와달라'고 요청하면, 바쁘니까 내켜 하지 않는 경우가 많다. 하지만 '집에 해놓은 잡채를 좀 가져다줘요'라는 식으로, 그 모임에서 당신이 와서 무엇을 해야 하는지 알려주거나 다른 사람들을 어떻게 도와줘야 한다고 구체적으로 부탁하면 태도가 완전히 달라져 적극적으로 나선다"고 말한다. 그는 누군가 도움을 요청했는데 그 요청이 정당하고 자신이 도와줄 수 있다면 기꺼이 나서야 한다고 생각한다.

한국에 왔을 때 그는 미국 주도로 개발된 인터넷 기술이 한국에만 필요한 것은 아니라고 생각했다. 아시아의 다른 나라에도 필요한데, 자기와 관계가 있는 어느 나라에는 정보를 주고, 어느 나라에는 안 준다고 할 수 없었다. 그것은 공정한 게임이 아니었다. 그는 늘 게임의 규칙은 공정해야 한다고 생각했다. 이미 만들어져 굳어진 사회 관행이나 문화와 달리, 인터넷은 질서가 만들어지는 초창기였고 전길남은 상당한 경우 영향력을 행사할 수 있는 위치에 있었다. 그는 늘 '이렇게 하는 것이 공정한 게임인가?'라고 스스로 되물었다. 공정성은 그의 일생을 지배한 개념이다.

한국을 돕기로 마음먹고 구체적으로 한국에 보탬이 되는 직업을 갖기 위해 공부하고 준비했지만, 재일 동포인 그에게 한국은 꼭 '남한'만을 의미하지 않았다. 그가 생각한 한국에서 이바지하는 삶은 한국인에게 도움이 되는 삶이었고 거기에는 남과 북이 구분되지 않았다. 살 곳으로 부모의 고향인 남한을 선택했지만, 한국행을 마음먹을 때는 자신의 역량을 남한에 80퍼센트, 북한에 20퍼센트가량 쏟으리라고 생각했다. 하지만 시대 상황과 북한의 폐쇄적인 정책 탓에 북한의 정보화를 직접 도울 기회는 생기지 않았다. 전길남이 나중에 관심을 쏟은 대상은 중국에 있는 조선족 동포였다. 재중 조선족은 구한말과 일제강점기에 막막했던 살길을 찾아 조상이 대대로 살아오고 자신이 태어난 땅을 떠난 이들이다. 200만 조선족은 한국 근대사에서 재일 동포와 이란성 쌍둥이 같은 존재다. 재일 동포 전길남은 각별한 관심으로 재중 조선족을 바라보았다. 그들을 좀 더 이해하고 돕고자 했다. 조선족 동포에게 도움이 되는 길을 찾던 중 2005년 카이스트에서 마지막으로 안식년을 맞을 때 중국 연변으로 가 연변과학기술대학에서 6개월 동안 학생들을 가르쳤다. 일본 사회에서 차별을 경험한 재일 동포로서 재중 조선족에 대한 동질감이 밑바닥에 있었다.

전길남 본인은 소수 집단에 속한 약자로서 부당하고 차별적인 대우를 지속적으로 당하거나 거기에서 벗어나지 못한 인물이 아니었다. 오히려 여유로운 가정 환경과 개인적 노력으로 구조적 차별을 벗어난 처지였다. 개인적으로는 행운이었지만, 그가 속한 집단 전체에서 보자면 예외적 경우일 뿐이었다. 대부분의 재일 동포들과 달리 전길남의 가정은 경제적으로 넉넉했고 부친은 일본 기득권 세력에게도 인정받은 보기 드문 사업가였다. 덕분에 그의 일본 생활은 대다수 재일 동포가 경험한 부당한 차별과 거리가 있었다. 고교 시절에는 공부 잘하고 운동 잘하는 팔방미인으로 인기가 높아 전교 학생회장을 했다. 미국에서도 아시아 출신 유학생으로 명문 대학에서 공학박사 학위를 받고 주요 기술 기업과 나사 연구소에서 근무하며 미국의 첨단 기술을 접하고 최고 전문가로 활동했다. 아시아 출신으로 차별받기보다는 전문가로서 인정받고 학계와 기술계에서 미국 주류 사회와 네트워크를 형성하고 그 안에 편입될 수 있는 조건을 갖추었다.

일본과 미국에서 소수 집단에 속해 차별을 경험했지만, 가정 환경과 개인적 노력, 행운 등을 통해 주류 집단과 기득권에 발을 디딜 수 있었다. 그러나 차별과 그에 기반한 기득권의 현실을 보면서 '나만 재주껏 피해 가면 되지'라고 생각하거나 다른 사람의 일로 여기며 지나치지 않았다. 그는 항상 문제를 구조적 관점에서 바라본다. 재일 동포라는 위치 덕분에 그는 사회의 약자가 무엇인지, 어떠한 불이익을 구조적으로 받게 되는지 일찌감치 눈을 떴다. 사람은 제각각 다르게 태어나고 모든 상황은 매번 다르지만, 게임의 규칙은 최대한 공정해야 한다고 생각하는 이유다. 그래서 그는 공정한 규칙에 영향을 끼칠 수 있는 범위 안에서 할 수 있는 노력을 다했다.

전길남은 기쁨이나 슬픔, 환희와 고통 등의 감정에 좀처럼 영향을 받지 않는, 감성보다 이성에 의해 움직이는 사람이지만, 차별에 대해서는 다르다. 많은 사람이 어쩔 수 없다고 여기거나 당연하게 받아들이는 다양한 차별적 상황에 분노한다. 자신은 스스로 감성이 풍부하지 못한 점을 아쉽게 생각하지만, 차별에 관해서만큼은 다른 사람들이 무심코 넘기는 것도 참지 못한다. 일상에서 당연한 것으로 여기는 차별, 특히 약자에 대한 구조적 배제나 무시 앞에서는 감정적이게 되었다.

1990년대 중반, 카이스트 시스템구조연구실에는 석·박사 과정 학생들 외에도 행정과 지원 업무를 하는 직원들이 있었다. 그중에는 단순 업무를 하는 고등학생 아르바이트생도 있었다. 근무 시간 등 연구실 여건에 맞는 아르바이트생이 잘 구해지지 않다가 야간 고등학교에 다니는 여학생을 어렵게 구했다. 그러나 학생들은 연구와 업무에 바빠서 새로 온 아르바이트생에게 연구실에서 무슨 일을 해야 하는지, 어떤 곳인지 설명해주지 않았고, 그렇게 며칠이 흘렀다. 여학생이 꿔다놓은 보릿자루처럼 뭘 해야 할지 몰라 어색하고 불편하게 자리를 지키고 있는 걸 뒤늦게 알아차린 전길남은 연구실 학생들 모두에게 불같이 화를 냈다. "이렇게 어린 학생을 일을 시키겠다고 불러다 놓고 여러분이 바보 만들면 되겠느냐. 약자에 대한 배려심이 없는 비인간적인 사람들이다"라고 크게 질책했다. 석·박사 과정 학생들은 처음에 무슨 영문인지 이해하지 못했다. 각자 자기 일에 몰두해 있었고 새로 온 아르바이트생에게 업무를 설명하고 지시하는 일은 명시적으로 누구의 일도 아니었다. 각자가 자신의 연구에 몰두했을 따름인데 연구실의 자연스러운 일상이 조직 안에서 가장 약한 누군가를 배제하고 무시하는 결과로 이어졌다는 것을 학생들은 전길남의 질책을 듣고서야 깨달았다. 이 일을 계기로 많은 학생이 조직에 익숙하지 않은 사람이 합류하면 소외감을 느끼지 않도록 먼저 다가가서 알려주고 말을 거는 태도를 배웠다.

아주대 소프트웨어학과의 강경란 교수는 시스템구조연구실이 배출한 유일한 여성 박사다. 강경란 이후에도 여학생이 더 있었지만, 석사만 마쳤거나 박사 과정 도중 미국으로 유학을 떠났다. 강경란은 서울대 컴퓨터공학과를 졸업하고 카이스트에 진학해 전길남을 지도 교수로 택한 이유에 대해 이렇게 말한다.

"당연히 컴퓨터 네트워크 연구에 관심이 있었지만, 무엇보다 전 교수 연구실은 남녀 차별이 없다고 해서 지원했다. 당시만 해도 카이스트의 연구실은 교수와 학생, 선배와 후배 사이에 상명하복 분위기가 강했다. 공대 특성상 교수들도 여학생이 박사 과정에 들어오는 것을 반기지 않는 경향이 있었다. 그러나 시스템구조연구실은 달랐다. 힘들다고는 해도 자율적이고 자유로운 분위기가 특징이었다. 특히, 전길남 교수는 자신이 면접관이라면 카이스트 학생의 절반이 여학생이 될 때까지 여학생을 우선 합격시키겠다고 대놓고 말했을 정도다."

당시는 대기업은 말할 것도 없고 은행처럼 상대적으로 여권女權이 보장된다고 여기던 직장에서도 여직원은 결혼하면 퇴직하겠다는 내용의 각서를 입사할 때 제출해야 했다. 미국에서는 1960년대 민권 운동의 영향으로 약자에게 입학이나 공공 부문 채용에서 가점을 주어 기존에 존재하는 사회적 차별을 좁혀야 한다는 법률, 이른바 소수 집단 우대 정책Affirmative Action이 만들어졌다. 전길남은 차별에 분노하는 것을 넘어 구조적 차별을 바로잡으려면 일종의 약자 배려가 필요하다고 생각했는데, 이는 한국에 생소한 '어퍼머티브 액션'과 같은 사고였다.

카이스트 교수 연구실은 위계질서가 강해서 대개 석사 과정 신입생은 연구와 관련 없는 자질구레한 업무 처리도 맡았다. 그러나 시스템구조연구실은 이례적으로 학생들이 연구 이외의 업무를 처리하지 않도록 행정과 지원 관련 전담 직원을 채용했다.

행정직 직원들은 연구실에서 함께 생활하면서 박사 과정 학생들에게 이동만 씨, 허진호 씨라는 호칭을 사용했는데, 다른 직원들에 대해서는 '미스 리', '미스 김' 식으로 불렀다. 한국 사회 전반이 그런 호칭이 익숙하던 시절이었지만, 전길남은 그것이 잘못된 호칭이고 여성 차별적이라며 고치게 했다.

SDN의 초기 시절 연구실에서 교수와 구성원 모두가 모여 운영 회의를 했다. 그날 논의 주제는 과학기술부에 내년도 연구 프로젝트 예산으로 얼마를 신청할까 하는 것이었다. 서울대 출신의 한 석사 과정 학생은 "예산은 당연히 많을수록 좋은 거지요"라고 말했다. 카이스트와 서울대 공대 연구실은 서로 경쟁하는 관계였지만, 당시 카이스트가 연구를 주도하고 있어서 전길남 교수 연구실은 제안하는 대로 예산을 가져올 수 있는 상황이었다. 그 말에 전길남은 정색하고 말했다. "우리가 많이 가져오면 그만큼 서울대는 덜 가져가게 되는 것 아니냐. 서울대도 필요한 수준의 예산을 가져갈 수 있도록 우리는 약간 부족한 수준으로 가져오는 게 맞다." 이를 계기로 학생들은 자신과 구성원들만 편하고 넉넉한 것보다 모든 사람에게 도움이 되는 길이 무엇인지, 공정한 게임의 규칙이 무엇인지 생각하게 되었다.

공정한 게임의 규칙

구성원들이 예산은 많을수록 좋다고 생각할 때 전길남은 "그렇지 않다"라고 말하며 스스로 물러섰지만, 정반대 모습을 보일 때도 있었다. 아무도 '나의 일'이라고 나서지 않는 상황에서 직접 나서서 줄기차게 요구하고 싸우는 경우다. 미국과 유럽 등 선진국이 지배하는 국제 무대에서 아시아의 발언권과 대등한 지분을 요구할 때가 대표적이다.

인터넷과 관련한 국제적 논의와 모임에서 아시아의 존재와 역할은 미미했다. 목적을 지닌 모임들은 전문성과 효율성에 기반해 조직과 논의 결정 구조를 꾸리게 되는데 거기에서 아시아의 자리는 아주 작거나 없는 경우가 일반적이었다. 인터넷을 비롯한 정보 기술이 서구에서 개발되어 전파된 만큼 실제로 기술 수준과 환경, 관련 전문가들의 숫자 등에서 서구와 비서구권은 동등한 차원에서 비교가 되지 않는다. 아시아에서는 이러한 국제 다자간 논의에 기술적으로 준비가 안 되어 있었고 기회가 있어도 참가하지 않는 경우가 많았다.

글로벌 무대에서 발언권과 영향력은 단순히 자신의 권리 주장만으로 주어지지 않는다. 참여와 기여가 필요하다. 더욱이 인터넷은 모두에게 개방된 기술이어서 누구나 쓸 수 있지만, 기술의 발달과 개선에도 누구나 참여할 수 있다. 특정 국가는 개발과 개선을 하고, 나머지 나라들은 이용과 권리 주장만 하는 것은 가능하지 않다. 이용과 규약 제정에서 권리 주장과 함께 기여할 몫도 고려해야 한다. 누리기만 하고 기여할 상황에서 발을 빼는 것은 전길남이 생각하는 공정한 게임의 규칙이 아니다.

그런 점에서 한국을 비롯한 아시아 국가들은 국제 무대에서 참여와 기여에 익숙하지 않았다. 한국은 '인터넷 강국'이라고 자부하지만 개방된 기술인 인터넷에 얼마나 기여해야 하는지에 대한 논의는 거의 없는 편이다.

국제 사회 구성원으로서 '아이칸'처럼 주요한 결정 기구에 참여해야 하는데도 한국은 적극적이지 않았다. 인터넷 분야에서 선도국으로 참여하기보다는 팔짱 낀 채 국제적 논의를 지켜보면서 "좋은 게 있으면 한국으로 가져오면 된다"는 태도를 보이는 게 일반적이었다. 하지만 전길남은 한국과 아시아가 적극적으로 참여해야 한다고 주장하면서 많은 경우에 자신이 직접 그 역할을 담당하고 나섰다. 전길남처럼 두드러지거나 적극적이지는 않지만, 그에게 배운 제자 그룹의 일부가 "우리보다 앞서서 전길남 교수가 기틀을 닦아놓고 길을 낸 국제적 활동을 더 발전한 한국이 그만두는 일이 생겨서는 안 된다"며 이어가고 있다. 강경란 아주대 교수는 이렇게 말한다. "전길남 박사가 없었으면 한국은 이런 국제 무대에 참여하지 않고 뒤로 물러앉아 구경만 하고 있었을 것이다. 그 덕분에 한국이 이런 무대에 참여해 기여하는 리더의 역할을 할 수 있었다. 인터넷 관련 국제 조직의 업무를 카이스트 이동만, 한국방송대 이영음, 건국대 한선영 교수 등 전길남 박사가 발굴하거나 독려한 사람들이 이어가고 있다."

인터넷의 구조적 특성도 그의 국제적 활동에 상당한 영향을 끼친 요인이다. 인터넷은 기술 구조상 중앙집권적이지 않고 분산된 네트워크다. 그리고 초기 개발과 발전, 보급에 참여한 사람들의 특성으로 인해 인터넷이 만들어내는 세상은 특별한 공간이자 질서다. 단순한 인터넷 이용자가 아니라 인터넷 기술의 개발과 보급 초기 단계부터 국제 무대 한복판에서 활동한다는 것은 인터넷의 초창기 철학과 정신의 영향 속에서 사고하고 움직인다는 것을 의미한다.

자연이나 생물체를 유심히 관찰하다가 "형태는 기능을 따른다Form follows function"는 통찰을 얻듯이, 인터넷의 구조를 깊이 들여다보면 인터넷이 갖는 기술적 특성을 이해할 수 있다. IBM과 같은 특정 컴퓨터 제조사들이 운영해온 폐쇄형 컴퓨터 네트워크와 인터넷의 근본적 차이는 개방성과 확장성이다. 통신 규약만 따르면 무엇도 차별하지 않고 어떠한 장비와 통신 환경에서든 연결을 허용한다. 인터넷은 개방과 공유를 기본 정신으로 한다. 미 국방부 프로젝트로 출발한 분산형 네트워크지만, 핵심 멤버들은 영리보다는 정보의 공유와 개방의 가치를 신뢰했다. 오픈 소스의 철학과도 유사하다. 그래서 인터넷 프로토콜과 월드와이드웹 등 핵심적인 인터넷 기술 개발자들은 자신의 개발에 대해 특허를 신청하지 않고 공공에 개방해 누구나 사용할 수 있게 했다. 이러한 개방과 공유야말로 인터넷이 세상의 모든 정보와 사람을 연결하는 플랫폼이 되게 한 핵심 가치다.

인터넷은 미국에서 개발했지만, 어느 순간부터 특정인이나 특정 국가의 것이 아닌 만인의 도구, 즉 전 지구적 수단이 되었다. 그러면 먼저 만들고 접근한 사람들이 모든 규칙을 정하고 그로 인한 이득과 기회를 누리는 게 당연한가? 인터넷의 핵심에 있는 많은 사람이 그렇게 생각하지 않았고, 그래서 인터넷은 모두를 연결하는 네트워크가 될 수 있었다. 컴퓨터 네트워크 연결은 기계와 기계의 연결이지만, 통신이라는 특성상 기계를 연결하는 사람 간의 연결이 먼저 있어야 한다. 통신 회선 양쪽 끝에 있는 사람들이 서로 신뢰하지 않으면 내용을 주고받는 게 불가능하다. 통신을 하려면 공통된 약속을 정한 뒤 내용을 주고받아야 한다. 네트워크가 연결되면 상호 영향을 피할 수 없다.

인터넷 기술 개발은 특정한 프로토콜 정립으로 구체화되었지만, 관련한 많은 기술은 앞선 연구와 개발자들 덕분에 가능했던 누적적이고 협력적인 연구의 결과였다. 뉴턴의 말대로 거인의 어깨 위에 선 덕분이었다. 거인의 어깨 위에 선 덕분이라고 생각하는 사람은 자신만 행운을 누리면 그만이라고 생각하지 않는다. 다른 사람에게도 같은 기회가 주어지는 게 당연하다고 생각한다. 출발선에서 제대로 된 기회를 얻지 못한 후발 주자에게도 적절한 기회를 주는 게 공정한 게임의 규칙이라고 생각한다.

전길남이 아시아 각국의 인터넷 보급에 정성을 쏟고 국제적 논의에 적극적으로 참여해 아시아의 목소리를 대변한 이유다.

8

기술의 고삐를
누가 쥘 것인가

2014년 글로벌보안연구캐나다센터와 토론토대학이 주최한
사이버다이얼로그 콘퍼런스에서 발언하고 있는 전길남 박사.

인터넷 기술과 사회 문제

버트런드 러셀은 전길남이 존경하는 인물이다. 아인슈타인과
같은 천재는 아니지만, 수학자이자 철학자로서 또 행동하는 지
식인으로서 러셀의 삶을 우러러봤다. 중학교 때는 러셀의 전기
를 읽으며 수학자가 되고 싶다는 구체적인 꿈을 키웠고, 고교와
대학 시절에는 러셀이 화이트헤드와 함께 쓴 《수학 원리》를 감
탄하며 읽었다. 무엇보다 러셀이 수학이나 논리학 등 특정한 분
과 학문에 머무르지 않고 다양한 학문 분야를 넘나들고, 나아가
종교 문제와 핵무기, 전쟁 등 인간과 사회 전반에 걸쳐 중요한
문제를 외면하지 않는 모습에 깊이 매료되었다. 특히, 지배적인
사회 관념이나 인습에 얽매이지 않고 치밀한 논리적 추론을 거
쳐 확립한 자신의 사상을 바탕으로 문제를 비판하고 실천적으
로 행동하는 모습을 존경했다. 러셀은 영국인이지만 자국의 제

1차 세계대전 참전에 반대하다가 투옥된 평화운동가이기도 했다. 지적 성실함과 정직함이 자연스럽게 삶으로 이어지는, 과학자를 넘어선 사상가이자 실천가였다.

과학기술자로서의 지식 탐구와 직업적 성공을 넘어, 기술이 끼치는 변화 및 그에 대한 사회적 책임은 전길남에게도 주요한 화두였다. 그에게 과학 기술은 그 자체가 목적도 아니고 성공을 위한 사다리도 아니었다. 자신의 삶을 의미 있게 만들고 세상을 더 나은 곳으로 바꾸기 위한 도구였다. 고교 시절 한국에 가기로 마음먹으면서 애초 의사를 꿈꾸다가 공학으로 전공을 바꾼 배경에도 기술이 지닌 힘이 작용했다. 의사는 한 번에 한 명씩 구하지만, 과학 기술은 그보다 훨씬 큰 영향력을 끼칠 수 있다는 생각에 큰 고민 없이 진로를 공학으로 정했다.

그가 기술의 사회적 영향을 본격적으로 고민한 계기 역시 인터넷이다. 정보와 지식에 접근하고 공유하는 혁신적인 도구인 인터넷은 순기능뿐 아니라 다양한 역기능도 낳았다. 전길남과 시스템구조연구실 주도로 시작된 국내 인터넷이 이후 초고속 인터넷으로 확산되어 연구자들의 네트워크를 넘어 대중 서비스가 되면서 생겨난 여러 사회 문제는 누구도 사전에 예측하기 힘든 현상이었다. 그동안 대부분의 첨단 기술은 국내에 들어올 때 미국이나 유럽에서 개발되어 일본을 거쳤다. 그 과정에서 기술이 지닌 순기능과 역기능에 대해서도 알려지고 접근법과 대응 방법도 함께 전달되었다. 하지만 인터넷은 일본이나 제3국을 통해 한국에 소개된 게 아니다. 한국에서 자체적으로 인터넷 프로토콜을 구축해 글로벌 인터넷에 연결한 것이고, 전국적인 초고속 인터넷망을 구축해 세계 어느 나라보다 일찍 인터넷 대중화 시대를 경험했다.

전길남은 한국의 인터넷 시대를 10년 앞당긴 공로자로 평가받는다. 그가 나서서 1982년 TCP/IP 기반의 SDN을 만들지 않았다면, 여느 기술처럼 미국과 일본을 거쳐 10년쯤 지난 뒤에야 한국에 도입되었을 것이다. 그러나 한편으로는 우리가 정보 기술 환경 면에서 앞서나가자 과거 선진국을 거치면서 함께 전달되던 기술 수용 노하우 없이 신기술에 전면적으로 노출되는 상황이 되었다. 당시 한국 사회는 최신 기술이 가져올 사회적 영향에 어떻게 대응해야 할지 노하우가 거의 없었다. 더욱이 인터넷은 소수의 인원이 제한된 목적으로 특정한 상황에서 통제 아래 사용하는 도구가 아니다. 누구나 손쉽게 접근할 수 있고 어떠한 상황에서나 다양한 동기로 사용할 수 있는 사회적 도구다. 글이나 전화처럼 사회 구성원 간에 의사소통과 정보 전달을 하는 통신 도구지만, 파급 범위와 영향력은 이제껏 출현했던 소통 도구들과 비교할 수 없을 정도로 거대하다. 대표적인 사례가 인기 연예인의 잇따른 자살 사태로 이어진 악성 댓글이다. 보안이 취약한 인터넷에서 전자 상거래를 구현하기 위해 비표준적 기술을 강요하다가 오히려 보안 취약과 대규모 개인정보 유출을 불러온 액티브엑스도 빼놓을 수 없다. 갑자기 확산된 인터넷으로 인해 생길 부작용은 누구도 예상하기 어려웠다. 악성 댓글, 사이버 범죄, 해킹, 개인정보 유출, 인터넷 중독, 사이버 왕따, 자살과 같은 인터넷의 역기능이 불거질 때마다 전길남의 고민도 깊어졌다.

사실 인터넷은 개발 초기 단계부터 설계자의 통제와 예상을 벗어난 행로를 밟았다. 인터넷의 전신 아르파넷은 기본적으로 연구와 교육 목적의 컴퓨터 네트워크였다. 기업이나 개인 등 소비자를 위한 범용 네트워크는 아르파넷과 별도로 많은 국가가 참여한 가운데 국제 표준 제정 차원에서 준비되고 있었다. 국제표준기구ISO와 국제통신연합ITU을 중심으로 추진되던 OSI Open Systems Interconnection였다. 컴퓨터 네트워크의 표준을 놓고 치열한 경쟁을 벌이던 중에 월드와이드웹이 등장하고, 이어서 그래픽 환경의 웹 브라우저인 모자이크와 넷스케이프가 개발되면서 웹은 통제할 수 없는 속도로 급속하게 확산되었다. 결과적으로 TCP/IP 방식의 인터넷이 지배적인 네트워크가 되면서 표준제정을 논의하려던 전문가들의 시도도 사실상 끝나버렸다. 인터넷과 웹은 기본적으로 제한된 커뮤니티인 대학과 연구소 등에서 통신 상대가 누구인지 손쉽게 파악할 수 있는 환경에서 개발된 네트워크였다. 수십억 명이 다양한 환경에서 저마다의 동기와 목적으로 인터넷을 사용할 때 어떤 일이 벌어질지 기술 구조를 설계하고 구축하는 사람들이 예견하기란 사실상 불가능했다.

단기간에 대중화되고 확대된 인터넷에 기술적 차원이나 정치적 차원에서 새로운 기술 구조와 법규를 적용하는 것은 거의 불가능하다. 한국 인터넷도 이런 상황을 피할 수 없었다. 긍정적인 효과가 빠르게 확산되는 것만큼 역기능 역시 같은 속도로 번져 나갔다. 특히, 인터넷 실명제나 액티브엑스처럼 한국 인터넷에만 고유했던 상황은 문제를 긴 안목에서 바라보고 해결하려는 시도가 아니라, 일회용 반창고처럼 눈앞의 문제를 임시로 해결하려고 하다가 점점 수렁으로 빠져든 결과다.

인터넷 실명제는 악성 댓글을 막겠다며 국내 인터넷 사이트에 글을 올릴 때 본인 확인을 반드시 거치도록 한 조치이지만, 애초 기대한 효과를 불러오기는커녕 부작용만 불러왔다. 이용자들은 규제를 피해 국외 서비스로 옮겨 갔고, 악성 댓글과 신분 도용이 늘어났다. 인터넷 실명제는 2007년에 도입되었지만, 결국 2012년에 헌법재판소의 위헌 결정으로 5년 만에 폐지되었다. '보안 강화'를 내걸고 임시변통으로 처방된 액티브엑스의 경로도 비슷했다. 액티브엑스는 글로벌 표준과 흐름, 이용자 불편을 무시하면서 강요되었지만, 결과적으로 보안을 더 취약하게 만들고 개인정보 대규모 유출을 불러왔다. 액티브엑스로 상징되는 한국의 비표준적 인터넷 보안 환경은 상당 기간 국내 웹 환경을 글로벌 표준과 동떨어지게 하고 왜곡된 결과를 낳았다. 액티브엑스는 이용자 컴퓨터에 별도의 프로그램(플러그인)을 덕지덕지 설치하라고 강요한다. 이용자들에게 특정한 보안 도구와 절차를 강요하지만, 주기적으로 개인정보 유출과 보안 사고를 일으키는 근원이 되었다. 정부가 뒤늦게 액티브엑스 폐지를 주요 IT 정책 과제로 내건 배경이다. 전길남이 의도하거나 개입 하지는 않았지만, 한국의 인터넷 보안 상황은 그에게 기술의 사 회적 책임에 대해 고민하게 만들었다.

기술공학자의 역할, 사회과학자의 역할

전길남은 가장 가까운 곳에서 날아오는 날카로운 지적을 피할 수 없다. 아내 조한혜정은 "당신이 우리나라 인터넷을 10년 앞 당겨서 들여왔다고 했는데, 각종 부작용도 그래서 생긴 거 아 니냐. 10년 앞당겼다는 것의 장단점을 잘 생각해봐야 한다"라 고 말한다. 기술 발전 속도가 너무 빠르면 사회가 수용할 수 없 어 각종 부작용이 생기고, 그 혼란 속에서 기술 개발에 관련된 사람들만 기회와 이익을 가져가는 상황이 된다는 이야기다. 기 술이 가져올 다양한 효과에 대해서 영향 평가가 필요한 이유다. 기술 발전 속도와 방향이 사회와 산업, 사람들의 삶에 어떤 영 향을 끼칠지, 얼마나 적합한지를 평가하고 논의하는 게 기술 영 향 평가다.

1982년, TCP/IP 컴퓨터 네트워크 구축에 성공하고 이를 기 반으로 인터넷 대중화를 앞당겼지만, 전길남도 나중에 카이스 트에서 은퇴하고 분주한 일상에서 한발 물러나 지난 시간을 돌아보다, '10년이나 앞당긴 것은 한국에 너무 위험한 일일 수 있었다'라고 생각했다. 다행히 운이 좋아 큰 피해는 없었지만, 잘못되었다면 통제할 수 없는 상태에서 사회 전체가 아노미 상황을 맞을 수도 있었기 때문이다. 한국은 얼리어답터의 나라, 글로벌 시험대로 통한다. 신기술이나 낯선 문화를 비판적이고 주체적으로 수용하기보다는 나중에 생겨날 다양한 현상에 대한 고려 없이 일단 적극적으로 수용하기에 급급한 게 한국 사회의 특징이다. 기술에 대한 주체적이고 성찰적인 수용 문화가 없는 상황에서 인터넷이라는 혁신적이고 파괴적인 도구는 양날의 칼이다.

인터넷과 월드와이드웹을 설계한 초창기 기여자들도 인터넷이 오늘날과 같은 만인의 소통 수단이 되리라고는 생각하지 못했다. 기술을 구상하고 설계하는 개발자라고 해도 사람들이 실제로 그 도구를 어떤 상황에서 무슨 용도로 사용할지 알 수 없다. 기술의 구조와 기능에 대한 전문 지식이 사람들의 욕망과 거기서 생겨난 사회적 상호 작용까지 예측할 수는 없기 때문이다.

인터넷 구축은 컴퓨터를 이용하여 정보를 주고받을 수 있게 통신 규약을 만들고 네트워크를 구축하는 기술적 작업이지만, 이는 또한 컴퓨터 사용자인 사람들을 서로 연결하는 일이기도 하다. 컴퓨터 네트워크인 인터넷이 사회적 변화를 가져오는 배경이다. 하지만 인터넷이 사용자들과 사회에 끼칠 영향에 대해서는 개발자들도 알기 어려웠다. 정철은 이렇게 말한다. "인터넷 구축은 전길남 박사가 하자고 해서 한 것이다. 그게 무슨 의미를 갖게 될지 당시로서는 전혀 몰랐다. 그 시점에는 컴퓨터끼리 이메일을 주고받을 수 있게 만드는 것 자체가 기술적으로 큰 도전이었다." 연구실에서 컴퓨터를 이용해 미국과 이메일을 주고받으면서도 이런 인터넷이 나중에 범용 도구가 되어 시간과 공간의 전통적 개념을 소멸시키고 새로운 세상을 열 것이라는 생각까지는 못했다.

1994년, 아이네트를 설립해 국내 최초로 인터넷 전용선 서비스를 시작하며 누구보다 앞서 인터넷 시대를 예견하고 사업에 뛰어든 허진호도 비슷하다. "나는 카이스트 시스템구조연구실에서 SDN 관리를 하며 한국에서 오가는 모든 이메일의 교통정리를 했지만, 당시에는 인터넷의 중요성을 제대로 알지 못했다. 1994년 8월, 아이네트 창업에 나설 때도 인터넷이 이토록 중요해질지 몰랐다. 창업한 지 일 년쯤 지나면서부터 인터넷이 내가 예상한 속도보다 훨씬 빠르게, 생각했던 것과 다른 방향으로 간다는 걸 알게 되었다. 1995년 하반기부터 그런 느낌이 들었고 1996년부터는 인터넷이 통합 네트워크로 가고 있다는 확신이 들었다."

스탠퍼드대학교 박사 과정 때 검색 엔진 구글을 만든 래리 페이지와 세르게이 브린도 1997년 당시 최고의 검색 기업인 야후에 구글을 매각하려고 하다가 실패한 게 창업의 실질적 계기가 되었다. 당시 1조 원 규모로 매각이 논의되었으나 야후가 인수 거부 결정을 내림에 따라 1998년 두 창업자가 직접 구글을 설립하고 서비스를 키운 것이다. 구글보다 앞서 1994년 허진호가 인터넷의 미래를 밝게 보고 사업에 뛰어들면서도 미래 기술의 발전 방향과 영향을 예견할 수 없었던 것은 어쩌면 당연해 보인다.

기술의 설계자로 기술이 가져올 변화와 그로 인한 미래상을 누구보다 잘 알고 대비할 수 있으리라고 기대되는 개발자와 기업가도 기술이 어떤 방향으로 진화하고 미래에 어떤 영향을 끼칠지 예견하지 못한다. 기술의 성공 여부도 예견할 수 없는데, 엔지니어들이 기술의 사회적 영향을 예상하고 대비하는 것은 불가능에 가깝다.

전길남 역시 인터넷이 모든 사람의 정보 소통 수단이 되리라고는 예상하지 못했다. 인터넷이 빠르게 확산되는 시기를 지나면서도 변화의 범위와 방향을 제대로 감지하기 어려웠다. 그의 말이다. "1990년대에 인터넷이 정보 교환 도구를 넘어 광범위하게 사회에 영향을 끼치는 수단이 되고 있다는 걸 알려주는 신호가 여러 차례 있기는 했다. 동시에 우리 기술 전문가들은 인터넷의 확산 속도를 따라가지 못한다는 것도 깨달았다. 이 분야에 법률가, 사회과학자, 사업가들이 본격적으로 참여하기 시작했다. 자연스럽게 엔지니어들은 인터넷의 맨 앞줄에서 뒷줄로 밀려났다."

전길남은 인터넷 덕분에 누리게 될 새로운 기회에 주목했지만, 부작용 가능성에 대해서는 막연하게 생각했다. 특정한 역기능에 대해 구체적으로 생각하거나 대비하지 못하다 보니, 인터넷과 관련된 사건이 터질 때마다 고민스러웠다. 엔지니어답게 기본적으로 기술적 관점에서 바라보았다. 인터넷과 전자 미디어 기술이 가져온 인간관계와 사회적 변화를 30여 년 전부터 주목하고 연구해《외로워지는 사람들Alone Together》《스크린 위의 삶Life on the Screen》 등의 책을 쓴 MIT의 사회심리학자 셰리 터클과 같은 학자를 보면서 경탄할 따름이었다. 기술이 제대로 발전하려면 과학자와 엔지니어만이 아니라 사회과학자의 역할 또한 중요하다. 각 분야에서 전문적 연구를 통해 지식과 통찰력을 기르는 게 우선이고, 그 이후에 학문 간 경계를 넘어 융합적인 논의와 대화를 해나가는 게 순서라고 그는 생각했다.

전문성과 사명감

전길남은 기본적으로 시스템 엔지니어이지만 인터넷 프로토콜과 같은 기술적 논의나 지평에 머무르지 않았다. 인터넷의 기술적 구조와 사용성의 차원을 넘어, 누가 어떤 의도로 인터넷의 구조와 질서를 만들고 논의에 참여하느냐를 중시했다. 그는 정보화가 모두에게 더 평등한 기회를 제공하는 도구가 되어야 한다며 인터넷의 질서와 규약을 좀 더 공정하게 만드는 역할이 자신의 사명이라고 여겼다. 인터넷은 네트워크의 연결이라는 점에서 기본적으로 사람과 사람 간의 연결이고 크게는 국가 단위 조직 간의 연결이다. 통신 규약인 '프로토콜protocol'이라는 단어가 국가 간 만남에서 '의전'을 일컫는 외교 용어인 것처럼, 사람 간의 만남과 소통의 확대인 인터넷에서는 그 규약을 어떻게 정하느냐가 중요하다.

전길남은 인터넷과 관련해 국제 무대에서 많은 전문가를 만났다. 인터넷 확산과 거버넌스를 논의하는 국제적 모임은 해당 분야와 국가를 대표하는 전문가들이 모이는 자리다. 각국 공무원들이 참석하는 때도 있지만, 기본적으로 대학과 연구 조직 등의 민간 전문가들이 중심인 경우가 많다. 인터넷 보급과 거버넌스 논의는 금전적·사회적 보상보다 지속적 관심과 헌신적 참여가 요구되기에 이익과 명예를 기대하고 참여하는 사람들은 오래 버틸 수 없다. 결국에는 전문성과 진정성을 가진 사람들 위주로 재편된다.

전문성을 기반으로 활동하는 이들과 사명감을 기반으로 활동하는 사람들은 전문성과 열의 측면에서 비슷해 보이지만 확연한 차이가 있다. 직업적 전문성에 기반한 사람들은 문제에 부닥치면 찬성과 반대를 드러내는 것으로 대부분 마무리된다. 하지만 사명감에 뿌리를 둔 사람들은 자기 견해를 밝히는 것으로 끝나지 않는다. 직접 뛰어들어 문제를 해결하려고 노력한다.

전길남이 볼 때 직업적 전문가는 자기 일생을 걸고 덤비지 않지만, 사명에 따라 움직이는 사람은 문제에 부닥칠 때 "나는 도

망가지 않는다. 거짓말하지 않는다"라는 태도로 신념을 걸고 임하므로 자칫하면 싸움에 휘말린다. 그는 고교 시절 한국을 돕는 삶을 살겠다고 마음먹었고, 인터넷이 아시아와 아프리카에도 공평한 기회의 도구가 되어야 한다는 생각에 관련 활동에 헌신했다. 그는 자기를 그렇게 이끈 동력 또한 프로페셔널리즘이 아닌 사명감이었다고 생각한다. 월드와이드웹을 개발한 팀 버너스리, 영국의 피터 커슈타인 같은 이를 그런 점에서 존경한다. 젊었을 때 뛰어난 전문성을 발휘해 성취를 이루었을 뿐 아니라 칠십, 팔십이 되어서도 지치지 않고 인터넷의 개방과 공유, 그리고 개도국 보급 작업을 대가 없이 했기 때문이다. 커슈타인은 팔순이 넘은 나이에도 아프가니스탄 대학에 인터넷 보급을 지원하는 등 15년 넘게 중앙아시아의 인터넷 구축을 위해 헌신하고 있다. 프로페셔널리즘에는 이런 헌신을 기대하기 어렵다. 한 사람의 인생을 관통하는 실천을 하기 위해서는 그것을 지속할 수 있는 내적 에너지가 필수인데, 이는 어떤 인생을 살 것인가에 대한 굳은 결심과 철학이 뒷받침될 때 가능하다.

그 자신 누구보다 사명감과 신념으로 사는 사람이지만, 교수로서 전길남이 학생들에게 강조한 것은 사명감이나 신념, 또는 기술의 사회적 책임 같은 영역과는 거리가 있었다. 그가 늘 강조한 것은 카이스트라는 특별한 혜택을 누리는 학생으로서 그에 걸맞은 전문성과 능력을 갖추는 것이었다. 학생들에게 미국 명문 공과대학에 뒤지지 않는 수준의 교육을 하고 그 수준의 성취와 전문성을 지녀야 한다고 강조했다. 그는 공학 교수로서 '학생들에게 전문 지식과 리더로서의 태도 이상을 요구하는 것은 위험하다'고 생각했다.

자신이 한국에 온 동기, 그리고 카이스트 교수로서 역할이 '젊은이들에게 기회를 마련해주고 전문 지식을 전달하고 훈련하는 것'이라고 생각했다. 전길남은 사회 참여나 정의 실현을 위해서 한국에 온 게 아니었다. 성장기와 청년기를 일본과 미국에서 보낸 사람으로서 한국 사회를 좀 더 객관적으로 관찰하고 미래의 방향을 내다볼 수 있었지만, 한국 사회를 구성하고 살아가는 사람들에게 "그 방식은 잘못되었으니 바꾸라"고 요구하지 않았다. 본인의 생각과 신념은 뚜렷했지만, 교수로서 학생들에게 자신의 신념이나 정치적·사회적 성향을 가르치거나 요구하는 것은 적합하지 않다고 보았다. 사회 의식을 품게 하고 사명감을 강조하다 보면 자칫 학생들이 누릴 기회를 좁히는 결과가 될 수 있다고 생각했기 때문이다.

'만약 컴퓨터 네트워크를 배우고 싶은 학생이 있는데 나와 생각이나 성향이 달라서 내가 지도 교수인 전공을 선택하길 머뭇거리거나 꺼린다면 이는 문제가 있다'는 게 그의 생각이었다. 신념이나 사명감은 한 사람의 인생을 끌고 가는 에너지로 청소년기에 각자의 결심에서 생기는 것이지, 성인인 대학원생들에게 교수가 가르치거나 요구할 수 있는 차원이 아니라고 보았다.

오히려 그가 학생들에게 전문성 이외에 부가적으로 요구하고 길러주려 한 것은 체력이었다. 카이스트 학생들이 자살했다는 뉴스가 드물지 않은 것에서 알 수 있듯, 학생들이 받는 스트레스는 매우 컸다. 이제껏 없던 연구에 도전해 인정받을 만한 결과를 만들어야 학위를 받을 수 있는 박사 과정은 재능을 가진 학생이 일정 기간 노력한다고 해서 되는 게 아니다. 고도로 집중하면서 모든 것을 걸어야 하는 힘든 여정이다. 몇 년간 두뇌와 신체를 혹사하는 과정이기도 한데, 이를 감당하려면 무엇보다 체력이 뒷받침되어야 했다. 학생들에게 암벽 등반을 추천한 이유다.

전길남과 아내 조한혜정은 직업적 전문성이나 사회적 책임 등의 문제를 두고 충돌하곤 한다. 조한혜정은 "직업적 전문성은 당연하고 그 너머까지 가야지"라고 이야기하고, 전길남은 "내가 전문가로서 그 분야에서 제대로 기여하는 게 우선이지"라고 말한다.

전길남은 전문성을 제대로 갖추지 않은 상태에서는 관련 영역이나 실천에 뛰어들지 않는다. 시스템 엔지니어 관점에서 통제할 수 없는 상황은 '최적화 실패'를 의미한다. 이는 문화인류학자이자 여성학자요 청소년 활동가로 실천적 지식인의 삶을 살아가는 아내 조한혜정이 보기에 아쉬운 대목이다.

전길남과 미국 유학 시절에 만나 결혼한 조한혜정은 UCLA에서 문화인류학 박사 학위를 받고 연세대 교수로 부임한 직후인 1980년대 초부터 여성학자들과 함께 '또하나의문화' 모임을 만들어 여성주의 문화 운동을 시작했다. 이후에는 황폐화한 학교 교육에 시달리는 10대 청소년들이 다양한 직업을 모색하고 즐거움을 찾을 수 있는 대안 교육 공간인 '하자센터'를 시작하고, 환경운동 단체의 대표를 맡아 개발만능주의를 감시하는 일에도 적극적으로 나섰다. 환경운동을 하는 조한혜정의 관점에서는 한국 사회의 기술전문가인 남편이 이 분야에 나서서 목소리를 내면 큰 반향을 일으킬 수 있다고 보았다.

후쿠시마 원자력발전소 방사성 물질 누출 사고 이후 탈핵 운동을 펼치는 일본인들이 한국을 방문해 국내 환경운동가들과 함께 걷기 행진을 한 일이 있다. 조한혜정은 문화인류학자인 자신은 이야기해봤자 영향력이 적지만, 공학자이자 글로벌 네트워크가 강한 전길남이 탈핵 운동에 뛰어들면 상당한 영향력을 발휘할 수 있으리라 보고 남편에게 행진에 함께해달라고 요청했다. 그런데 전길남은 그 제안을 거절했다. 조한혜정은 남편이 누구보다 사회에 보탬이 되는 일과 다른 사람들을 도우려는 성향이 강하고 젊을 때부터 보아온 대로 '사회를 더 낫게 만들기 위해서라면 무엇이든지 할 사람'이라고 여겨왔다. 그래서 남편의 반응이 뜻밖이었다. 더욱이 나이 든 자신들과 달리 자녀와 손자 세대는 이 땅에서 계속 살아가야 하는데, 에너지를 핵에 의존하는 구조를 벗어나야 한다는 것은 명확한 사실의 영역이었고, 이는 공학자인 전길남도 분명하게 인지하는 점이었다.

전길남은 행진에 참여하지 않으려는 이유를 이렇게 설명했다. "핵 문제에 대한 전문 지식이 나에게 없다. 그래서 못하겠다. 내가 벌여놓은 인터넷 문제도 해결하지 못하는데 그 분야에까지 참여할 수 없다." 조한혜정이 보기에 핵 문제는 전문 지식을 쌓고 문제를 풀려고 노력해서 해결할 수 있는 게 아니다. 당장 사람들의 개입과 참여를 통해 다음 세대에 어떤 사회를 물려줄지 결정해야 할 문제다. 남편에게 핵 문제를 해결하라는 게 아니라, 지금의 핵 의존 사회에 문제가 있다고 생각하는 사람들이 힘을 합쳐 목소리를 내자는 것인데, 남편은 그것을 시스템 엔지니어링과 결합한 참여의 형태로 받아들였다. 전길남이 사회 문제에 개입하고 참여하는 기본 태도를 보여주는 사례. 스스로 정해놓은 기준에 맞지 않으면 사회적·시대적 상황이나 권유와 요청 등 다른 요인은 그의 결정에 거의 영향을 끼치지 못한다.

전길남은 자신이 전공 분야 바깥의 활동에 참여할 경우 관련한 커뮤니티와 자신이 각각 기대하는 수준이 있을 텐데, 그걸 만족시키지 못한다면 서로에게 실망스러운 결과가 될 것이라고 보았다. 이름만 올리는 단순 참여는 그의 방식이 아니다. 일단 발을 담그면 결국 문제를 직면하게 되고 그 문제를 구체적으로 다뤄야 하는 상황을 피할 수 없다. 그러려면 해당 분야의 전문성이 반드시 필요하다. 자신에게 그 분야의 전문성이 없으면 스스로 학습해야 하는데 이는 몇 년이 걸린다. 그러면 그에 할당할 수 있는 시간이 있느냐의 문제로 이어진다. 이미 인터넷 분야의 일로도 여유가 없는 상황에서 새로운 분야에 발을 들이

기는 어렵다는 결론에 이르게 된다. 전길남으로서는 1980년 악우회와 함께 알프스 마터호른 북벽 등정에 나선 것이 그 자신이 정의한 '외부 활동'의 조건에 맞는 사례였다. 자신이 전문성을 갖고 있고, 해당 커뮤니티와 자신의 기대를 충족시킬 수 있는 도전이었다.

전길남의 전공인 시스템 엔지니어링은 특정한 전문 지식이 중요한 분과 학문이라기보다는 다양한 기술 분야로 적용할 수 있는 일종의 방법론에 가깝다. 그가 핵 분야에 관심을 가지고 그 분야의 지식을 갖추면 핵 분야의 시스템 엔지니어로도 활동할 수 있다. 전길남 자신도 인터넷과 국제 활동에 분주한 탓에, 국내에서 다양한 분야로 적용할 수 있는 시스템 엔지니어링을 널리 확산시키지 못한 데 대한 아쉬움을 갖고 있기는 하다.

누구 못지않게 신념과 사명감에 기반한 삶을 결심하고 살아왔지만, 그가 선택한 사회적 책임의 영역은 그 자신에게도, 다른 사람에게도 구분이 명확했다. 타인에게는 기본적으로 요구할 수 없는 영역이고, 자신에게도 할 수 있는 범위 안에서만 가능하다. 그가 기술의 사회적 책임에서 발을 뺄 수 없다고 생각한, 그리고 그 문제를 외면하지 않겠다고 다짐한 영역은 인터넷이다.

지속 가능한 인터넷

전길남은 인터넷 거버넌스 논의에 일찍부터 관여했고, 한국과 아시아도 참여해 권리와 함께 책임을 감당해야 한다는 목소리를 내고 실천해왔다. 나아가 인터넷이 대중화된 이후에는 '지속 가능한 인터넷ecological internet'이라는 개념에 관해 생각한다.

전문가 위주의 연구 개발용 네트워크로 설계된 인터넷을 갑자기 모든 사람이 상시적 연결 수단으로 사용하면서 발생한 많은 문제는 "인터넷이 미래에도 지속 가능할 것인가?" 하는 질문을 던진다. 50년, 100년 뒤에도 인류는 변함없이 인터넷을 사용할 텐데, 과연 현재의 인터넷을 계속 사용할 수 있을까 하는 문제다. 인터넷이 미래에도 지속 가능한 플랫폼일 수 있을까? 웹과 그래픽 브라우저 이후 인터넷은 급속하게 파급되었고, 동시에 경제 행위와 수익 수단으로 확대되었다. 이후 인터넷의 혁신과 확산은 시장의 힘이 주도하면서 다른 관점에서의 논의는 동력을 잃었다.

전길남은 미래 인터넷 문제가 1970년대와 1980년대에 지구 온난화 문제를 바라보던 상황과 유사하다고 본다. 화석 연료를 동력으로 발전한 산업화의 부산물인 지구 기온 상승 문제를 방치하면 우리는 결국 파국을 맞는다. 문제가 심각하다고 해서 산업 구조와 전 인류의 생활 방식을 당장 바꿀 수도 없고 적절한 기술적·정치적 해법도 없는 상태다. 하지만 지구 온난화는 당장 해결할 방법이나 지혜가 있느냐로 접근할 문제가 아니다. 피할 수 없는 미래라면, 이를 해결하기 위해서 문제를 정확하게 정의하고 수십 년간 매달려서 가능한 접근법을 찾아내는 게 우선이다. 수십 년간 지구 온난화 문제를 해결하기 위해 전 지구적 차원의 논의가 이루어진 결과 정치적·기술적 해법이 제시돼 실행 중이다. 교토의정서, 기후변화협약, 이산화탄소 배출권 거래제 등이 그 일부다. 시장 주도 시스템의 한계를 인정하고 다양한 주체가 참여해 지속 가능한 틀에 합의한 결과다. 전길남은 미래 인터넷의 문제 또한 시장에 맡길 게 아니라 다양한 주체가 합의를 통해 해결 방안을 모색해야 한다고 주장한다.

그런 점에서 그는 유럽연합 집행위원회가 인터넷과 개인 정보에 접근하는 방식에 주목한다. 미국은 인터넷을 비롯한 정보기술의 문제를 기업과 시장에 맡기고 국제적 이슈를 중시하지 않는다. 이와 달리 유럽연합은 새로운 기술을 무조건 수용하는 게 아니라 고유 문화를 기반으로 논의 틀을 마련해 오랜 기간에 걸쳐 합의를 끌어내고 적합하고 지속 가능한 방안을 찾아내려 노력한다. 개인정보보호법률GDPR 제정, 인터넷에서 잊힐 권리와 설명을 요구할 권리 보장, 거대 플랫폼 기업들에 대한 규제 등이 대표적인 예다.

전길남은 엔지니어이지만 기술을 중심에 놓고 보지 않는다. 자동차를 보는 시각이 이를 잘 드러낸다. 21세기 초, 전 세계 자동차 대수는 10억 대에 이른다. 미국에서는 한 가구당 승용차

한 대가 아니라 일 인당 승용차 한 대가 기본이다. 이른바 '아메리칸 라이프스타일'로 통하는, 양보할 수 없는 삶의 방식이다. 하지만 전길남은 과연 이러한 미국의 방식과 문화가 전 세계에 보편적으로 통용될 수 있느냐의 관점에서 문제를 본다. 미국의 방식을 적용하면 전 세계는 70억 대의 자동차를 허용해야 한다. 지구가 존속할 수 없는 조건이다. 지구 온난화 문제도 기본적으로는 일찍 산업화를 이룬 선진국들이 훼손한 지구 환경에 대해 나머지 가난한 나라들이 책임을 공유하는 불합리한 구조 때문에 합의와 실행에 어려움을 겪는다.

그는 기술의 사회적 책임을 이야기할 때 과연 현재의 자동차가 좋은 기술이냐는 질문을 종종 청중에게 던진다. "지구상에서 매년 전쟁으로 몇 명이 죽는지 아십니까?" "그럼 매년 지구상에서 자동차 사고로 몇 명이나 죽는지 아십니까?" 그리고 매년 전쟁으로 인한 사망자가 10만~20만 명이라는 통계와 함께 자동차 사고 사망자가 세계보건기구 기준 매년 120만 명이라는 사실을 제시한다. 희생자 규모로 볼 때 전쟁보다 자동차가 더 반인류적 기술이라는 통계다.

전길남은 자동차가 필수인 미국에서 오래 살았고 자신도 오랫동안 운전을 했지만, 자동차 기술에 비판적이다. 해마다 전쟁보다 많은 사망자를 내는 기술이라는 점에서 자동차는 기본적으로 결함을 안고 있다고 본다. 결함 있는 기술이 100년 넘게 산업과 문화를 지배해온 것이다. 초창기에 자동차가 등장했을 때만 해도 달리는 속도가 시속 20~30킬로미터여서 큰 문제가 없었다. 그러나 시속 60킬로미터, 100킬로미터를 넘어가면서 문제의 차원이 달라졌다. 편리한 교통수단이 흉기가 되어 인류를 해마다 100만 명 넘게 죽이는 기술로 기능하기 때문이다. 브레이크와 조향 장치만 있던 자동차에 안전띠, 에어백, 브레이크 미끄럼 방지 장치ABS 등 안전 시스템이 추가되었지만, 기본적으로 사망 사고를 피할 수 없다.

시스템 엔지니어링 관점에서 보면 현대의 자동차는 상용화되어서는 안 되는 '결함 기술'이다. 예를 들어, 고속도로에서 운전할 경우 상당수의 사람은 1~2초간 순간적으로 조는 상황을 피할 수 없다. 그 순간 도로에 돌발 상황이 발생하면 결과는 치명적이다. 벌칙을 강화하여 졸음운전을 예방하려고 아무리 애써도 인간 본성상 피하기 쉽지 않은 상황이다. 인간은 기계처럼 완벽하지 않다. 빈틈없는 기계에 사람을 맞추는 방식이 아니라 완벽하지 않은 사람에게 기계가 맞추는 게 제대로 된 기술이다. 그래서 그는 고속도로에서 졸음운전을 방지하는 기술을 갖추지 못한 상태의 자동차를 만들어 판매하는 것은 기본적으로 불완전한 상품을 판매하는 것이라 생각한다. 만약 사회와 자동차 업계가 안전을 중시하고, 장시간 운전과 고속 운전 시 생길 수 있는 사고를 막기 위해 노력했다면, 지금보다 훨씬 안전한 자동차를 충분히 만들 수 있었을 것으로 판단한다. 그런 점에서 그는 사고가 나지 않도록 설계된 자율 주행 자동차 기술이야말로 그

동안 결함투성이었던 자동차 기술을 개선해 비로소 제대로 된 제품을 만들어내는 기술이라고 평가한다.

그가 보기에 자동차는 사람이 완벽하게 통제할 수 없는 상태인 미완성 혹은 결함 기술인데 인간의 탐욕 때문에 나머지를 희생시키고 상업화된 기술이다. 자동차만이 아니라 원자력, 중금속, 화학 등 대부분의 기술도 유사하다. 인터넷도 그중 하나다. 기술 개발자와 기술을 이용해 돈을 벌려는 사업가에게만 맡겨놓은 결과다. 그는 묻는다. "왜 우리 사회는 기술자와 사업가가 모든 것을 결정하도록 방치하는가?"

기술에 대한 통제

기술을 누가 통제하게 할 것인가를 논할 때 전길남은 군대를 예로 든다. 군대는 전문적인 영역이고 국가가 보유한 가장 강력한 수단이지만, 선진 각국에서는 군대의 문민 통제civilian control가 법적·제도적으로 강하게 확립되어 있다. 군사적 결정을 직업 군인이 아니라 민간 정치인이 하게 하는 제도다. 미 국방부는 의회 인준을 받아야 하는 국방장관은 물론이고 부장관, 차관, 부차관, 차관보급까지 국방부 최고위 직급 40여 명이 모두 민간인이다. 현역 군인은 고위직에 한 명도 있을 수 없는 구조다. 군인 출신으로 그 자리에 임명되려면 전역한 지 최소 10년이 지나야 한다. 미국은 건국 초기부터 아무리 군사적 필요성이 있어도 군에 관한 결정은 군인이 아닌 민간인이 내리도록 법을 만들었다. 미국뿐 아니라 영국, 독일, 프랑스, 캐나다, 일본 등 강군으로 평가받는 선진국들은 민간인이 국방장관을 맡도록 제도가 만들어져 있다. 직업 군인이 군을 지휘·통제할 경우 군이 스스로 군사적 필요에 따라서 군사 작전과 징병 등을 할 위험이 있기 때문이다. 군에 대한 문민 통제는 어떤 도구든 그 영향력이 강력할수록 모두의 참여와 논의를 통해 결정해야 한다는 생각을 반영한 민주주의의 기본 장치다. 제1차 세계대전 때 프랑스 총리 겸 국방장관을 맡아 독일과의 전쟁을 승리로 이끈 조르주 클레망소는 "전쟁은 군인에게 맡기기에는 너무나 중요한 문제다"라고 말했다.

기술로 인해 생기는 다양한 문제를 제대로 다루려면 기술자 집단에 논의와 결정을 맡기는 대신 사회적 논의와 통제를 도입해야 한다고 전길남은 생각한다. 군을 민간인이 통제하듯 기술도 시민 사회의 통제가 꼭 필요하다. 이는 두 가지 차원으로 접근해야 한다.

첫째는 과학기술자들이 먼저 과학 기술이 끼칠 사회적 영향에 대해 알고 이를 윤리적 차원에서도 접근할 수 있어야 한다. 과학기술자 개인 차원에서, 나아가 커뮤니티 차원에서 기술의 사회적 함의와 영향에 대해서 개발 단계에서부터 고려해야 한다. 그리고 과학기술자들이 개발 단계에서 자신의 판단으로 특정한 기술 개발을 거부할 능력을 갖추어야 한다. 개발 중인 기술을 기술자가 자신의 판단으로 거부하기란 쉽지 않으므로 이를 위해서는 정교한 기준과 절차를 만들고, 과학기술자들에게 이를 가르쳐야 한다.

둘째는 이처럼 사회적 영향력이 큰 기술을 개발할 때 기술자 집단과 다른 관점으로 바라보는 인문·사회 전문가들의 검토와 협의를 거쳐 결국 시민 사회의 통제를 따르게 해야 한다. 구체적으로는 연구 개발 프로젝트에 인문사회적 접근을 반드시 포함시키고, 이에 일정한 예산을 할당해야 한다. 기술이나 개발이 끼칠 영향을 사회적·환경적 차원에서 접근하는 환경 영향 평가, 교통 영향 평가와 유사한 기술 영향 평가 제도가 있지만, 국내에서는 대부분 시늉에 지나지 않는다. 미국에서는 프로젝트 초기부터 인문·사회 분야에 예산을 투입하도록 의무화하는 구조가 일찍 자리를 잡았다. 1940년대 미국의 핵무기 개발 프로그램인 '맨해튼 프로젝트'의 결과에 대한 과학계의 집단적 각성이 그 계기였다. 이러한 접근은 인체 유전자 구조를 해독해 생명의 신비에 접근하려는 인간 게놈 프로젝트에서 구체화되었다. 게놈 프로젝트는 윤리적·사회적 파장을 예견하고, 총예산의 약 5퍼센트를 윤리적·법적·사회적 영향ELSI 연구 프로그램에 투입했다.

인터넷 분야에도 동일한 접근이 이루어지고 있다. 아르파넷이 인터넷이 되는 과정은 통제할 수 없을 만큼 빠른 속도로 광범위하게 이루어졌고, 이는 설계자들도 예상하지 못한 다양한 부작용을 낳았다. 미국 국립과학재단은 현재의 인터넷을 대체할 미래 인터넷 프로젝트를 진행하고 있는데, 프로젝트 전체 예산의 20퍼센트를 인문·사회 분야에 투입하고 있다. 전길남이 국립과학재단에 있는 친구에게 이러한 접근의 성과를 물었더니 이런 답이 돌아왔다. "매우 도움이 된다. 엔지니어들은 생각지도 못한 것들을 인문·사회 분야 학자들의 연구를 통해 비로소 보게 된다."

그러나 한국에서는 이러한 접근이 쉽지 않다. 과학·기술계와 인문·사회계가 서로 노력해야 하는데, 그러려면 상대 분야에 대한 학습은 기본이고 개방적인 논의 태도와 상호 존중이 필요하다. 실제로는 서로에게 상당히 고통스러운 과정이다. 잇따른 시도가 좌초한 이유다. '빠른 추격자' 전략을 효과적인 경쟁 방안으로 채택해 선진국의 기술 따라잡기에 급급하고 얼리어답터 문화가 지배적인 한국 사회에서는 매우 어려운 시도다. 전혀 다른 관점과 접근법을 지닌 전문가들에게 기술의 진로를 맡기는 것은 경쟁과 속도를 중시하는 사회 풍토에서 병립하기 어렵다. 기술로 인한 다양한 사회적 영향을 고려하고 인문·사회계와 협의하면, 과학·기술계가 모두 결정하게 할 때보다 부작용에 대한 고려는 많아지고 실행 속도는 늦어지게 마련이다.

전길남은 기술에 대한 시민 사회의 통제가 갈수록 중요해지고 글로벌 트렌드가 되리라고 본다. 20세기에는 기술이 삶과 사회를 개선할 것이라는 기술 유토피아 분위기가 팽배했다. 컴퓨터와 네트워크 기술은 무조건 인류에게 도움이 되는 도구라는 믿음이 당시 과학·기술계를 지배했다. 하지만 그 시기는 이미 지났다. 한국도 지금까지는 따라잡기에 급급한 나라였지만, 이제는 갈림길에 서 있다. 일 인당 국민소득 3만 달러를 넘어서고 경제 규모 세계 8위권의 경제적 선진국이 되었다. 이제 앞으로는 국가가 어떤 방향을 지향할지 선택할 수 있다.

국민소득 1만~2만 달러까지는 절대 빈곤 상태를 벗어나는 것을 우선 목표로 삼는 게 자연스럽다. 빈곤한 국가가 선택할 수 있는 미래는 여러 갈래가 되기 어렵다. 하지만 국민소득이 3만 달러처럼 일정 수준을 넘어서면 숫자로 표시되는 국민소득이 더 이상 중요하지 않다. 자살률, 성폭력, 절대 빈곤층, 빈부 격차 등의 사회 문제가 중요해지는 단계다. '빈곤'을 벗어난 그때부터는 어떤 가치를 지향할 것이냐가 중요해지고, 사회가 생각하는 바람직한 가치를 향해서 나아갈 수 있는 환경이 된다. 외형보다는 상식과 원칙이 존중되는 사회, 상식 이하의 비정상적 관행이 통용되지 않는 건강하고 안전한 사회를 만들어야 한다. 수단과 방법을 가리지 않고 1등을 하는 것보다는 어떤 과정으로 성취를 했느냐가 중요해지는 단계다. 방법과 절차가 '제대로' 된 것이냐가 비로소 중요해지는 것이다.

하지만 전길남이 볼 때 한국 사회는 여전히 국민소득이나 올림픽 메달 개수 같은 외형적 수치와 순위 경쟁을 중시한다. 선진국 단계에 진입했으면서도 정신과 태도는 여전히 후진국형이다. 그는 한국이 진정한 선진 사회로 나아가는 게 쉽지 않은 과제라고 본다. 한국이 이토록 외형과 숫자 위주의 경쟁을 하는 배경에는 일제강점기와 한국전쟁이라는 근현대사의 극심한 고통이 있었기 때문이다. 고통스러웠던 역사가 외형과 숫자를 상대로 한풀이를 하게 만든 것이다. 그러한 한풀이 차원의 경쟁과 추구를 벗어나려면 한 차원 높은 지적·도덕적 성숙이 필요한데, 이는 결코 쉬운 일이 아니다.

우리 사회가 외형적 숫자를 넘어 무엇을 공동체의 소중한 가치로 여기고 지향할지 열린 토론을 통해 합의해야 하는데, 이 또한 어려운 과제다. 열린 토론은 모든 것을 열어놓고 무엇에 관해서든 깊숙한 뿌리부터 논의할 수 있어야 한다. 그런데 한국 사회의 토론 마당에는 항상 금기가 존재한다. 분단이 만들어낸 특수 상황이다. 남북 분단 상황에서는 한국 사회 거의 모든 영역에서 '금기 없는 토론'이 불가능하다. 한쪽이 상대편을 사상이 의심스럽다고 몰아가면 그 순간부터 더 이상 이성적 토론이 불가능해지는 구조다. 지식인 집단 안에서도 이런 금기를 넘어서는 자유로운 토론이 어려우니, 끝장 토론이라는 것이 근본적으로 어렵다. 분단이 부른 안타까운 현실이다.

아시아 인터넷의 역사를 기록하다

전길남이 한국 땅을 처음 밟은 1961년, 한국은 일 인당 국민소득 85달러의 가난한 나라였다. 절대 빈곤을 벗어나는 게 목표인 시대였다. 그가 미국에서 공부를 마치고 돌아와 전자기술연구소에서 근무하던 1980년에 일 인당 국민소득은 1,600달러 수준이 되었고, 15년 뒤인 1995년에는 1만 달러대에 진입했다. 그는 한국의 낮은 생활 수준을 끌어올리려면 국민소득이 최소한 1만 달러는 되어야 한다고 생각하고 노력했다. 1만 달러 시대에 도달한 이후에는 더 이상 국민소득 증대에 신경 쓰지 않고 선진국으로 가는 길에 집중했다. 기술적 관점으로 접근하던 것에서 벗어나 '지속 가능한 인터넷'을 고민하는 것이다.

한국 사회가 외형과 결과만이 아니라 절차와 내용을 중시하는 풍토를 만들 수 있도록 그가 각별히 신경 쓰는 것은 '기록'이다. 합의점을 찾기 위해 열린 토론이 중요하지만, 이를 위해서는 무엇보다 제대로 된 기록을 갖춰야 한다. 기록이 제대로 이루어지지 않는 선진국은 없다. 성과든 실패든 충실한 기록은 반성과 토론, 미래 모색의 기본이다. 전길남은 1983년 카이스트에 부임한 뒤 가장 먼저 연구실에 자료실을 만들고 '한 장 요약' 등 문서화를 강조했다. 또한, 개인의 시간과 돈을 들여서 아시아 지역의 인터넷 역사를 공들여 기록해왔다. 카이스트에서 정년 퇴임하고 몇 년 뒤부터 아시아 인터넷의 역사를 체계적으로 정리해

책으로 발간하는 작업도 시작했다.

그동안 인터넷의 역사는 미국 위주로 기록되어왔다. 아시아 국가 중 자국의 인터넷이 어떻게 시작해서 성장했는지 제대로 된 기록을 가지고 있는 나라가 거의 없다. 아시아 차원에서 인터넷이 어떤 경로를 밟아 각국으로 확산되고 발달했는지는 자료와 기록이 더 부실하다. 글로벌 네트워크인 인터넷에 아시아의 참여와 역할을 공고화하고, 각국이 자국의 인터넷 역사를 기록하기 위해서는 아시아 차원에서 인터넷의 역사를 기록할 필요가 있다. 전길남은 누구보다 이 작업의 필요성을 절감했다. 1980년대부터 아시아 각국에 인터넷을 보급하고 확산시키려고 뛰어다니고, 인터넷 거버넌스 논의를 위해 다양한 국제기구 설립에 나선 그가 누구보다 적임자이기도 했다.

퇴임 이후 의무에서 벗어나 여유롭게 보내던 2010년 즈음, 어느 날 바깥일을 보고 집으로 들어가는데 사고가 나서 갑자기 자신이 죽을 수도 있다는 생각이 들었다. 그러면 무엇이 제일 문제일까 생각하다가, 자기만 할 수 있는 역할이 무엇일까 궁리하게 되었다. 그것은 바로 아시아 인터넷의 역사를 기록하는 일이었다. 그는 1980~1990년대 아시아 지역의 인터넷 보급과 확산에 누구보다 적극적으로 이바지했고, 인터넷은 아시아 각국에서 주요한 인프라 네트워크와 소통 수단이 되었지만, 그 과정이 제대로 기록되지 않았다. 대부분 전길남과 그 시절을 함께 활동한 각국 활동가의 머릿속에 흩어진 기억과 조각난 자료로 존재할 따름이다. 자기 세대가 사라지기 전에 기록으로 남겨야 한다는 생각이 들었고, 그러려면 자기가 직접 나설 수밖에 없다고 생각했다. 벌판에 씨를 뿌린 자가 가을 벌판을 바라보며 느끼는 일종의 책임감이었다.

개별 국가 단위는 물론 아시아 전역의 인터넷 역사를 정리하는 작업은 방대한 프로젝트였다. 시작은 전길남이 했지만, 몇 사람이 나서서 마무리할 수 있는 일이 아니었다. 아시아 각국의 인터넷 역사를 가장 잘 아는 사람이 필자로 나서서 함께 작업해야 하는 일이었다. 30여 개 나라의 인터넷 역사를 다루려면 필자 120명, 자문하는 사람 50~60명 등 약 200명에 이르는 집필진을 꾸려야 했다. 아시아 인터넷 역사를 정리하는 프로젝트였지만, 아시아 인터넷 전문가 전체를 엮어내는 조직을 만드는 일이기도 했다. 이에 전길남이 편집장을 맡고 중국에서 후 다오위안, 태국에서 칸차나 칸차나숫, 오스트레일리아에서 밥 쿠머펠드, 일본에서 무라이 준, 싱가포르에서 로런스 윙이 편집자로 나섰다. 100명이 넘는 필자가 다양한 형태로 각국의 인터넷 역사를 집필해서 책의 내용과 형식은 고르지 않다. 하지만 그동안 존재하지 않았고, 기록하지 않았으면 잊히고 말았을 아시아 지역의 인터넷 역사를 담은 첫 문헌 자료로서 가치 있는 책자가 나왔다. 애초 집필하기로 약속한 사람들이 결국 원고를 보내지 않아 전길남과 편집자들이 해당 국가 부분을 집필한 예도 적지 않았다. 온갖 어려움 끝에 1980년대를 다룬 첫 번째 책《아

시아 인터넷의 역사: 첫 10년A History of the Internet in Asia: First Decade(1980~1990)》이 2013년에 발간되었다. 2015년에 1990년대를 다룬 두 번째 책이, 2016년 5월에 2001년부터 2010년까지를 다룬 세 번째 책이 출판되었고, 2011~2020년까지를 다루는 네 번째 책이 2021년 발간돼 마무리되었다.

이 프로젝트에는 전길남의 노력과 시간뿐 아니라 사재도 투입되었다. 2000년대 초 제자들의 권유로 시작했다가 서둘러 접은 벤처 기업을 청산하는 과정에서 그의 몫으로 남아 있던 3,000만 원가량의 자금이 이 프로젝트에 쓰였다. 널리 판매되거나 읽힐 책은 아니었다. 그런데도 전길남은 아시아의 인터넷 역사를 기록해 후대에 제대로 된 자료를 전하는 것이 자신의 당연한 의무라고 생각했다. 이 일화는 그가 사회에 책무를 느끼고 실행하는 방식을 보여준다.

9

스스로 선택하고
만들어나간 삶

●

어느 날, 딸이 공주 놀이를 하고 있었다.
전길남은 대뜸 "로자야, 공주는 나쁜 사람이야"라고 말했다.
딸은 "왜? 공주는 마음씨 착하고 예쁜데?"라고 되물었다.
그러자 그는 "공주는 일도 하지 않으면서 좋은 옷만 입고
잘난 척하거든"이라고 대꾸해, 동심을 멍들게 했다.

전길남은 출신과 이력이 남다르다. 1943년 일본에서 재일 동포로 태어나 성장했고, 미국 유학과 나사 연구원 생활을 한 뒤 1979년 한국에 정착해 국책 연구소 책임연구원과 대학 교수로 일했다. 정보통신의 불모지인 한국에 세계 두 번째로 TCP/IP 네트워크를 구축해 정보화의 기틀을 마련했다. 제자들에게 벤처 창업을 독려해 숱한 벤처 기업가를 길러냈다. 저개발국가들에 인터넷을 보급하고자 아시아와 아프리카 많은 나라를 수시로 오갔고, 인터넷 관련 국제적 논의 무대에서 주요하게 활동하는 등 글로벌 사회와 사이버 세계를 넘나들었다. 알프스 원정대를 이끌고 전 세계 산악인들이 꿈꾸는 마터호른 북벽 등정에 나서 국내 최초로 성공하는 등 알피니스트의 길을 걸었다. 탁월한 업적들로 가득한 비범한 삶이다.

출신 배경과 활동 분야, 업적, 그리고 남다른 재능에서 다른 이들과 구별되지만, 타고난 능력이나 출신 배경만으로는 전길남을 다 설명할 수 없다. 그가 특별한 이유는 그가 한 선택과 결정, 이를 구현하는 사고방식과 실천 태도에 있다. 환경과 조건에 따라 주어진 것이 아니라 전길남이 스스로 선택하고 만든 것들이다. 그 동력이 결과적으로 전길남의 인생과 업적에 특별함을 가져왔다. 생각하는 방식, 판단하고 결정하는 방식, 업무를 처리하는 방식, 불행과 사고를 받아들이는 방식, 사람들과 관계를 맺는 방식, 즐거움을 추구하는 방식이 독특하다. 자신만의 원칙과 기준으로 자리 잡은 이러한 습관들은 그가 어떤 사람인지를 드러낸다.

아이디어와 함께 잠자리에 들다

전길남이 평소 어떻게 생각하고 행동하는지를 보여주는 버릇이 몇 가지 있다. 그는 크고 작은 의사 결정을 할 때 그만의 고유한 방법을 따른다. 판단이 필요한 결정을 그 자리에서 바로 내리는 경우는 거의 없다. 시스템 엔지니어답게 가능한 최대한의 자원과 경로를 검토한 뒤 가장 합리적인 결과를 얻으리라고 판단되는 절차를 따른다. 그가 '최대의 자원과 경로'를 활용한 뒤 거치는 과정은 '자신과의 대화'다.

중요한 결정은 물론이고 강연 수락이나 값나가는 상품 구매 같은 일상의 간단한 판단에서도 이 시스템은 그대로 작동한다. 전길남은 국내외 학회나 콘퍼런스 등에서 강연 요청을 많이 받는다. 그래서 '일 년에 국내 강연과 외국 강연 각각 몇 차례'라는 기준을 정해놓고, 한 달에 1~2회 범위에서 행사 성격과 관심사를 고려해 선택적으로 요청을 수락한다. 전길남에게 강연 요청을 하면 "생각해보고 수락 여부는 내일 이후 알려주겠다"는 답변을 받는다. 주제와 일정 등을 살펴보고 하루 이틀 생각한 뒤 결정하는 것은 신중한 사람들의 일반적 모습이다. 평범한 풍경으로 보이지만, 하루 동안 그의 내면에서 일어나는 절차는 독특하다. 자신의 무의식과 대화를 거친 뒤 결정하는 그만의 방식이 있다.

전길남은 선택하고 판단하는 일을 미루지 않는다. 하지만 시간과 상황에 밀려서 직관에 의존해야 하는 판단이나 의사 결정 방식을 지극히 싫어한다. 곰곰이 생각할 겨를 없이 그 자리에서 순간적으로 판단하고 결정해야 하는 상황을 피하려 한다. 직관이 아니라 절차와 합리에 따른, 최대한의 이성적인 의사 결정을 추구한다. 충분히 검토할 겨를없이 마지막까지 몰려서 어쩔 수 없는 결정 상황에 도달하거나, '별수 없다. 운명인가 보다'라는 막바지 상황에 이르도록 방치하는 경우가 거의 없다. 외부 영향을 최대한 배제하며 충분히 검토하고 자신이 주도적으로 판단해 최선의 결정을 내리려 한다.

강연 요청 수락 때도 그만의 절차가 있다. 전달할 메시지가 플로 차트(흐름도)나 네트워크 구조 등 하나의 다이어그램 형태로 정리되는지를 먼저 판단한다. 깔끔한 다이어그램으로 정리될 수 있어야 듣는 사람에게도 왜곡 없이 전달된다고 보기 때문이다. 머릿속으로 그림이 그려지고 잠정적 결론을 내렸어도 다음날에야 확정 짓는다. 생각을 하룻밤 묵히는 것이다. 잠을 잔 뒤 '맑은 정신'으로 최종 결정을 한다고 볼 수도 있지만, 그는 스스로 무의식을 활용해 자신의 내면과 대화한 뒤 결정하는 프로세스라고 생각한다. 자기 전에 잠정적 결론으로 생각한 것이 이튿날 아침이 되어서도 꺼림칙하지 않으면 그대로 한다. 하지만 자고 일어났는데 전날의 결론이 뭔가 개운치 않으면 포기하거나 재검토한다.

영어에는 "아이디어와 함께 잠자리에 들어라Sleep with your ideas"라는 표현이 있다. 아이디어를 품고 잠드는 일은 무의식 차원에서 계속 사고하는 행위다. 이성적으로 내린 결론이지만 하룻밤 자고 났더니 그 결론이 개운하지 않으면, 말로 설명할 수 없어도 뭔가 잘못되었다는 걸 무의식이 판단한 결과라고 그는 생각한다. 그래서 중요한 일은 잠정적 결론을 내린 뒤 무의식을 활용해 다시 한번 판단을 검증하는 시스템을 스스로 만들었다. 버트런드 러셀도 "중대한 결정을 내리기 전에 하룻밤 푹 자야 한다는 사람은 매우 현명한 사람"이라며 잠재의식과 수면의 효과를 강조한 바 있다. 미국 작가 존 스타인벡은 "간밤에 풀리지 않던 문제가 수면위원회Sleeping Committee의 활동을 거치고 아침이 되면 해결된다"고 재치있게 표현했다.

잠의 효과는 현대 수면과학 연구를 통해 입증되고 있지만, 전길남이 주요한 의사 결정을 할 때 무의식을 활용하는 것은 경험에서 비롯된 습관이다. 그는 누구나 인생에서 중요한 결정의 순간에 선택이란 것을 하게 되는데, 그때 과정을 자세히 들여다보면 특정한 계기로 순간적으로 결정하는 것이라기보다는 어느 정도 방향이 결정된 상태에서 선택하는 것이라고 본다. 그가 고교 3학년이던 1960년 봄 오사카성 아래 모인 학생들 수천 명 앞에서 연설하려다가 '우리 나라'라는 말이 목에 걸려서 결국 포기하고 한국행을 결심한 상황도 마찬가지다. 당시 그가 '나는 한국인인가 보다. 한국으로 가야겠다'라고 결심한 것도 그동안 전혀 생각해보지 않았던 깨달음과 각오가 번개처럼 우연히 찾아온 것이 아니라는 말이다. 그는 자신이 능동적으로 결정했다기보다 오히려 무의식 차원에서 오랫동안 품고 있던 생각이 작용한 결과라고 본다. 즉, '결정되어버린 것'이고, 거기에는 무의식의 힘이 작동했다고 본다. 그가 무의식의 검증을 적극적으로 활용하게 된 계기다.

주요한 판단과 결정을 내려야 할 때 그가 종종 활용하는 또 하나의 방법은 다중 언어 사용을 통한 검증이다. 그에게 일본어는 태어나 자연스럽게 습득한 모국어이고, 영어는 유학 이후 연구와 업무를 위해 사용한 실무 언어이고, 한국어는 한국 생활을 선택한 뒤에 배운 일상 언어다. 그의 일상과 머릿속에는 늘 3개 언어가 작동한다. 그에게는 숙고가 필요한 문제의 결론을 내린 뒤 이를 다른 언어로 바꿔서 다시 생각해보는 습관이 있다. 한국어에서는 명확하지만, 영어나 일본어로 바꾸어 다시 생각해보면 그렇지 않은 경우가 적지 않다. 언어는 사유 방식이고 언어에 따라 문화가 구획되는 만큼 특정 문화에서 당연한 일이 다른 문화권에서는 다르게 받아들여지는 경우가 흔하다. 언어를 바꿔서 생각해본다는 것은 단순히 다른 언어로 어떻게 표현되는가 하는 문제를 넘어서, 다른 사회에서는 같은 사안을 어떻게 받아들이고 의사 결정을 할까에 대한 '사고 실험'이기도 하다. 그 문제를 일본에서라면, 또 미국에서라면 어떻게 처리하는 게 자연스러웠을까 생각해보는 것이다. 일본과 미국에서 생활하면서 알게 된 그 사회와 문화의 판단 방식을 해당 언어를 활용한 입체적 사고에 적용한 것이다.

1964년, UC버클리의 언어학자 수전 어빈 트립은 영어와 일본어에 모두 유창한 여성들을 대상으로 한 실험을 통해 동일한 문장이 언어에 따라 다른 방식의 생각으로 이어진다는 연구 결과를 발표한 바 있다. 트립은 이들 여성에게 미완성 문장을 제시하고 마무리를 지어달라고 요청했다. "내 소망이 가족의 뜻과 맞지 않을 때(When my wishes conflict with my family⋯)"라는 문장을 제시하자 실험 대상자 대부분이 일본어로는 "매우 불행한 시간이다(it is a time of great unhappiness)"라고, 영어로는 "내가 하고 싶은 대로 한다(I do what I want)"라고 마무리했다. 특정 언어가 사고방식에 영향을 끼친다는 트립의 결론은 이후 유사 연구들을 통해 뒷받침되었다. 전길남이 스스로 익혀 체화한 사고 습관이 언어심리학 연구로도 확인된 셈이다.

그는 종교가 없지만, 중요한 결정을 앞두고는 참선과 명상을 통해 생각을 가다듬는다. 그 공간은 주로 대자연이다. 중·고교 시절에는 일본 고승들의 책을 많이 읽었고, 성인이 된 뒤에는 사찰에 잠시 들어가 참선을 하기도 했다. 그에게 절은 참선과 명상에 좋은 공간이 아니었다. 오히려 고된 등산이나 암벽 등반에서 참선과 명상을 경험한다. 잡념을 품는 순간 목숨이 위태로워지는 암벽 등반은 극한의 몰입과 집중을 할 수밖에 없는데, 몰아의 경험이 참선과 비슷하다. 그에게 암벽 등반은 내면을 성찰하고 문제의 본질에 집중하게 만드는 일상의 몰입 의례다. 미하이 칙센트미하이는《몰입Flow》에서 서핑과 암벽 등반, 악기 연주 등을 몰입 경험의 대표 사례로 들었는데, 전길남이 택한 방법도 그러했다.

전길남은 성격적으로 사람들과 어울리기보다는 혼자 생각하고 독립적으로 행동하기를 좋아하는 유형이다. 그러나 그가 무의식, 다중 언어, 명상 등을 활용하는 고유한 검증 시스템을 만든 건 환경의 영향이 컸다. 일본, 미국, 한국으로 생활 근거지와 언어 환경을 바꿔 살면서 그 사회에서 나고 자라난 사람들 중심의 문화와 공식적·비공식적 네트워크와 거리를 두게 된 것이 한 요인이다. 또한, 개인적 삶이나 업무에서 직면한 문제들의 특성은 그가 자신만의 사유와 검증 방식을 형성하도록 내몬 또 하나의 배경이다.

고교 시절 한국에 가기로 마음먹은 것을 비롯해 전문 산악인의 삶, 알프스 북벽 원정 등반대장, 컴퓨터 국산화 프로젝트, 세계 두 번째 컴퓨터 네트워크 구축과 초고속 인터넷 프로젝트 등 그가 인생에서 직면한 주요한 문제에는 공통점이 있다. 해결 방식이 알려지지 않은, 전인미답의 중대한 과제라는 점이다. 국내만이 아니라 세계적으로 최첨단의 영역이었고 각각의 과제가 고유한 경우였다. 전길남은 그러한 과제들의 책임을 맡아 결정해야 하는 리더의 자리에 있었다. 그런데 당시 한국에는 해당 사안을 놓고 대화할 만큼 그 분야를 잘 알거나 깊이 있게 생각해온 사람이 거의 없었다. 가까이 있는 전문가나 관료들도 해당 주제를 두고 소통하고 논의하기는커녕, 그가 다루는 문제의 본질과 의미를 제대로 이해하지 못하는 경우가 대부분이었다. 전길남이 처음 제안하고 추진한 탓에 해당 문제와 관련해 깊이 있게 논의할 상대 자체가 없는 상황이었다. 첫해 탈락하고 일 년 뒤 편법을 써서 가까스로 정부 심사를 통과한 컴퓨터 네트워크 구축이 대표적 사례다. 그가 다뤄온 문제를 당시 전문가 영역에서 어떻게 이해하고 있었는지를 단적으로 보여준다.

이러한 문제들은 참고할 만한 이전 사례가 없다는 점과 함께 매우 중요해서 실수하면 막대한 피해가 발생한다는 공통점이 있다. 그 상황에서 전길남은 결정을 내려야 하는 책임자였다. 문제를 제대로 이해하지 못하는 사람들과는 아무리 오랜 시간 토론하고 합의나 다수결로 결정한다고 해서 제대로 된 해법이 나오지 않는다. 이런 상황에서 리더가 잘못된 판단을 내리면 파국에 이를 수밖에 없다. 깊이 있게 의논할 상대가 없는 상황에서 독단적 판단을 피하고, 자신의 무의식이라는 가상의 상대와 대화하는 방식은 최대한 합리적 결론을 끌어내기 위한 그만의 논의 방법이자 사고방식이었다. 리더가 잘못된 결정을 내리면 등반에서는 조난 사고나 사망자가 발생하고, 국책 과제 기술 개발에서는 국가 경쟁력이 떨어지고 산업은 엄청난 기회를 잃고 만다.

객관적 인식에 투철한 현실주의자

전길남은 과학과 확률론적 세계관을 신봉하는 현실주의자다. 주어진 환경을 받아들이고 인정한 상태에서 정확하고 과학적인 인식을 바탕으로 다음 단계로 나아간다. 방대하고 치밀한 조사를 기반으로 현실을 가능한 한 정확하게 파악하고 계획을 세위 실행한다. 그가 전공한 시스템 엔지니어링은 불가능하거나 무모한 시도로 여겨온 목표를 이루기 위해 과학적 사고와 접근법으로 길을 찾아내고 실행하는 분야다. 나사의 행성 탐사 로켓 발사 프로젝트나 8,000미터 14좌 무산소 등정에 나선 라인홀트 메스너의 도전이 전형적 사례다. 고산 등반과 우주선 발사 같은 고위험의 도전 프로젝트는 아무리 사전에 면밀하게 조사하고 준비하더라도 성공이 백 퍼센트 보장되지 않는다.

실험실과 달리 복잡한 현실에서 진행되는 일은 무수한 변수의 영향을 피할 수 없다. 그래서 면밀한 검토를 통해 성공 확률과 실패 확률을 계산하고 위험을 감당할 만한 가치가 있다고 판단되면 도전에 나서는데, 그때는 확률론적 사고를 받아들여야 한다. 성공 확률에 대한 정교한 판단과 면밀한 준비 없이 의욕만으로 무모하게 도전에 나서면 실패할 가능성이 매우 크다. 그러나 그는 실패할 확률이 거의 없는 시도는 안전하지만 도전할 가치가 없는 일이라고 생각한다. 더욱이 지식의 발견과 사회 공헌 측면에서는 무가치한 일이다. 안전하지만 새로울 게 아무것도 없는, 그래서 새로운 발견과 기여가 전혀 없는 일이기 때문이다.

전길남이 추구한 일들은 모두 성공 확률이 매우 낮을뿐더러, 국내에서 누구도 이루어내거나 시도해보지 않은 영역이었다. 성공 사례와 시도가 없어 불가능에 가깝게 여기는 과업이지만, 전길남은 시스템공학적으로 접근했다. 치밀한 조사와 연구를 통해 도달 가능한 목표인지 판단하고, 낮은 확률이지만 성공할 길을 찾아낼 수 있는 일이라면 위험을 무릅쓰고 도전했다. 그가 희열과 보람을 느끼는 일이다. 성공 사례가 없고 결과가 예측되지 않는 높은 목표를 시도할 때 실패 확률을 지나치게 두려워해 도전에 나서지 못하면 얻는 것도 없다. 새로운 지식과 발견은 위험과 실패를 무릅쓴 도전을 요구한다. "배는 항구에 정박해 있을 때 가장 안전하다. 하지만 그러려고 배가 존재하는 것은 아니다"라는 경구처럼 말이다.

1980년, 알프스 원정대를 이끌고 마터호른 북벽을 오르다가 낙석에 스치는 아슬아슬한 사고를 만났을 때나, 절벽에서 엉덩이만 붙인 채 잠을 청하다가 번개를 맞고 전류가 대원들 몸을 지나는 감전 상태에 맞닥뜨렸을 때 대원들은 당황하고 공포에 사로잡혔다. 하지만 등반대장 전길남은 전혀 놀라거나 당황하지 않았다. 마터호른 북벽 도전에서 종종 일어나는 일로, 확률적으로 감수해야 할 위험으로 여기고 대비했기 때문이다.

이처럼 사전에 위험이나 실패 확률을 인지하고 계산할 수 있으면, 그 일을 도전할 때 확률에 따라 일어나는 위험이나 실패는 수용해야 하는 통제 영역 안의 일이다. 그에게는 당황할 일이 아니었고 미리 예견했기에 감수해야 할 위험이었다.

1911년, 로버트 펠컨 스콧이 이끄는 영국 원정대는 같은 시기 로알 아문센이 이끄는 노르웨이 원정대와 남극점 최초 도달 경쟁을 벌였다. 아문센 원정대는 주도면밀한 작전을 통해 남극점 최초 도달에 성공했지만, 스콧 원정대는 한 달 늦게 남극점에 도달하고 귀로에서 추위와 식량 부족을 이기지 못하고 원정대 5명 모두 사망했다. 그럼에도 스콧 원정대는 죽음의 위기 속에서도 암석 표본을 수집하고 펭귄 생태 연구를 하는 등 끝까지 품위를 잃지 않은 채 최후를 맞았다고 알려져 영국 사람들에게 '영국 신사의 기품'을 보여준 탐험대로 존경받는다. 하지만 시스템 엔지니어로 알프스 등반대장을 지낸 전길남은 남극 원정대장 스콧을 어리석고 무모한 전략으로 대원 모두를 죽음으로 몰고 간, 잘못된 리더로 본다. 탐험대 최고의 리더는 어니스트 섀클턴처럼 어떠한 상황에서도 대원들의 목숨을 지키며 무사 귀환 임무를 완수해야 하고, 그를 위해 치밀한 준비와 지도력을 발휘해야 한다는 것이다.

전길남은 다른 사람들이 자연스러운 일상으로 받아들이는 일이라도, 예측하기 힘들거나 통제할 수 없다고 판단되는 일에는 웬만해서는 뛰어들지 않았다. 한 예로, 그는 거의 택시를 타지 않는다. 서울의 교통 상황에서는 예측과 통제가 불가능한 교통수단이라고 보기 때문이다. 자신이 택시를 타지 않을 뿐 아니라, 상대가 약속 장소에 택시를 타고 나타나면 '이 사람은 약속 시간을 어떻게 지키려고 저렇게 비합리적인 교통수단을 이용하는가'라는 의구심을 품을 정도다. 언제나 지하철이나 열차를 이용하고 연계 교통수단으로 어쩔 수 없을 때 버스를 이용한다.

택시를 타지 않는 이유는 하나다. 도착 시간을 예측할 수 없다는 점이다. 빈 택시가 오기를 무작정 기다려야 하고, 수시로 변하는 교통 상황에 따라 도착 예정 시간이 계속 달라진다. 그래서 그는 택시를 도착 시간을 예측할 수 없는 교통수단으로 여긴다. 스마트폰의 호출 애플리케이션이나 내비게이션의 출현으로 택시도 대기 시간과 도착 시간을 과거보다 정확한 수준으로 예측할 수 있는 환경이 되었지만, 택시에 대한 그의 생각은 변하지 않았다.

전길남은 이동할 때 항상 소요 시간과 도착 예정 시간을 계산하고 움직인다. 지하철역까지 도보 이동과 지하철 탑승 시간을 계산하고, 지하철역까지 버스를 타야 할 경우 배차 간격과 탑승 시간을 고려한 뒤 몇 분의 여유 시간을 포함해 출발한다. 시스템 엔지니어인 전길남의 관점에서 보자면 택시는 지나치게 많은 우연의 요소가 있고, 그 요소는 기본적으로 기사나 승객이 통제할 수 없다. 소요 시간이 10분, 15분 더 되더라도 도착 예정 시간을 계산할 수 있고, 그래서 출발 시각과 도착 시각을 통제할 수 있는 대중 교통수단을 이용하는 게 전길남에게는 합리적이고 당연하다.

그는 통제할 수 없는 상황에 놓이는 것을 싫어한다. 스스로 선택하지 않은 일을 해야 하는 상황을 가능한 한 피한다. 지인들과 편하게 어울리는 술자리를 마련하거나 참석한 적도 거의 없다. 술 마시기를 꺼려서가 아니다. 코냑, 와인, 맥주를 좋아한다. 하지만 대부분 '혼술'이다. 지인들과 함께하는 술자리를 꺼리는 이유를 그는 이렇게 설명한다. "내가 오늘 저녁 누군가와 술을 함께 마시자고 청하면, 다음에 그 친구가 술 먹자고 청할 때 나도 응해야 하는 관계가 된다." 술자리 자체에 대한 거부가 아니라, 미래 어느 시간에 대한 자신의 통제력이 사라지는 상황을 수용하기 싫은, 철저하게 자기 판단과 통제에 따라 움직이는 사람인 까닭이다.

전길남의 객관적 인식은 자신을 향해서도 날카롭다. 인생의 고비가 되는 길목마다 그는 자신에 대한 객관적 인식과 평가를 통해 결정을 내렸다. 중학교 시절 수영을 좋아해 수영 선수가 될까 진로를 고민할 때도 전문가인 학교 수영코치에게 물었다. 열심히 노력하면 올림픽에 출전할 수준이 될 수 있을지 코치의 판단을 받았다. 고교 시절에는 수학의 매력에 빠져 한때 수학 전공을 꿈꾸었다. 하지만 대학 진학 때는 컴퓨터공학으로 결정했다. 미래 한국행을 위한 준비이기도 했지만, 아인슈타인처럼 두뇌가 뛰어나지 않다는 자기 인식이 있었기 때문이다. 미국 유학 시절 암벽 등반에 빠져 있던 시기에는 전문 산악인의 길을 구체적으로 탐색했다. 등반에 대한 열정과 함께 자신의 기량과 체력 정도면 직업 등반가로 성공할 수 있다는 자신감이 있었다. 하지만 그때도 몇 가지를 검토한 뒤 직업 등반가의 꿈을 접었다. 등반가로서 성공하려면 뛰어난 등반 실력과 성취만으로 충분하지 않다. 등반한 이후 그 경험을 책으로 펴내고 강연을 통해 살아가는 게 직업 등반가의 일반적 경로다. 등반만큼은 누구에게도 뒤지지 않을 자신이 있었지만, 그 경험을 글로 풀어낼 실력은 없다고 생각해 꿈을 접었다.

인생의 고비마다 이처럼 객관적인 자기 인식 능력을 발휘할 수 있었던 데는 자신이 처한 '고유한 상황'이 큰 영향을 끼쳤다고 전길남은 생각한다. 일본에서 재일 동포로 사는 사람은 "중·고등학교를 졸업하고 대학에 진학한 뒤 사회에 나와서는 뭘 해야 하나?"라는 질문을 피할 수 없다. 보통의 일본 학생들이 자연스럽게 택하는 경로와는 판이하고 예측하기 어려운 미래가 재일 동포 2세들에게 놓여 있는 탓이다. 재일 동포 전길남은 어려서부터 자연스럽게 먼 미래를 예상하면서 자기주도적으로 생각하는 습관을 들여야 했다. 처한 환경 탓에 항상 장기적 관점에서 생각해야 했다. 먼 미래의 관점에서 자신과 외부에 대한 객관적 인식을 바탕으로 하는 사고 습관과 판단은 그에게 큰 보상과 만족을 주었다. 미국 UCLA와 나사에서 시스템 엔지니어링을 배우고 훈련하는 과정을 통해 일상 속에서 자신을 객관적으로 인식하는 습관은 더욱 깊이 내재화되었다.

전길남은 20대 젊은이들에게 "가능하면 외국에서 일 년 정도 살아보라"고 추천한다. 익숙한 환경을 떠나 낯선 곳에서 살면 자신이 살아온 환경과 사고방식을 객관화하는 훈련을 자연스럽게 할 수 있고, 그러면 자기 자신을 객관적으로 인식하게 된다는 이유에서다.

어떠한 상황에서도 객관적 인식을 추구하는 습관은 때로 지나친 냉정함과 기계적 반응으로 비치기도 했다. 아내 조한혜정은 젊은 시절 결혼하지 않고 학문과 사회 활동을 하면서 살기로 굳게 마음을 먹었다. 1970년대 중반, 미국 유학 시절에 형부 친구인 전길남을 알게 되어 교제했지만, 전길남의 구애와 청혼은 매몰차게 거절했다. 1970년대 한국에서 기혼 여성이 학자와 사회활동가로 제대로 일하면서 육아와 가사 등 가정생활을 병행하는 건 거의 불가능해 보였기 때문이다. 전길남이 사회 활동을 보장하겠다며 끈질기게 구애한 끝에 두 사람은 결혼에 이르렀다. 조한혜정은 2014년에 35년간 교수로 몸담아온 연세대학교에서 정년 퇴임했다. 퇴임 이후 지난날을 돌아보던 어느 날이었다. 조한혜정은 전길남이 "결혼이 절대로 당신의 사회 활동에 걸림돌이 되지 않게 해주겠다"고 했던 청혼 당시의 약속을 떠올렸다. 남편은 결혼 생활 내내 그 약속을 잘 지키고 항상 다양한 방식으로 도움을 주었다. 조한혜정은 남편에게 "정말 고맙다"고 말을 건넸다. "내가 만약 당신을 만나지 못했으면 어떻게 살았을까?" 하고 지난날의 추억과 감상에 젖어 돌아보듯 말했다. 그런데 전길남은 별로 생각할 틈도 없이 바로 반응했다. "당신은 나를 만나지 않았어도 아마 잘살았을 거야." "그렇게 생각해주니 고맙다"라는 정서적 반응 대신 전길남이 아내 조한혜정에 대해 파악하고 있던 평소의 객관적 인식이 그대로 튀어나온 것이다. 조한혜정은 "그때 약간 슬픈 느낌이 들었다"고 말한다. 아내가 아무리 자기 일로 바쁘고 남편에게 신경 쓰지 않아도 불평 한 번 없이 원칙에 충실하고 공평무사한 태도가 평생 변하지 않은 남편이었다. 하지만 동시에 그러한 원칙과 태도는 때로 지나친 냉정함으로 다가오기도 했다. 서로를 깊이 존중하고 신뢰하며 만족스러운 결혼 생활을 해온 부부지만, 전길남은 아내의 애틋한 감정에 대해서도 냉정하고 객관적인 평가를 멈추지 않았다.

'공정한 기회'에 대한 집착

전길남은 목적 지향적인 사람이다. 고교 시절 '나는 한국인인가 보다'라는 깨달음을 얻은 뒤 그의 삶을 지배한 건 목표와 의미였다. '한국인', '4·19'가 고교생 전길남을 움직인 태풍이었다면, 그 후 그는 '민족'을 벗어나 좀 더 보편적인 가치를 추구했다.

그가 추구한 목표는 더 나은 삶을 위해 다른 이들을 돕는 것이었다. 이는 현실에서 '공정함'을 추구하는 태도로 나타났다. 그는 생애 내내 '공정한 기회'라는 구체적인 목표를 집요하게 추구했고 이를 구현하기 위해 노력했다. 공정함이라는 목표는 단순한 지향점을 넘어 스스로 자신에게 부여한 사명에 가까웠다. 고교 시절 한국행을 결심한 일부터 인터넷 네트워크 구축과 교육에 뛰어든 일, 아시아와 아프리카 등 많은 개발도상국에 인터넷을 보급하고 조언자로 활동한 일, 미국과 유럽이 주도하는 인터넷 관련 국제회의에서 줄기차게 개발도상국과 소수의 목소리를 대변한 일 등 그가 평생 열정을 쏟은 일에는 공통된 배경이 있다. 바로 '공정한 기회'다. 개인과 국가의 생존과 번영에 꼭 필요한 영역은 '도착한 순서대로First come, first served' 선발 주자 몇이 나눠 먹어서는 안 된다고 굳게 믿었다. 미국이 인터넷 기술을 개발하고 선진국 위주로 먼저 보급했다고 해서 그 후의 인터넷 관련 국제 규약과 권리 주장이 선발국 위주로 진행되어서는 안 된다고 국제적인 논의 무대에서 고집스레 주장해왔다. 동등한 지분은 아니더라도 후발 참여국들의 목소리가 일정 수준 반영되어야 한다는 신념 때문이었다.

그가 지향한 공정성은 결과적 평등이 아니라 기회 제공 면에서의 공정함이다. 그에게는 개선을 위해 노력하는 사람을 힘닿는 데까지 도와야 한다는 신념이 있다. 그가 가장 보람을 느낄 때는 자신이 알려주고 부여한 과업을 수행하는 학생이나 누군가가 "굉장히 힘들어요. 하지만 정말 재미있어요"라고 반응할 때다. 목표를 설계할 때는 상대가 수행할 수 있는 일상적 기준보다 높되, 자발적 동기를 끌어낼 수 있는 최대치 바로 아래로 설계해야 한다. 목표가 낮으면 흥미가 사라지고, 한계치를 넘어가면 번아웃되거나 지속 불가능해지므로 잘 설계해야 한다. 시스템공학의 영역인 동시에 누군가에게 자발적 열의를 최대한 끌어내는 동기 부여자로서 해야 할 일이다.

1980년대에 그는 한국인들이 자신의 현재 위치와 능력을 객관적으로 판단하지 못하거나 스스로 선택한 방향에 확신이 없다고 느꼈다. 그가 발을 담근 연구 개발과 대학원 교육, 고난도의 등반 분야에서 한국인들은 제각각 분투했으나 자신감이 없었다. 자기 실력이 어느 정도인지 객관적으로 파악하지 못했다. 세계적 수준과 최첨단을 경험해보지 못한 까닭에 확신하지 못하고 불안해했다. 열심히 하고는 있는데 지금 하는 방법이 맞는지, 국내에서는 최고 수준에 이르렀는데 세계 무대에서도 같은 방식이 통할지 알 수 없어 불안해했다. 한국에 오기 전 학계와 기술 분야에서 세계적 수준을 경험했고, 노력하고 추구하는 사람을 적극적으로 도와야 한다고 믿는 전길남에게 한국의 상황은 버거울 정도로 해야 할 일이 가득한 '미션의 땅'이었다.

전길남은 어려서부터 누구든 출신이나 배경으로 차별을 받아서는 안 되고 동등한 기회를 얻어야 한다고 믿었다. 사회적으로 당연하게 여기는 관행도 차별에 민감한 그에게는 당연하지 않았다. 그가 부당한 관행을 어떻게 생각했는지 보여주는 젊은 시절 일화가 있다. 첫째인 딸 로자(애칭)가 다섯 살 무렵이었다. 어느 날, 딸이 망토를 두르고 "공주님, 나가신다"라고 홍얼거리며 공주 놀이를 하고 있었다. 전길남은 대뜸 "로자야, 공주는 나쁜 사람이야"라고 말했다. 딸은 "왜? 공주는 마음씨 착하고 예쁜데?"라고 되물었다. 그러자 그는 "그런데 공주는 일도 하지 않으면서 좋은 옷만 입고 잘난 척하거든"이라고 대꾸해, 동심을 멍들게 했다.

카이스트 교수 시절 한 대기업에서 졸업생을 추천해달라고 요청해왔다. 1980년대에는 대기업들이 공채 제도와 추천 입사를 병행해 운영했다. 기업들이 주요 대학의 학과나 교수에게 취업 추천 의뢰를 하면, 담당 교수의 추천서가 취업에 결정적 역할을 하던 시기였다. 전길남은 한 졸업생을 적임자로 여겨 추천했다. 신체장애가 있는 여학생이었다. 그러자 대기업에서 "다른 학생으로 다시 추천해달라"고 요청했다. 전길남은 불같이 분노하며 "만약 이번에 추천한 학생을 채용하지 않으면, 앞으로 우리 카이스트 졸업생을 그 기업에 추천하는 일은 절대로 없을 것"이라고 강하게 경고했다. 추천은 원래대로 관철되었다. 앞서 언급했듯이, 카이스트 연구실에서 대학원생들이 행정 일을 도우러 온 아르바이트생을 제대로 보살피지 않고 방치했을 때도 대학원생들을 이례적으로 크게 질책했다.

그는 또한 여성을 평등하게 대해야 한다는 생각을 실천에 옮겨 연구실에서 남녀 차별을 없애나갔다. "내가 면접관이라면 카이스트 학생의 절반이 여학생이 될 때까지 여학생을 우선 합격시키겠다"고 공언하는 등 당시로서는 이례적으로 여겨질 정도로 평등주의자였다.

가정에서도 평등을 실천했다. 조한혜정은 "남편은 평등주의자고, 나는 자유주의자"라며 "나는 자주 가사 분담의 규칙을 어겼지만, 남편은 그런 일이 드물었다"고 술회했다. 부부의 '평등한 관계'가 당시 카이스트 학생들에게는 낯설게 다가왔다. 토요일 오후가 되면, 전길남은 학생들과 홍릉 카이스트 연구실을 벗어나 북한산 인수봉에서 암벽 등반을 했다. 등반을 마치면 홍은동 집으로 가서 함께 저녁을 먹곤 했다. 1980년대 중반, 정철은 전길남의 집에서 만난 풍경이 충격적이었다고 회상한다. "등반을 마치고 전 교수 집으로 가서 저녁을 먹었는데, 조한혜정 교수가 '길남, 밥은 내가 했으니 설거지는 당신이 해. 학생들은 과일 먹고…'라고 말했고, 전 교수는 개수대에서 자연스럽게 설거지를 했다. 처음 보는 놀라운 장면이었다." 성 역할에 대한 고정관념이 있던 시대인 데다, 성공한 남자들이 가정에서 부엌일을 일상적으로 맡는 걸 상상하기 어렵던 시절이라 그 풍경이 당혹스러웠던 것이다.

그는 인터넷 관련 국제회의 때마다 미국, 유럽 등 기득권 프레임에 맞서 아시아, 아프리카의 목소리를 집요하게 대변했다. 인터넷 거버넌스 논의 무대에서 후발국의 목소리를 대변하는 그에게 인터넷 전문가들의 '악착같다'는 평가가 뒤따랐을 정도다.

자신과 이해관계가 없는 일에서 그토록 차별에 분노하고 저항하면서 약자의 목소리를 대변하게 만든 동력은 무엇일까? 재일 동포라는 소수자로 차별받아온 경험을 무시할 수 없을 것이다. 전길남은 일본 초등학교 시절부터 재일 동포에 대한 공개적·비공개적 차별을 경험했다. 사회적 약자로서 당연하게 받는 차별에 민감할 수밖에 없었다. 유학 이후 생활한 미국에서도 차별을 경험했다. 미국은 흔히 출신과 관계없이 누구나 능력에 따라 꿈을 이룰 수 있는 '아메리칸 드림'의 땅으로 알려져 있다. 하지만 전길남이 미국에서 엘리트 집단을 경험하고 관찰한 결과는 그렇지 않았다. 오히려 다양한 인종과 배경에 따라 훨씬 더 정교한 차별과 배제가 구조적으로 이루어질뿐더러 그런 차별을 당연하게 받아들이는 곳이 미국 사회였다.

이방인의 한국 생활

한국에서는 레드오션을 피해 블루오션에서 활동했다. 다른 사람들과 경쟁이 아예 불가능하거나 경쟁이 필요 없는 영역을 택해서 일했다. 특히, 자리를 놓고 누군가와 경쟁해야 하는 분야에는 아예 발을 디디지 않았다. 그러다 보니 그가 하는 일에 대해 제대로 아는 사람이 거의 없었고, 기본적으로 그가 집중한 과제들은 '과연 그것이 가능한가, 불가능한가' 차원의 임무였다. 한국에 오자마자 컴퓨터 운영 체제로 오픈 시스템인 유닉스를 결정하고, 컴퓨터 국산화 개발 방식을 마이크로프로세서와 유닉스를 결합한 형태로 설계한 것, 인터넷 시스템을 구축한 것, 1985년 태평양컴퓨터통신국제학술회의 개최, 초고속 인터넷망 구축 프로젝트 등 그가 결정한 일들은 모두 국내에서 처음 해보는 과업이었다. 역할이나 자리를 놓고 경쟁하는 일이 아니었다. 그는 학회장처럼 누군가 하고 싶어 하는 자리에 자신이 들어가서 경쟁하면 안 된다고 생각했다. 자기는 한국 사회에 보탬이 되려고 온 것이지, 출세하러 온 게 아니라는 생각 때문이었다. 더욱이 한국 사회는 인맥, 학맥, 지연 등 다양한 인적 네트워크의 영향력이 지배적이다. 노력한다고 해서 통제할 수 있는 영역이 아니었다. 그래서 시스템 엔지니어로서 그는 그러한 영역에 아예 발을 들이지 않았다.

연구실이 배출한 1호 박사인 이동만 카이스트 교수는 전길남이 경쟁 없는 분야에서 새로운 문제와 높은 목표를 설정하고 스스로 다그친 것에 대해 이렇게 설명한다. "전길남 박사는 일본에서도, 미국에서도, 한국에서도 기본적으로 이방인이었다. 인맥, 학맥, 지연이 뿌리 깊은 한국 사회에서 자신 외에는 의지할 수 없는 상황에서 살아남으려면 남다른 수준의 탁월함을 증명해야 했다. 자신이 가진 능력을 극한으로 발휘해 다른 사람들이 접근하기 어려운 수준으로 만들어야 했다. 그는 자신이 가진 국제적 네트워크와 지식을 잘 활용해 강점을 극대화하고 활용하는 법을 잘 알았다. 전 박사는 우선 자신이 잘할 수 있는 일을 판단해 선택하고, 거기에 집중했다."

전길남은 자신을 극한까지 몰아붙이는 방법을 선택했지만, 대다수 한국인에게는 자연스럽거나 그리 어렵지 않은 일이 그에게는 유난히 힘든 예도 있었다. 한국에 40년 넘게 살면서도 복잡한 도심에서 운전하는 것이나, 늦은 밤 번화가에서 벌어지는 택시 잡기 경쟁, 모임을 마치고 계산대에서 서로 밥값을 내겠다고 다투는 관행에는 끝내 익숙해지지 않았다. 다른 이들은 수많은 사람 사이에서 악착같이 손을 흔들어 택시를 잡아타고 귀가했지만, 그는 사람들이 거의 귀가하고 빈 택시가 올 때까지 마냥 기다려야 했다. 그러다 결국 늦은 밤에 택시로 귀가해야 하는 상황은 일정에서 아예 배제했다. 지하철로 귀가가 가능한 저녁 약속에만 갔다.

그가 난감해했던 한국 사회의 관행은 '청탁'이었다. 수행하는 프로젝트 특성상 고위 관료를 만날 일이 많았다. 정보화 정책 관련하여 청와대 수석비서관이나 장관, 차관을 비롯해 주요 기업 임원 등을 만났다. 전길남을 통하면 미국 백악관이나 국무부, 국립과학재단 등 인터넷과 관련된 미국 책임자급과도 연결할 수 있었다. 주변에서는 전길남이 권력자들에게 어느 정도 수월하게 접근할 수 있다고 보고, 정부 부처 누구에게 한번 이야기해달라는 식으로 청탁을 하기도 했다. 대개 이런 청탁은 노골적이기보다는 말투나 눈빛으로 미묘하게 전달되기 마련이다. 전길남은 그럴 때마다 마치 한국인의 미묘한 표현법을 전혀 알아듣지 못하는 것처럼 반응했다. "미안하지만 그 부탁은 들어드릴 수 없습니다"라는 말도 하지 않았다. 상대가 무슨 말을 하는지 도무지 이해하지 못하겠다는 표정으로, 생전 처음 받아보는 황당한 부탁이라는 태도를 보였다. 때로는 경멸 어린 눈빛으로 상대를 바라보기도 했다. 그런 부탁을 하는 사람은 스스로 모욕

당할 걸 각오한 것이므로 자기가 그렇게 대우하는 것이 자연스럽다고 생각했다. 마치 그때는 한국 사람이 아니라 미국 사람인 것처럼, 한국의 문화나 표현을 이해하지 못한다는 몸짓을 보이기도 했다. 그러면 자존심이 있는 사람은 모멸감을 느끼고 물러섰고, 다시는 비슷한 부탁을 하지 않았다. 전길남은 그런 청탁을 한 사람은 다시 상대하거나 만나지 않았다.

전길남은 한국 사회에서 일반적으로 작동하는 인맥과 청탁을 의도적으로 배격하고 무시했다. 다른 사람들이 범접할 수 없는 영역에서 경쟁이 불가능한 일들을 다루면서 자신이 상황을 통제하려 했다. 덕분에 많은 사람이 그를 한국 물정 모르는 교수 또는 한국 사회에 적응하지 못하는 미국 박사로 여겼다. 특히, 표면적 의사소통 외에 '인간적 요청'과 '끈끈한 관계'가 통하지 않는 전길남에게 한국 사회 기득권층은 거리감을 느꼈다. 허진호는 이렇게 설명한다. "전길남은 자신의 신념과 원칙을 지키는 사람들과 그렇지 않은 사람들을 구분하여 분명하게 선을 그었고, 청탁을 하거나 자신의 소임을 대충대충 하는 사람들을 용납하지 않았다. 그런데 그것은 한국 사회 기득권층이나 주류 세력에게 익숙한 관행이기도 했다. 그래서 기득권층은 그러한 관행을 용납하지 않은 전길남에게 곱지 않은 시선을 보냈다. 전길남이 한국 사회에서 업적에 걸맞은 인정을 별로 받지 못한 배경이다."

'재가 수도자' 시스템 엔지니어

전길남은 청소년기 이후 스스로 결정한 대로 자신만의 길을 걸었다. 그 길은 일찍이 누구도 가보지 않은 길이라서 불가능해 보이는 목표인 경우가 대부분이었다. 하지만 투철하게 대상을 연구하고 철저한 훈련과 준비를 통해 단련하면 길을 찾을 수 있다는 신념으로 도전했다. 누구나 타고난 환경과 조건의 영향을 벗어날 수 없지만, 전길남은 생각한 대로 살아가기 위해 운명을 스스로 개척해나간 인물이라는 점에서 비범하다. 그가 이룩한 업적과 기여도 훌륭하지만, 그러한 결과물 또한 그가 스스로 개척하며 살아온 삶의 부산물이다. 누구나 외부의 간섭이나 지시를 벗어나 스스로 자신의 운명을 개척하고자 하지만, 전길남은 유별났다. 자신이 뜻을 세우지 않은 일, 동의하지 않는 일을 관행이라는 이유로 수용하지 않았고, 많은 경우에 자신만의 방식을 탐구해 만들고 실행했다.

시스템 엔지니어적 태도는 업무 영역만이 아니라, 자신의 삶에도 똑같이 적용되었다. 자기가 처한 환경에서 자기 능력으로 할 수 있는 일을 면밀히 조사하고 최적화를 통해 자기가 가장 좋아하는 일에 몰입하며 살았다. 늘 네트워크 연구와 프로젝트, 인터넷 보급 등의 업무로 정신없이 바빴지만, 암벽 등반, 수영, 서핑, 달리기 등 좋아하는 스포츠 활동도 빠뜨리지 않고 즐겼다. 스스로 결정할 수 있는 일 중에서 자기가 관심과 가치를 두는 일을 철저하게 자신만의 방식으로 진행했다. 재일 동포로서 청소년기부터 부당한 차별을 예민하게 인식했고, 이 때문에 평생 공정을 추구하며 도움이 필요한 사람에게 자신이 가진 능력을 적극적으로 베풀며 살았다.

조한혜정과 '또하나의문화' 창립 동인으로 40여 년 넘게 깊이 교류하고 함께 활동해온 조옥라 서강대 명예교수는 오랜 세월 가까이에서 지켜본 전길남을 가리켜 '일종의 스님 같은 분위기를 풍기는 사람'이라고 말한다. 인터넷 구축과 시스템 엔지니어링 등 기술과 공학의 세계 최전선에서 열정적으로 활동해온 시스템 엔지니어가 스님 같은 분위기였다는 말은 그가 어떠한 태도로 업무와 일상에 임했는지 짐작하게 해준다. 조옥라 교수는 그에게서 수도자의 분위기를 느끼게 하는 두 측면을 보았다. "세속적 욕심이 없어 자질구레한 것에 신경을 쓰지 않는다는 점, 그리고 극단적 수행을 하는 모습과 비슷하게 목표에 몰두한다는 점이다."

전길남은 일상에서 금전적 이득이나 자리, 명예와 같은 것에 욕망을 갖지 않았고, 이해가 걸린 일에 사사로운 마음이 없었다. 재산이나 지위 등은 그가 생각하는 최소한의 조건만 충족된다면, 거의 신경 쓰지 않거나 아예 신경 쓸 필요가 없도록 일상을 단순화했다. 하지만 자신이 가치를 둔 목표를 달성하기 위해서는 정반대 태도로 임했다. 세상에서 가능한 모든 것을 조사해 동원하고 잠자는 동안 무의식을 활용할 정도로 전력을 쏟으며 몰입했다. 많은 사람이 선망하고 높이 평가하는 목표가 아니라 자신이 진정한 가치로 여기는 목표를 추구하고, 그 목표에 도달하기 위해 일상과 주변을 단순화하고 극한의 고통을 감수하면서 수행하는 게 구도자의 삶이다. 전길남을 오래 지켜본 지인이 그에게서 수도자의 분위기를 느낀 이유다.

스스로 설정한 높은 목표에 극단적으로 몰입하고 절제하며 사소한 것들에 관심 두지 않는 수행자 분위기를 풍겼지만, 자신을 몰아치는 태도와는 사뭇 달랐다. 그는 항상 몸과 정신을 최적의 상태로 유지하기 위해 자신이 좋아하는 활동을 즐기며 살았다. 주로 등반, 수영, 달리기 등 육체 활동이었다. 안락하고 편안해 보이지는 않지만, 그에게 가장 큰 즐거움을 주는 활동이었다.

전길남은 무엇보다 자신이 생각한 대로 인생을 설계하고, 최대한 열정적으로 즐겁게 살며 분투하는 사람이다. 그가 태어나 살아온 환경과 업적의 차별성을 떠나, 그만의 '마이웨이' 인생이 보편성을 띠고 울림을 갖는 이유다.

$$\boxed{\text{대담 1}}$$

인터넷과 인공지능의 미래

대담자_ **전길남, 구본권**

우리는 항상 미래를 궁금해하고 다양한 시나리오와 예측을 제시하지만, 미래는 기본적으로 미지의 영역이다. 피터 드러커는 "우리가 미래에 대해 아는 유일한 사실은 현재와 다르리라는 것뿐"이라고 말했다. 그렇다고 해서 미래에 관한 논의와 전망이 무가치한 것은 아니다. 제약과 한계 속에서 불확실한 미래를 대비하는 게 삶이다.

전길남은 미래학을 전공하지는 않았지만, 늘 미래를 기반으로 사고하고 행동해온 사람이다. 그가 전공한 시스템 엔지니어링은 우주선 발사를 통한 외계 행성 탐사와 같은 거대하고 복잡한 목표를 달성하기 위해 실행 방법을 찾아내는 것을 목표로 삼는 공학이다. 한 분야의 지식과 전문성으로 해결할 수 없는 복잡하고 다층적인 과제의 특성상 다양한 분야를 조사하고 협력하는 게 필수다. 또한, 수십 년 뒤 상황을 확률론적으로 예측하고 대응하는 특성상 미래의 기술 수준과 그로 인한 다양한 가능성을 예상하고 연구해야 한다. 나사 제트추진연구소에서 수십 년 뒤의 우주 탐사선 통신 체계를 연구한 시스템 엔지니어링 경험은 평생 그가 멀리, 넓게 보는 시야를 갖게 했다. 일본에서 태어나 미국에서 박사 과정을 마치고 연구를 한 뒤 한국에서 대학교수로 지내며 평생 전 세계 학계를 비롯해 정부·비정부 기구들과 긴밀하게 협력해온 그는 사고의 폭과 깊이가 남다르다. 자신이 서 있는 자리와 상황의 특수성에 얽매이지 않고 평생 멀리, 넓게 보면서 미래를 생각해온 전길남에게 미래를 물어보는 까닭이다.

구본권　정보 기술이 개인의 일상, 사회의 소통 방식에 지대한 영향을 끼치고 산업과 국가의 경쟁력을 좌우하는 엄청난 영향력을 행사하고 있습니다. 미·중 간의 기술 냉전에서 나타났듯, 정보 기술 주도권은 초강대국 간 패권 다툼 대상이 될 정도로 강력한 권력이 되고 있습니다. 국내에 최초로 인터넷을 구축하던 1980년대에 정보 기술이 이러한 엄청난 힘이 되리라고 예상하셨습니까?

전길남　한마디로 말한다면, 예상하지 못했지요. 세상의 모든 컴퓨터와 그 사용자를 연결하는 기술이 다양한 용도로 활용될 수 있고, 엄청난 영향력을 끼치는 도구가 될 가능성을 예상하긴 했습니다. 그렇지만 오늘날 같은 형태의 인터넷을 상상하진 못했습니다. 이는 빈트 서프, 로버트 칸 등 당시 TCP/IP 인터넷 프로토콜을 개발한 이들도 마찬가지입니다. 초창기에는 인터넷을 주로 미래의 정보 접속과 소통 수단으로 생각했지요. 그래서 저도 당시 사회적 몰이해 속에서도 국내에 SDN을 구축하고 연결을 원하는 조직과 개인 누구에게나 대가 없이 접속을 허용하고 지원한 겁니다. 더 많은 정보와의 연결이 가져올 미래에 대한 믿음이 있었기 때문이지요. 인터넷이 범용화되어 현실의 거의 모든 영역에 활용되면서, 초기에는 생각지 못한 다양한 부작용도 나타나고 있는데, 거기에는 저도 어느 정도 책임이 있다고 생각합니다.

구본권 인터넷이 다양한 목적의 범용 도구로 발전하는 상황을 생각하지 않고 만들어졌다는 것은 일종의 설계상의 한계나 결함이 있다는 이야기로도 들립니다. 구체적인 사례는 어떤 것들이 있을까요? 만약 처음으로 돌아가 인터넷을 다시 설계한다면 어떻게 만들어야 할까요?

전길남 인터넷이 구상되던 시기에는 통신하는 상대방이 누구인지 거의 아는 상태에서 소통이 이루어지는, 제한된 사용자들끼리의 정보 교환 수단이란 개념으로 설계되었습니다. 모든 사람이 참여하는 수단이 아니라 믿을 수 있는 사람들끼리의 통신 수단이라고 본 것이지요. 당연히 보안과 해킹에 근본적으로 취약한 구조로 설계되었습니다. 또 미래의 정보 기술 발달과 범용 통신 수단으로서의 가능성을 예상하지 못했기 때문에 인터넷 주소 자원이 한계에 도달했습니다. 32비트의 IPv4 체계는 사물 인터넷 시대에 대비한 128비트의 IPv6로 바뀌었습니다.* 인터 넷의 핵심 코드도 미국 표준인 아스키 코드로 작성되어 있는데, 국제 표준에 부합하지 않는 것이지요.**

구본권 정보통신 기술처럼 사회에 큰 영향을 끼칠 기술 변화는 앞으로 어떤 영역에서 일어날 것이라고 보십니까?

전길남 인공지능 또는 로봇으로 대표되는 자동화 시스템이라 고 봅니다. 이는 디지털 기술처럼 사회의 모든 측면에 근본적인 변화를 가져올 가장 주요한 기술이 될 겁니다. 사물인터넷은 이

- 1980년대에 만들어진 인터넷 주소 체계인 IPv4는 약 43억 개의 주소를 갖고 있었으 나, 인터넷 확산에 따라 할당할 주소가 부족해졌다. 할당할 주소 제약이 없는 새로운 IPv6 체계가 도입되었고, 2011년부터 IPv4 기반 인터넷 주소 할당은 중단되었다.

- - '아스키 ASCII'는 미국 표준 정보 교환 코드 American Standard Code for Information Interchange의 약자로, 1960년대 미국표준협회에서 제시한 표준 코드 체계다. 7비트 기반 으로 총 128개의 부호를 표기할 수 있지만, 영어에 맞춤화되어 있다. 영어 표기에는 문제 가 없지만, 영어가 아닌 다른 문자열을 사용하는 언어를 표기할 수 없어 국제 표준인 유니 코드 Unicode가 등장하게 되었다.

에 비교하자면 인터넷 기술이 확장되는 면의 하나로 이해해야 할 겁니다.

구본권 1960~1970년대 미국에서 컴퓨터공학으로 유학을 하신 덕에 누구보다 일찍 인공지능 기술을 접하신 것으로 알고 있습니다. '4차 산업혁명'이라는 수식어를 달고 있는 오늘날의 인공지능과 비교하면 어떤 점이 비슷하고, 어떤 점이 다른가요?

전길남 인공지능은 시기에 따라 부침을 겪어왔습니다. 1960~1970년대 인공지능 초창기에는 낙관적 전망이 많았지만, 기대가 좌절로 바뀌는 침체기를 반복해 만났지요. 이 시기를 '인공지능의 겨울'이라고 부릅니다. 지능은 단순한 기술의 하나가 아니고 인간에게만 있는 특별한 능력인데 너무 단순하고 낙관적으로 본 까닭입니다. 인공지능은 발전하면서 겨울과 봄을 오갔지만, 최근 알파고가 보여준 심화신경망Deep Learning 방식은 앞으로 인공지능 개발에 과거와 같은 겨울이 다시 닥치지는 않을 것이라는 생각을 하게 합니다. 부침은 있겠지만, 앞으로는 인공지능의 시대가 되는 것이지요.

구본권 스티븐 호킹이나 일론 머스크 등은 강한 인공지능을 우려합니다. 사람의 지능을 능가하는 강한 인공지능이 일단 나타나면 어빙 굿이 말한 대로 '지능 폭발'을 하게 되고 결국 인간이

통제할 수 없는 상태에 이르게 될 것이라는 우려인데, 어떻게
생각하시나요?

전길남 그동안 약한 인공지능narrow AI과 강한 인공지능Artificial
General Intelligence은 별개로 여겨져왔습니다. 그런데 더 이상 별
개가 아닐 수도 있다는 생각을 하게 되었습니다. 알파고 때문입
니다. 정확히는 알파고의 후신인 알파제로가 첫 단계일 수 있습
니다. 알파고는 기존의 바둑 기보를 기반으로 학습했지만, 알파
제로는 외부 학습 데이터를 필요로 하지 않고 스스로 기계학습
을 했습니다. 그런데 이내 알파고를 능가했고 바둑만이 아니라
다양한 분야로 확대 적용되어 바둑에서처럼 인간 최고수의 경지
를 뛰어넘었습니다. 이는 지금의 약한 인공지능 개발이 강한 인
공지능으로 이어질 가능성도 있다는 걸 의미합니다.
스튜어트 러셀 UC버클리대 교수는 《어떻게 인간과 공존하는
인공지능을 만들 것인가Human Compatible》에서 이렇게 말했습
니다. "1930년대 핵분열에 성공했지만 당시에는 핵분열이 연쇄
반응으로 이어질 수 없다고 보았기 때문에 핵무기 제조는 불가
능하다고 여겼다. 그런데 1년 뒤 연쇄 반응에 성공했다. 강한 인
공지능도 마찬가지다. 강한 인공지능은 초지능이 되어 인간을
통제하는 일이 벌어질 수 있다. 언제 나타날지 모르지만 그런
상황을 대비하는 게 낫다."
이처럼 인공지능이 초지능이 될 수 있고 그 경우 사람이 인공

지능의 통제를 받는 세상이 될 것으로 생각하고 준비하는 게 맞습니다. 복잡한 문제이고 모든 분야에 엄청난 영향을 끼치게 되는 상황인 만큼 어느 한 분야의 전문성으로 대처할 수 없습니다. 다양한 분야의 연구자와 전문가들이 참여하는 학제 간interdisciplinary 접근을 해야 합니다.

우리나라에서도 이런 학제 간 시도를 할 수 있어야 선진 과학인 겁니다. 우리나라가 모든 분야의 과학 연구에서 다 잘할 수는 없지만, 중요한 첨단 과학 몇몇 분야에서는 앞서 나가야 합니다. 이를 위해서는 반드시 전공 분야 간 경계를 뛰어넘는 학제 간 접근이 필수입니다. 우리나라가 상위 10위권 국가가 되어야 하는데, 인공지능은 핵심적인 분야이고 지금까지와 다른 학제 간 접근을 해야 합니다.

구본권 우리나라가 인공지능 분야에서 미국과 중국 등 앞서가는 나라와 경쟁하기는 객관적으로 어려운 여건 아닌가요?

전길남 인공지능 연구와 서비스에서 독자적으로 생태계를 구축할 수 있는 국가는 미국, 중국 정도입니다. 우리나라는 단독으로 연구와 서비스의 생태계를 만들 만한 규모가 되지 못합니다. 다른 국가와의 협업이 필수입니다. 그런데 협업은 공동의 이해가 있어야 가능하지요. 미국으로서는 굳이 한국과 협업할 동기가 없습니다. 그래서 미국이 한국과 협업을 한다면 많은 대가를 요구할 겁니다. 일본이나 중국은 어차피 한국과 협력할 생각이 없고요. 그렇다면 유럽연합뿐인데, 유럽은 유럽 국가 아니면 안 된다는 입장은 아닙니다. 그런데 우리나라 지도층 대부분이 미국에서 교육을 받아 우리나라에서는 유럽이 협력 상대로 잘 안 보이는 상황이라는 게 아쉽습니다.

구본권 현재 심화신경망 방식의 인공지능은 사람이 입력값과 출력값만 알 뿐, 중간 처리 과정과 연산 근거를 알지 못합니다. 그래서 설명 가능한 인공지능을 만드는 것이 중요한 과제로 부상하고 있습니다. 그렇지만 효율적이라는 이유로 인공지능의 사용 범위는 늘어갑니다. 논리적으로 이해와 설명을 하지 못하는 상태에서 해당 기술에 의존하고 이를 사용하는 것은 매우 위험해 보이는데요?

전길남 저는 이런 현상을 인간 두뇌처럼 설명할 수 없는 '복잡계 시스템'의 문제로 봅니다. 지금도 단순한 인공지능은 설명할 수 있지만, 이미 딥러닝 구조의 인공지능은 너무 복잡해 이런 구조로 설명하는 게 불가능하지요.

구본권 인공지능의 영향력이 점점 커지는 상황은 힘의 불균형을 가져와, 인간이 어떻게 인공지능을 통제할 수 있는가의 문제로 이어집니다. 이미 가짜 뉴스와 소셜미디어를 통한 여론 조작

등 기술을 악용하는 어뷰징 사례도 많습니다. 이러한 인공지능 시대에 시스템 엔지니어링의 과제는 무엇인가요?

전길남 인공지능을 사람이 통제하지 못하게 되는 상황을 매우 심각하게 받아들여야 합니다. 지구 온난화처럼 되면 인간의 통제 범위를 벗어나게 됩니다. 그렇게 되지 않도록 노력해야 하고, 무엇보다 기본으로 돌아가야 합니다.

구본권 인공지능 기술을 다룰 때 기본으로 돌아가야 한다는 것은 무슨 의미인가요?

전길남 인공지능 기술 자체보다 인공지능과 사회, 인공지능과 윤리, 유익한 인공지능에 더 관심을 쏟아야 한다는 의미입니다. 그러고 나서 한국 사회와 세계를 위한 인공지능을 어떻게 개발할지 논의하고 방법론을 만들어야 합니다. 우리나라는 다른 선진국들과 달리 이 분야에서 아직 출발도 하지 않은 상태입니다. 머잖아 인공지능이 알고리즘을 코딩하는 상황이 올 텐데 그러면 오류를 잡는 디버깅 작업은 필요 없어집니다. 이때도 편향성과 차별의 문제가 생기는데 지금처럼 코딩 수준이 아닌 기본 설계 차원에서 문제가 발생하게 됩니다. 인공지능을 설계하고 디자인하는 사람들이 갖는 기본적인 편향성에서 생겨나는 문제입니다. 이는 공학자만이 아니라 사회과학자들이 개입해 점검해야 합니다. 인공지능에서 프로그램과 알고리즘의 단위가 커지면서 몇천만 줄, 몇억 줄의 코딩이 이루어집니다. 이런 거대 규모에서는 기존과 차원이 다른 문제가 생겨납니다.

또한, 항상 있는 문제로, 기술을 나쁜 의도로 사용하는 악용(어뷰징)도 피할 수 없습니다. 좋은 의도로 개발된 강력한 기술을 해커가 악용하는 경우에 대비해야 합니다. 인공지능에서 이 문제의 부작용은 더욱 커질 수밖에 없습니다. 문제가 있다는 것은 알지만 아직 해결할 아이디어는 없는 상태입니다.

구본권 그렇다면 바람직한 인공지능 생태계는 어떻게 만들어야 할까요?

전길남 먼저 사회 전체적으로 인공지능에 대한 이해 능력, 즉 AI 리터러시literacy를 교육해야 합니다. 전문가 집단에서는 인공지능을 연구할 때 해서는 안 될 일에 대한 논의와 합의가 필요합니다. 예를 들면, 인공지능 기반의 자율 살상 무기를 어떻게 통제할 수 있느냐와 같은 문제입니다. 결론을 구하기에 앞서 이를 잘 다룰 수 있는 전문가 커뮤니티가 굴러가야 합니다. 인공지능 분야에서 10~30명 규모의 전문가와 오피니언 리더를 중심으로 심도 깊은 토론을 계속해나가는 커뮤니티를 말합니다. 이 커뮤니티를 중심으로 자율 살상 무기 등의 위험성을 통제할 거버넌스 시스템을 만들어야 합니다. 이것을 하지 않으면 계속해서 미국 등 선진국의 모델을 수입해오는 결과가 됩니다.

구본권 우리식 인공지능 통제 구조를 만들자는 이야기인데, 자율 살상 무기 문제만 해도 국방 측면에서 보면 간단하지 않아 보이는데요?

전길남 인공지능 기반의 자율 살상 무기 시스템에 대한 접근은 어려운 문제입니다. 제가 박사 학위 하며 전공한 게 시스템 엔지니어링의 작동 연구인데, 이 문제에 게임 이론을 적용해보면 파국이 명확합니다. 일종의 인류 멸망 프로그램이 될 수 있습니다. AI를 살상 무기화하는 연구를 중단하자는 협약을 맺은 상황에서 미국이나 중국 등 대립하는 국가를 예로 들어봅시다. 둘 중 한 나라는 국제적 합의에 따라 연구를 하지 않았는데, 만약 상대국이 몰래 연구와 개발에 들어갔을 경우 어떻게 될까요?

구본권 그런데 유사한 성격을 지닌 핵무기의 경우, 초강대국 간 군축 협정이 타결돼 실질적인 핵무기 감축으로 이어진 사례도 있지 않나요?

전길남 핵무기는 인공지능에 비하면 훨씬 다루기 쉽습니다. 왜냐하면 핵은 사용 안 하는 것이 기본 상태지요. 사용하지 않는 것을 감축하자는 합의는 어렵지 않습니다. 하지만 인공지능은 다릅니다. 사회 모든 영역에서 인공지능은 점점 더 많이 사용할 수밖에 없습니다. 일상과 산업의 필수 도구로 사용하면서 특정한 용도로만 사용하지 못하게 하는 질서를 만드는 것은 매우 어려운 일입니다. 새로운 게임 이론이 연구되어야 할 주제입니다. 매우 도전적인 과제지요. 만약 제가 20대라면 박사 학위 논문 주제로 삼고 싶을 정도입니다.

구본권 실제로 2018년 카이스트에서 방위 산업체인 한화와 공동으로 인공지능 기반 자율 무기 시스템을 연구 개발한다고 발표를 했지요. 이 때문에 세계적인 인공지능 학자들이 카이스트와의 협력을 전면 거부한다는 성명 발표로 이어지는 등 국제적 논란을 불러일으킨 사례도 있습니다.

전길남 그래요. 그때 카이스트 총장이 나서서 부랴부랴 사실과 다르다고 해명해서 국제적 연구 보이콧은 일종의 해프닝이 되었습니다. 하지만 그 과정에서 제대로 된 국내 전문가들의 논의 과정은 없었습니다. 무엇보다 당사자인 우리나라에서 이 분야 최고 전문가들이 참여하는 워크숍이 열렸어야 했어요. 인공지능 자율 살상 무기에 대해서 국방부의 태도는 애매할 수 있습니다. 하지만 대학에서는 선두 그룹을 중심으로 "우린 자율 무기 연구에 반대한다"는 식으로 독자적인 목소리를 내는 커뮤니티가 만들어져야 하는 겁니다. 학계에서 주류를 형성하고 있는 선두 그룹이 가장 첨예한 논쟁에 참여하는 커뮤니티가 되어야 하는데, 우리나라 학계에서 그런 심도 깊고 치열한 논쟁이 이루어지는 것을 본 적이 거의 없습니다.

구본권 그런데 미국에서도 MIT 등 주요 대학이 미 국방부의 프로젝트를 상당 부분 수행하고 있는 게 현실 아닌가요? MIT는 제2차 세계대전과 냉전 시기에 미 국방부의 군사 기술 연구를 대거 수행하면서 세계적인 연구 중심 대학으로 성장한 것으로 알고 있는데요. 시장성 없는 첨단과학 기술 연구에 거액을 지원하는 군사 기술 연구는 대학과 과학자들에게 거대한 연구 기회이기도 하고요.

전길남 맞아요. 물론 MIT에서도 미 국방부 프로젝트를 많이 수행하고 있습니다. 대표적으로 매사추세츠 렉싱턴의 공군 기지 안에 있는 링컨연구소는 MIT의 최대 연구소입니다. 일 년 예산으로 10억 달러를 집행하는데, 동시에 국방부의 주요 군사 기술 연구소입니다. 하지만 지금처럼 되기 전에 대학에서 국방 프로젝트 연구를 하는 문제와 그 방식에 대해서 MIT 안에서 치열한 논의가 있었습니다. 결국, MIT 소속의 링컨연구소 형태로 정리가 이루어졌습니다. 대학에 속해 있지만, 별도의 특수 목적 연구를 수행하는 기관으로 정리한 것이지요. 제2차 세계대전 때 독일의 로켓 연구를 주도하다가 미국으로 건너간 베르너 폰 브라운이 결합한 제트추진연구소가 캘리포니아공과대학CalTech 산하 연구소이면서도 나사의 연구소 역할을 하는 것도 비슷합니다. 대학의 연구 기관이 군사 기술, 우주 로켓 기술 등 국가 단위의 전략 프로젝트 연구를 수행하기 위해서는 이런 사례처럼 대학이 주도적으로 참여해서 연구 방식과 범위를 설정하는 게 바람직합니다. 적당히 덮어두고 진행해서는 안 되는 문제입니다.

구본권 인공지능과 로봇의 시대에는 사람이 지적 능력, 육체적 능력의 상당 부분을 외부에 의존할 수 있습니다. 인간 능력의 상당 부분을 도구와 기술에 아웃소싱할 수 있습니다. 인공지능이나 로봇에 의존하거나 위탁할 수 없는, 인간이 지니는 핵심 능력은 무엇이라고 생각하십니까?

전길남 이성적 사고를 하는 좌뇌와 감성적 반응 체계를 담당하는 우뇌를 분리해서 봐야 합니다. 인공지능은 인간의 이성적 능력을 능가할 수 있을 것입니다. 그러므로 좌뇌와 관련된 영역에서는 인공지능과 공존하는 법, 즉 인공지능을 잘 활용하는 방법을 찾고 배워야 합니다. 당면한 문제입니다. 하지만 인공지능이 발달한다고 해도 사람의 우뇌와 같은 능력을 지니기는 상당 기간 어려울 겁니다. 10년에서 100년의 시간 또는 그 이상의 시간이 필요할 수도 있습니다. 초지능도 마찬가지입니다. 만약 가능하다고 해도 아주 먼 미래에나 구현될 수 있을 겁니다.

구본권 박사님은 인터넷 초창기에 인터넷을 여러 나라에 보급하고 국가, 이용자, 전문가 등 다양한 이해 관계자가 참여하는 형태의 관리 체계governance를 논의하고 만들었습니다. 관련한 경험을 인공지능과 관련해서도 적용할 수 있을까요?

전길남 제가 관심을 기울이는 게 인터넷 거버넌스를 인공지능 거버넌스에 얼마나 활용할 수 있느냐는 겁니다. 인터넷 거버넌스의 핵심은 도메인 이름, 주소 체계와 관련된 것으로 상대적으로 쉽습니다. 하지만 인공지능 거버넌스는 복잡하고 대상도 매우 많습니다. 아직 많은 것들이 연구 조사 단계에 불과하고 초지능까지 고려하면 복잡하기 이를 데 없습니다. 지금은 인공지능 첫 단계로, 인터넷과 인공지능이 겹쳐 있는 단계입니다. 인터넷 거버넌스의 시도를 인공지능 거버넌스에 시도할 수 있는 단계이기도 합니다. 기술 입장에서 보면 안전에 신경 써야 하는데 이는 상대적으로 쉬운 문제입니다. 인문학 분야에서 윤리와 인권 등 인공지능 관련한 가이드라인이 먼저 나와야 합니다. 그걸 바탕으로 어떻게 기술을 개발해갈지 논의해야 합니다.

구본권 1979년에 한국에 오신 이후 40년이 지났습니다. 그동안 한국 사회는 많은 변화를 겪었습니다. 청소년 시절 품은 자신의 선택에 만족하십니까? 지난 40여 년 한국에서 생활하는 동안 가장 주요했던 변화는 무엇이라고 생각하십니까?

전길남 지금 시점에서 돌아보면, 고교 3학년이던 1960년 한국에서 일어난 4·19 혁명을 계기로 그때까지의 생각을 바꿔 한국에서의 삶을 선택한 것이 만족스럽고 행복합니다. 당시 마음먹은 게 이제 이루어졌다고 느낍니다. 그리고 앞으로 한국의 과제인데, 남미 국가들처럼 선진국 문턱에서 주저앉는 것을 경계해야 합니다.

구본권 한국에서 살기로 마음먹고 꿈꾸던 미래의 모습이 있을 텐데, 생각대로 이루어지지 못한 모습들은 어떤 것들이 있습니까?

전길남 한국은 경제적으로는 이미 선진국입니다. 그런데 경제 외적인 측면에서는 선진 국가로서, 또 선진국의 국민으로서 부족한 측면이 많이 눈에 띕니다. 국제 사회에서 선진국과 국민이 느껴야 할 의무와 책임감이 있고, 또 국내적으로도 선진국다운 성숙한 시민 정신과 문화가 형성되어야 하는데 그렇지 못합니다.

구본권 우리가 선진 국가로서, 선진 국민으로서 미흡한 측면은 구체적으로 어떤 측면을 말하는 것인가요?

전길남 난민 수용과 같은 문제가 그 사례입니다. 또한, 원자력 문제나 환경 문제 등도 선진국 스타일로 처리하지 않고 있습니다. 한국 정부는 단기 정책에 집중하고, 장기적 관점에서 접근하는 정책을 잘 세우지 않습니다. 과거 개발도상국이던 시기의 사고방식을 벗어나지 못하고 있는 것이지요. 예를 들면, 디젤이 환경에 나쁘다는 것에는 국제적 합의가 만들어진 상태입니다. 그런데 한국은 세계적으로 유례없이 경유가 휘발유보다 값이 싼 나라입니다. 이는 대기오염을 방치하겠다는 의도의 정책입니다. 상식적으로 두 종류의 기름값이 같아야 합니다. 왜 바꾸지 못하나요? 한국에 먼 미래를 내다보는 관점이 매우 약하기 때문입니다.

구본권 우리나라가 선진국으로 들어서고 있는데, 어떤 모습의 선진국이 되어야 할까요?

전길남 제 바람이기도 한데, 우리나라가 좋은 의미의 '보통 선진국'이 될 수 있으면 좋겠다는 생각입니다.

구본권 '보통 선진국'이란 구체적으로 무엇을 의미하는가요?

전길남 인구나 국토 규모 등 여러 여건상 우리나라가 1, 2위의 선진국이 되기는 어렵습니다. 10위권 정도의 선진국이 되면 좋 겠다는 의미입니다. 네덜란드나 북유럽 국가들이 그에 가깝습 니다. 그걸 위해서 필요한 것은 지금보다 훨씬 높은 국민소득이 아닙니다. 경제협력개발기구OECD 분야별 순위에서 한국이 최 악을 기록하는 영역이 많습니다. 예를 들면, 정치인과 기업 최고 경영자에서 여성 비중, 노동 시간, 중고생 학습 시간, 학생들의 행복도, 자살률, 출산율, 노인 빈곤율 등 다수입니다. 우리나라 가 '보통 선진국'이 된다는 것은 이러한 최악의 지표들을 하나 씩 고쳐나가야 한다는 것을 의미합니다. 이런 좋지 않은 요소들 을 해결하지 않고 수출 규모와 국민소득만 따져서는 제대로 된 선진국이 될 수 없습니다. 만일 우리나라가 앞으로 이런 점들을 개선해 '보통 선진국'이 되는 한국형 모델을 만들 수 있다면 세 계적으로 기여하는 게 될 것입니다.

구본권 한국 사회에서는 지금 신뢰와 권위가 심각하게 무너지 는 현상이 나타나고 있습니다. 정치인, 판·검사를 비롯해 각종 국가 기구 책임자는 물론이고, 학계에서도 가짜 학회와 자녀 논 문 게재 등으로 지도층에서부터 신뢰가 떨어졌습니다. 언론도 마찬가지고요. 프랜시스 후쿠야마가 우리나라를 저신뢰 국가로 분류했는데, 사회적 신뢰가 더 낮아지고 있습니다. 어떻게 접근 해야 한다고 생각하십니까?

전길남   우리가 해방되었을 때 제대로 사회의 기틀을 잡았어야 했는데, 그러지 못했습니다. 저는 일본에서 살다 온 경험 때문인지 그 점이 더 잘 보입니다.

일본은 메이지 시대부터 시작해 50~100년 동안 지도층leading group을 만드는 데 많은 정성을 쏟았습니다. 그런데 식민지 한국에 대해서는 그럴 이유가 없었지요. 자신들의 지배를 받을 2등 그룹만 있으면 된다고 보았으니까요. 영국과 인도의 관계도 마찬가지입니다. 그래서 우리가 해방하고 나서는 스스로 기틀을 세우고 지도층을 만들고 길러내는 작업을 해야 했어요. 그런데 안 했습니다. 그러다가 지도자를 양성해야 할 교육 기관도 등수 놀이와 같은 외형적 지표에 매몰되었습니다. 신뢰 형성에 중요한 것은 믿을 수 있는 양이 아닌 품질입니다. 예를 들면, 국내 기술로 만든 비행기를 탈 것이냐, 미국 항공사 비행기를 탈 것이냐와 같은 문제입니다. 학계에서도 SCI 논문, 대학 등수 등 외형적 숫자 경쟁에 빠져서 품질 경쟁을 등한히 했습니다.

전문가 집단 안에서 신뢰의 핵심은 자부심입니다. 1980년대 일본에서 컴퓨터 개발 프로젝트를 대대적으로 진행했습니다. 일본에서 전문가 리뷰가 필요하다고 해서 제가 칼텍과 MIT를 일본에 연결해주는 일을 했습니다. 그때 일본의 프로젝트를 MIT에 갖고 가서 보여줬는데, 이를 접한 MIT 교수들의 반응이 인상 깊었습니다. MIT 교수들이 "큰일 났다. 우리가 해야 했는데…" 하며 놀랐습니다. 이는 자신들이 미국의 선두 그룹이라고 생각하고 자신들이 해당 분야에서 세계 최고의 자리를 지켜야 한다는 의무감을 갖고 있었다는 걸 보여줍니다.

구본권 우리나라의 경우는 어떤가요? 신뢰도를 갖춘 전문가 집단을 어떻게 형성할 수 있을까요?

전길남 각 부문에서 주요한 문제에 대해서 자발적으로 책임감을 느끼는 선두 그룹이 있어야 합니다. 그리고 그러한 집단을 중심으로 커뮤니티가 만들어져야 합니다. 책임감과 자율성이 기반입니다. 부문마다 리딩 그룹이 있는데 그 리딩 그룹에서 먼저 책임감을 느끼고 움직여야 다른 그룹들도 따라갑니다. 이런 과정에서 자기 분야에 대한 자부심이 없으면 어렵다고 봅니다. 예를 들면, 4대강 사업 같은 경우 토목과 수자원 분야의 리딩 그룹이 "전문가로서 도저히 있을 수 없는 일이다" 하며 앞서서 책임감 있는 행동을 하고 나머지 공학계 전체에서 움직였어야 할 사안이었습니다. 그러지 못했지요.

또 다른 예로 2019년 4월 일본 원자력규제위원회의 원자력발전소 '테러 대비 안전시설' 설치기한 연기 요청 거부 결정이 있었습니다. 2011년 후쿠시마 원전 사태 이후 일본은 안전 기준을 강화해 항공기나 드론 등을 이용한 테러 공격에 대비해 원격 냉각시설 설치를 의무화했는데, 마감 시한을 앞두고 전력 회사들이 기한 연기를 요청했습니다. 그런데 원자력규제위원회가 이 연기 요청을 전면 거부한 겁니다. "이런 원칙을 지키지 못한다면 다른 것도 마찬가지"라고 본 것이지요. 당장 이 결정에 따라 몇몇 원자력발전소가 가동 중지될 처지에 놓였습니다. 일본 원자력규제위원회는 대부분 엔지니어들로 구성되었는데, 여론이나 정부 정책에 아랑곳하지 않고 원칙에 따라 결정한 겁니다. 이처럼 전문가 집단이 전문성과 자율성을 기반으로 원칙적 결정을 내릴 때, 사회적 신뢰가 만들어집니다. 먼저 전문가가 나서야 하고, 이후에 다양한 이해 관계자가 참여하는 구조여야 합니다.

구본권 인공지능 환경에서는 과거와 다른 새로운 신뢰의 모델이 필요할까요?

전길남 새로운 시스템이 필요하다고 봅니다. 그리고 한국 사회의 신뢰 문제에 대해서는 기본적으로 낙관합니다. 우선, 과거의 신뢰 시스템은 무너질 수밖에 없습니다. 현재 사회적 신뢰가 무너지고 있는 상황은 낡은 체제ancien régime에 대한 반발로 볼 수도 있고요. 저는 그래서 현재 우리 사회의 신뢰가 완전히 붕괴하는 것도 나쁘지 않다고 봅니다. 관건은 인공지능 시대에 적합한 새로운 신뢰를 구축하느냐의 문제지요. 새로운 환경에 맞는 신뢰 시스템과 신뢰 사회 모델을 연구해야 한다고 봅니다. 우리가 잘 만들면 다른 나라로 확산이 가능합니다.

예를 들어볼까요. 우리나라 대중교통 시스템은 지하철이나 버스를 탈 때 무임승차 등 탈법적 시도를 손쉽게 할 수 있는 환경입니다. 하지만 감시자가 없어도 모두 잘 지킵니다. 택배 문화도 마찬가지입니다. 대부분 빈집 문 앞에 택배를 놓고 가는 관행이 자리 잡았는데, 이게 가능한 신뢰 수준의 나라는 거의 없습니다. 일본만 해도 교통 요금 납부 여부를 사람이 철저하게 검문하고 있고, 택배를 받을 사람이 집에 없으면 나중에 사람 있는 시간에 다시 와서 배달해야 합니다. 사회적으로 엄청난 비용이 발생하지요. 미래에는 사회적 비용을 최소화하는 새로운 사회적 신뢰 체계가 얼마든지 등장할 수 있습니다. 현재 우리나라에서 보이는 이러한 사회 신뢰 모델을 잘 연구하고 발달시켜 확산시킬 필요가 있습니다.

구본권 정보 이해와 활용 능력에 따른 격차가 커지면서 정보 리터러시가 중요해진 세상입니다. 정보 리터러시 교육과 학습을 위해 무엇이 필요한가요? 소프트웨어 프로그램 작성 방법을 가르치는 코딩 교육은 도움이 될까요?

전길남 인공지능이 코딩을 하는 상황이 되면 어떻게 할까요? 이미 딥마인드와 MIT 등에서는 인공지능이 인공지능 알고리즘을 개발하는 연구를 하고 있습니다. 미래에 가장 중요한 것은 생각하는 능력입니다. 이런 사고력을 기르는 데는 코딩보다 수학이 훨씬 중요합니다.

구본권 그렇다면 미래 세대는 무엇을 배워야 할까요? 교육의
방법이 근본적으로 도전받고 있는 상황인데요.

전길남 지금 청소년들은 태어날 때부터 디지털 기술이 존재한
'디지털 네이티브'를 넘어서는 '인공지능 네이티브'입니다. 부모
인 기성세대는 인공지능 없이도 살아갈 수 있지만, 지금 중고생
들은 미래를 인공지능과 더불어 살아가야 합니다. 이때 생존 방
법은 인공지능과 대립하고 싸우는 게 아니라 공존하는 겁니다.
고교 졸업 이후 일 년 정도 외국에서 지내보는 경험이 소중합니
다. 다른 언어를 익히게 될 뿐 아니라, 태어나 자란 환경을 떠나
면 자신과 자기가 살아온 환경을 객관적으로 바라볼 수 있는 시
각을 가질 수 있습니다.

구본권 청소년들을 인공지능 네이티브로 길러내기 위한 교육
방법은 어떤 것일까요?

전길남 인공지능이 코딩 능력까지 갖출 것이므로 단순한 코딩
스킬보다 생각하는 능력이 중요합니다. 인공지능과 함께 사는
법을 배우기 위해서는 먼저 인공지능에 대한 이해가 있어야 합
니다. 직접 간단한 수준의 인공지능을 만들어보는 게 유용할 겁

니다. 예를 들면 1, 2, 3, 4, 5, 6…과 같은 숫자를 인식하는 수준의 인공지능을 학생 스스로 만들어보는 과정입니다. 중학교 수준에서 이런 것을 직접 만들어본 세대는 인공지능 네이티브가 될 수 있습니다. 인공지능 네이티브를 교육하기 위한 여러 방법이 있지만, 첫 번째 경험을 중학교 때쯤 하는 게 좋다고 봅니다.

구본권 인공지능 네이티브라고 하셨는데 앞서 디지털 네이티브, 즉 디지털 원주민이라고 불리는 현재의 청소년 세대를 바라보는 정반대 관점도 있지 않습니까? 마크 프렌스키 같은 학자는 디지털 네이티브를 '역사상 가장 똑똑한 세대'라고 보지만,《생각하지 않는 사람들The Shallows》의 저자 니컬러스 카는 "오늘날 디지털 세대가 스마트폰과 소셜미디어에 빠져 인간의 위대한 능력인 깊이 생각하는 능력을 잃어버렸다"고 봅니다. 예일대 영문학과 교수 마크 바우어라인도 "현재 대학생들이 인문학적 기본 능력을 갖추지 못한 역사상 가장 어리석은 인류가 되었다"며 《가장 멍청한 세대The Dumbest Generation》라는 책에서 질타합니다. 인공지능 네이티브를 바라보는 관점도 마찬가지일 수 있을 것 같은데요.

전길남 제가 청소년 세대를 인공지능 네이티브라고 말하는 이유는 미래에는 인공지능과의 공존만 가능하고 다른 수는 없다고 보기 때문입니다. 그리고 니컬러스 카와 마크 바우어라인의 비판 역시 우리 세대가 우리의 시각에서 보는 관점입니다. 우리 세대의 눈에 그렇게 보일 수 있습니다. 하지만 미래는 미래 세대가 스스로 대답하도록 해야 하고, 우리는 그것을 위한 촉매자facilitator 역할을 할 따름입니다.

초보적 인공지능을 설계하려 해도 기본적으로 작동시킬 줄은 알아야 합니다. 기초 수준이라고 해도 직접 인공지능을 만들어보고 작동시켜본 경험이 있으면 인공지능을 근거 없이 두려워하지 않습니다. 인공지능의 기본 구조와 작동 방식을 이해한다는 점에서 자신감을 가지게 되고, 이들 세대에게는 인공지능이 블랙박스화하지 않을 수 있습니다. 그 이상의 단계는 정도 차이가 있을 수 있는데, 여러 접근법 중에서 해당 도구를 직접 사용해보는 게 효과적입니다.

구본권 2016년 마이크로소프트의 챗봇 테이의 오작동에 이어 국내에서도 2021년 초 인공지능 채팅 로봇 이루다가 이용자들의 채팅 데이터베이스를 학습한 뒤에 차별적 답변을 내놓다가 서비스가 중단된 사례가 있습니다. 인공지능의 부작용을 통제하기 위해서는 어떤 노력이 필요할까요?

전길남 인공지능 초창기이니 생기는 문제들입니다. 인공지능은 우리 사회를 반영하기 때문에 사회가 어뷰징하면 인공지능도 결국 이를 반영합니다. 건강한 사회를 만들면 문제가 안 될 것입니다.

구본권 코로나19 팬데믹은 일상의 많은 영역을 비대면으로 처리하게 하는 새로운 변화를 만들어내고 있으며, 한국은 코로나의 방역에서 영미 선진국들보다 훨씬 나은 실력을 보여주고 있습니다. 하지만 'K방역'의 성과에 대해, 한국이 개인의 자유와 권리가 제대로 보장이 안 되는 나라여서 행정 당국의 강제력이 작동한 결과라고 보는 유럽과 미국의 시각도 있었는데요?

전길남 코로나19는 국가 차원에서 실력을 보여줄 좋은 기회였습니다. 우리가 선진국보다 더 잘할 수 있다는 것을 증명할 기회였습니다. 2020년 5월 서울 이태원 클럽 방문자들을 중심으로 코로나19가 확산되었을 때 한국 정부는 통신사 기지국 접속 정보 등 온갖 정보를 총동원해 방문자의 5~6단계 접촉자까지 추적해 검사하게 했습니다. 전 세계에서 우리나라와 같은 수준으로 추적 조사할 수 있는 나라는 거의 없습니다. 그렇다면 우리는 코로나19 확산과 같은 비상사태를 다시 만나게 될 때 이태원 같은 방식으로 추적할지, 이후에는 못하게 해야 할지를 놓고 워크숍과 콘퍼런스를 열어야 하는 겁니다. 감시 사회와 민주적 통제에 대해 사회적으로 어디까지 합의할 것인지를 논의해야 합니다. 이걸 잘하면 새로운 패러다임을 세계에 제시할 수 있습니다. 그런 것을 제시하는 나라가 바로 선진국인 겁니다.

구본권 기성세대가 미래 세대에게 전달해야 할 가장 중요한 가치와 자산은 무엇이라고 보십니까?

전길남 무엇보다 우리가 운전석에 앉아야 합니다. 사람이 기술을 통제하고, 미래 사회와 인간을 위한 기술 발전이 이루어지도록 기술에 대해 통제력을 발휘할 수 있어야 합니다. 인공지능 디지털 세상을 살아가기 위해서는 누구나 독립적인 사고가 가장 중요합니다. 또한, 정책 결정 집단이나 전문가 등 영향력이 큰 사람들부터 시민을 위해 복무하면서 멀리 내다보는 관점을 갖는 게 필요합니다. 예를 들어, 원자력 발전 문제도 정부 차원에서 장기적인 에너지 혼합Energy Mix 정책 차원에서 다뤄야 하는데, 우리나라에서 이게 잘 이루어지지 않습니다. 2019년 2월 원자력안전위원회가 신고리 원전 4호기에 대해 운영을 허가했는데, 문재인 정부의 첫 원자력 발전 허가로 주목받았습니다. 원전 신규 허가는 앞으로 최소 60년 동안 원자력을 쓴다는 걸 의미하는데, 그러면 그 기간 단위의 우리나라 에너지 계획을 수립해야 합니다. 하지만 장기적인 에너지 믹스 플랜 공표 대신 20년 뒤의 대체 에너지 부담률만 공개하는 일회성 발표로 끝났습니다. 제대로 된 선진국은 다릅니다. 5년에 한 번씩 국가 단위의 에너지 믹스 정책을 업데이트해가며 발표합니다. 최상위 수준에서 작업하고 그에 따른 비용을 산출합니다.
국가의 미래에 관한 핵심적인 문제에 대해서 멀리 보면서 체계적인 작업을 해나가지 못하면 국제 사회에서 덩치만 큰 '800파운드 고릴라'라는 비하를 받을 수 있습니다.*

---

* 고릴라는 보통 무게가 150~250파운드(약 70~120kg) 정도다. 영어 표현에서 '800파운드 고릴라'는 덩치가 크고 힘이 세다는 이유로 상대의 처지나 의견을 무시하고 자기 입맛대로 규칙을 정하고 행동하는 집단 또는 사람을 가리킨다.

인공지능 시대, 과학 교육과 과학 연구

대담자_ 전길남 카이스트 명예교수, 정재승 카이스트 교수
일시_ 2016년 6월 6일
진행_ 구본권

구본권 오늘 전길남 박사님과 정재승 교수님을 모시고 과학자로서의 삶과 역할, 인공지능 시대 과학 교육의 문제 등을 주제로 이야기 나눠보겠습니다. 두 분은 카이스트 교수로 직장 동료였지만, 실제로 만나게 된 것은 아프리카로 봉사 활동을 가는 모임에서였다고 알고 있습니다. 먼저 정 교수님께서 그 시절 이야기를 해주세요.

정재승 전길남 교수님은 카이스트 교수들이 가장 존경하는 교수 중 한 분이셨습니다. 저는 1995~1996년 무렵 카이스트 대학원생 시절 전 교수님의 특강 수업을 들은 적이 있습니다. 경기과학고, 카이스트 동기로, 지금 구글에서 일하는 최우형이 카이스트 학부 시절부터 인터넷에 완전히 빠져 있었지만, 구체적

으로 뭘 하는지는 몰랐습니다. 그러다가 우리나라가 아시아 최초로, 세계 두 번째로 컴퓨터 네트워크를 구축하고 이 분야에서 세계적으로 앞서 나가고 있다는 전 교수님의 강의를 듣고 엄청 놀랐습니다.

그리고 제 친구들인 학부생, 대학원생들이 참여해 거기에 기여하고 있다는 것에 놀랐습니다. 제가 참여한 것은 아니지만, 카이스트에 다닌다는 게 자랑스러웠고 무엇보다 '과학 기술 연구라는 것이 이런 것이구나'라는 흥분을 간접적으로 경험한 계기였습니다.

그 후 졸업하고 몇 해 동안 미국에서 생활하다가 카이스트에 교수로 다시 오게 되었습니다. 전 교수님은 제 지도 교수님을 가르친, 까마득한 선배 교수님이어서, 한 학교에 근무하고 있어도 인사드릴 일은 없었습니다. 그러던 중 전길남 교수님이 아프리카의 인터넷 구축을 돕는 뜻깊은 일을 하신다는 걸 알게 되었습니다.

2009년 아프리카에 봉사하러 갈 자원자들을 모집한다는 전 교수님의 이메일을 받고 너무 좋은 뜻이라 제가 뭘 할 수 있는지도 모르는 상태에서 무조건 자원했습니다. 아프리카를 돕는 일이라는 것이, 또 존경하는 전 교수님과 함께 갈 수 있다는 것이 무엇보다 매력적이었습니다.

그때 제가 왜 아프리카를 주목하게 되었느냐 하면, 당시 아프리카는 유선 인터넷 단계를 거치지 않고 곧바로 무선 인터넷을 쓰는 최초의 사례라고 알고 있었습니다. 어느 나라도 경험해보지 않은 영역인데 아프리카가 처음 그 상황에 처하게 된 것이지요. 만약 아프리카가 세계에서 1등을 할 수 있다는 것을 한번 경험하면 그 문화가 무척 달라지리라고 생각했습니다. 그때까지 미국은 아프리카를 원조 대상으로만 생각하고, 유럽은 식민지로, 중국은 사업 대상으로만 바라봤습니다. 아프리카가 보기에 정보통신 강국인 한국이 자신들과 동등한 입장에서 도움을 주면 좋을 것이라고 생각했던 것 같습니다.

그리고 10여 년 전에 전길남 교수님 특강에서 들었던 대로, 한국이 아시아 최초로 하는 경험이 저에게 각별했던 것처럼, 아프리카에도 스포츠 분야가 아닌 지적인 분야에서 세계 최초로 뭔가를 잘할 수 있다는 경험을 할 수 있도록 도와주면 좋겠다는 생각을 했습니다. 그래서 무조건 따라가겠다는 마음을 먹었습니다. 행사는 르완다 키갈리에서 했습니다.

구본권 지금은 르완다가 아프리카 국가 중 IT 기술 분야에서 앞서가는 나라인데요. 우리나라가 도와준 영향이 있나요?

전길남 르완다에 우리나라가 실질적으로 도움을 줬고, 한국 정보통신 기술을 신뢰해서 사업이 계속 이루어지는 것으로 알고 있습니다. 현재도 르완다에 KT가 상주하고 있습니다.

구본권 정 교수님, 처음 가본 아프리카는 어떠했나요?

정재승 오랜 내전을 겪은 르완다는 당시 아프리카 내에서도 최빈국이었습니다. 여전히 국민들은 토굴 속에서 살고 있었습니다. 대학교에서 워크숍을 했는데 우리나라 고등학교 수준도 못 되었습니다. 하지만 국민들이 정보 기술을 배우려는 열망이 있고, 매우 순박했습니다. 자기 돈으로 온 전 세계 학자들이 모여서 아프리카 사람들이 무선 인터넷을 사용하는 데 필요한 기술을 정성껏 전수해줬습니다.

전 교수님은 아프리카 음악을 공유하는 사이트만 만들어도 세계 최고가 될 것이라는 이야기도 했습니다. 그런데 아프리카 사람들은 자신들의 다양한 음악을 체계적으로 장르 구분도 하지 않은 상황이었습니다. 저는 엄청난 가능성과 재능을 지닌 어린 학생을 만난 예술가처럼 그 잠재력을 키워주고 싶은 마음이 들었습니다.

구본권 정 교수님은 카이스트에서 아프리카 유학생들을 돕는 일을 하고 계시는데, 혹시 그때의 경험과 관련이 있습니까? 그 모임은 주로 어떤 활동을 하나요?

정재승 2009년 아프리카에 다녀오고 나서 바로 이듬해 카이스트에서 아프리카 학생 모임을 만들었습니다. '카이스트 아프리카 학생회'입니다. 아프리카 학생들이 한 달에 한 번씩 모여서 이런저런 정보를 나누는 것이지요. 2015년에는 정식으로 아삭ASAK, Africa Students Association in KAIST이라는 명칭도 만들었습니다. 올해는 처음으로 국제 심포지엄을 열기로 했습니다. 엘지, 삼성의 인사팀도 초청해서, 그들이 졸업한 뒤 한국에서 자리 잡을 수 있도록 도와주는 일도 시작했습니다. 카이스트에서 아프리카 학생들이 뭘 연구하는지 대기업 채용 담당자들이 알면 이들의 취직에 보탬이 될 겁니다. 또 우리나라에 있는 해당국 영사관, 대사관 직원들도 초대해서 고국의 사정을 알려줍니다. 학생들이 카이스트를 졸업하고 아프리카로 돌아갈 때 고국에서 필요한 일자리를 얻을 수 있도록 도와주기 위해서입니다.

전길남　아삭에 속한 아프리카 학생이 모두 몇 명인가요?

정재승　전체 주소록에 있는 학생들은 120명가량 되고, 실제 모임에는 60명 정도가 나옵니다. 그런데 모이면 돈이 드니, 학생들 스스로는 모임이 잘 안 됩니다. 그동안 제가 도움을 주고 학생들이 모이면 밥도 사고 했습니다. 그런데 누가 아프거나 취직 지원이 필요하거나 할 경우엔 개인적 차원을 넘어서 체계적으로 도움을 줄 필요가 있습니다.

구본권　120명에 이르는 아프리카 학생들은 카이스트에 어떤 과정으로 입학하는지 궁금한데요. 또 학비는 어떻게 조달하나요?

정재승 카이스트는 아프리카 학생들이 지원해도 동일하게 입학 심사를 합니다. 아프리카 몇몇 대학에 한국 교수가 총장으로 가 있는데, 그 대학들과 카이스트가 자매결연을 하고 있어서 그 대학에서 추천하면 좀 더 쉽게 들어옵니다. 또 한국 정부의 글로벌 IT 프로그램이 있어서, 우리나라가 장학금을 주고 주도적으로 아프리카 학생을 뽑습니다. 한국 정부의 장학금을 받고 오는 학생들을 카이스트가 수용하는 방식도 있습니다. 에티오피아가 가장 많고, 르완다도 1년에 5~6명이 오는데 대개 한 나라에서 서너 명씩 입학합니다.

전길남 관건은 '학생이 카이스트에서 입학 허가를 받을 수 있느냐'입니다.

과학 연구와 사회적 영향 사이

구본권 두 분은 카이스트 전·현직 교수라는 것과 함께, 학교 밖에도 널리 이름이 알려진 과학자 교수라는 공통점이 있습니다. 과학 기술이 사회에 끼치는 영향이 점점 커지고 있습니다. 과학 기술 연구는 경쟁이 치열한 분야인데, 탁월성을 추구하는 것과 사회적 영향을 중시하는 연구 사이에서 갈등이 있는지 궁금합니다. 탁월성과 사회적 영향 중 무엇을 우선적으로 추구하나요?

정재승 두 가지는 서로 분리할 수 있는 문제는 아닌 것 같습니다. 자기 연구 분야에서 좋은 결과를 내어 학계에서 인정받고 평판과 명성을 쌓는 것은 모든 학자의 욕망이자 사명입니다. 그걸 즐기는 사람들이 학자가 됩니다. 그런 탁월성을 추구하는 것은 자연스러운 본능입니다. 그런데 저는 저의 연구가 사회에 어떤 영향을 끼칠지 고민하는 것도 비슷한 욕망이라고 봅니다. 저는 뇌과학 분야에서 사람이 어떻게 선택을 하는지를 연구합니다. 정신질환자는 왜 의사 결정을 잘 못하거나 자살 같은 의사 결정을 하는지를 다룹니다. 환자들을 상대로 연구하다 보니 자살을 줄이거나 사회에 도움을 줄 수 있다고 보고 관련 주제를 연구하기로 했습니다. 연구 결과를 낼 때는 사회와 소통하려고 노력합니다. 하지만 제 연구 결과의 쓰임은 본질적으로 제가 결정하는 것이 아닙니다. 연구는 제가 했어도 사회와 제 다음 세대는 연구 결과를 다양하게 활용할 수 있습니다. 얼마든지 악용도 가능합니다. 자살하게 만드는 뇌의 의사 결정 구조를 알게 된다면 이걸 악용하는 사람도 생길 수 있습니다. 저는 환자를 치료하는 것으로 면죄부를 받지만, 그 연구가 얼마든지 악용될 수 있다고 생각합니다. 과학자들은 사회에 큰 영향을 끼친다는 점에서 관심을 가지고 고민해야 합니다.

전길남 질문을 너무 복잡하게 만든 것 같습니다. 여러 가지 논의가 중첩돼 있습니다. 하나씩 살펴봅시다.

과학기술인은 먼저 스스로 연구를 합니다. 그러면 논문이 나오지요. 그다음에 곧바로 사회 단계로 가는 것은 아니고, 자신이 속한 과학자 커뮤니티로 갑니다. 거기에서 어떻게 할 것인가를 논의하는데, 이는 논문과는 다른 단계입니다. 예를 들면, 인공지능 연구 그룹 차원에서 먼저 논의를 하고 그다음에 사회의 논의를 만나게 됩니다. 경쟁은 그 사이에 있는 문제입니다. 경쟁은 과학 기술 커뮤니티와 국가 사이에 위치해서, 주로 국가 차원에서 다뤄집니다. 그리고 결국에는 사람이 오게 됩니다. 차근차근 분리해서 이야기해봅시다.

2016년 3월 알파고와 이세돌의 대결을 계기로 인공지능과 관련한 이야기를 하다 보니 재미난 일이 있었습니다. 기계학습인 심층신경망 연구가 알파고의 핵심인데, 카이스트에 이 분야에 뛰어난 젊은 교수가 있습니다. 그래서 제가 만나서 알파고-이세돌 대국 직후 "올여름에 정보과학회가 열리는데 한국의 딥러닝 수준이 어느 정도인지를 워크숍 주제로 발표해달라"라고 제안했습니다. 그랬더니 그 교수는 "별로 관심 없어요"라고 답변했습니다.

이 분야에서 세계적으로 인정하는 학회에서 논문을 발표하는 수준의 학자가 이 사람 포함해 국내에 서너 명밖에 없습니다. 그러면 이들 중심으로 한국에서 워크숍을 열어서 이 분야가 어떤 것이고, 뭘 어떻게 해야 하는지 국내 학계에 이야기해야 하는 것 아닌가요. 그리고 그다음에 우리 사회를 향해, 즉 신문이나 방송에서 대중들에게 이야기해야 하는 것이지요.

정재승 그 젊은 교수는 왜 국내 학회 발표에 관심이 없다고 했나요?

전길남 그래서 "앞서가는 연구자로서 국내 학회에서도 소개할 의무가 있는 것 아닌가?"라고 물었습니다. 그랬더니 "먼저 내가 생존하는 게 우선인데, 거기에서 '한국'이라는 것은 그렇게 중요한 요소가 아니다"라는 거예요. "세계적으로 내가 활동하는 인공지능 학계 커뮤니티가 있다. 거기에서는 이 분야를 고민하고 있다. 지금 인공지능의 인기가 높은데 과거처럼 열풍이 사그라들고 세 번째 '인공지능의 겨울'이 닥칠 것인가에 관한 고민이다. 이번 대국에서 알파고가 완벽하게 실패했으면 겨울이 올 수 있었다. 나는 그 커뮤니티에 신경 쓰는 게 먼저다"라고 말했습니다. 오히려 "국내 정보과학회 모임이 그렇게 중요해요? 그런 곳에 왜 시간을 할애해야 해요?"라고 되물어왔습니다. 자신한테는 인공지능 딥러닝 분야가 겨울을 맞지 않고 성장하는 것과 자신이 그 글로벌 무대에서 생존하는 게 중요하다는 말이지요. "그래도 우리나라에서 그 분야를 선도하는 학자로서 우리 사회가 이 문제를 제대로 이해할 수 있게 도와줄 사회적 책임이 있는 거 아닌가?"라고 물었더니, "그거 얼마나 힘든데요"라고 답하더라고요. 그 교수가 알파고를 주제로 신문에 기고를 한 번 했는데 너무 힘들어서 다시 할 일 아니라고 생각했다고 말하더라고요. 자신은 도저히 그럴 여유가 없다면서요.

저는 이걸 보면서 '완전히 새로운 세대구나'라고 생각했습니다. 이런 카이스트 교수는 MIT 같은 미국 명문 대학에서 교수직을 제안하면 바로 옮기겠구나 하는 생각이 들었습니다.

과학자의 국경, 과학의 기여

구본권 전 박사님은 오래전부터 한국행을 결심하고 준비하다가 1979년에 한국에 들어오셨지요. 그리고 카이스트 교수로 25년 넘게 재직하셨습니다. 하지만 만약에 한국에서의 생활이 애초 생각한 대로 잘 안 풀렸고 그런 시절에 외국 명문 대학의 교수 초빙 제의를 받았으면 어떻게 하셨을까요? 실제로 그런 초빙 제의도 있었나요?

전길남 그런 제안이 올 때마다 "안식년 때만 가겠습니다"라고 답했습니다. 사실 외국 대학들에서는 수시로 제의가 왔고, 건수도 많았습니다. 저에게 제 전공 분야의 좋은 교수 후보를 추천해달라고 요청하면서 "적임자가 없으면 본인 추천도 환영합니다"라는 식으로 넌지시 제안해오곤 했습니다. 해마다 여러 차례 받았습니다.

구본권 그러면 외국 대학에는 안식년 때 가겠다는 것 말고는 한 번도 진지하게 고려해보신 적이 없었나요? 무슨 생각 때문에 그러셨나요?

전길남 저는 제가 해야 하는 것이 있으니 한국에 있어야 한다고 생각했습니다. 만약 제가 해야 하는 일을 외국에 가서 더 잘할 수 있으리라고 판단했으면 다르게 결정했을지도 모릅니다. 그런 점에서는 앞서 만난 카이스트의 젊은 인공지능 교수와 차이가 없다고 볼 수도 있지요. 사실 외국 대학 교수를 카이스트와 겸직 형태로 수행하는 것이 가능하면 해볼까, 하고 가끔 생각해보기는 했습니다. 카이스트 정년 퇴임 직후 일본 게이오대와 중국 칭화대로부터 초빙 교수 제의를 받아서 일 년 동안 두 곳의 초빙 교수를 겸직한 적이 있습니다. 서울-베이징-도쿄를 오가면서 생활하느라 힘들었습니다.

구본권 정재승 교수님은 전길남 박사님이 말한 '카이스트 교수의 새로운 세대'가 등장했다는 발언을 어떻게 보시나요?

정재승 앞서 거론한 인공지능 교수를 아는데, 저보다 젊긴 하지만 나이 차이가 크지는 않습니다. 먼저 교수로서의 생존이 중요하다는 것은 카이스트의 공통된 정서입니다. 사회적 기여가 중요하지만, 내가 생존하는 게 중요하니 거기에 집중한다는 것은 카이스트 동료로서 충분히 이해됩니다. 또 하나는 코즈모폴리턴적 사고입니다. 항상 국가와 사회가 우선이 아니라 과학자의 머릿속에는 자신이 속한 학문적 커뮤니티가 자리 잡고 있고, 결국 과학자는 우리 사회와 국가만이 아닌 세계 전체에 기여하는 것이라는 말에 공감합니다. 전 박사님이 말한 대로 그것은 과학자들만 갖고 있는 독특한 사고이자 세계관인 것 같습니다. 전 박사님 세대만 해도 국가가 나서서 해외의 동포 과학자를 모셔오고, 그들은 애국심으로 귀국해 고국과 사회에 기여하고자 애썼습니다. 한편으로는 전 세계 과학자 사회라는 코즈모폴리턴 사회가 공존하고 있었습니다. 지금도 두 세계가 공존하고 있지만, 저도 속한 젊은 세대에게는 점점 국가주의가 희석되고 세계주의가 강화되고 있는 것 같습니다.

저의 경우에는 제 연구가 우리나라와 사회에 어떻게 기여하는지 관심이 있습니다. 반드시 학계의 인정을 받는 것만이 아니라 현실적으로 우리 사회를 어떻게 바꿀 것이냐에도 관심이 있습니다. 우리가 이야기한 카이스트의 젊은 인공지능 교수도 정년 보장 심사를 통과하고 나면 달라질 것이라고 기대합니다.

전길남 그 젊은 교수의 예는 새로운 케이스이고, 어쩌면 굉장히 좋은 겁니다. 그 정도의 국제 경쟁력이 있는 좋은 학자가 많이 나온다는 것은 반길 일이지요. 그렇지만 우리나라에도 그런 학술 커뮤니티가 생겨야 하는 것 아닌가요. 그다음에 우리 같은 과학자 세대를 포함해서 한국의 현주소가 어디인지 이야기해야 하는 것 아닌가요. 그래서 국내 학회에서 워크숍을 열어서 국내 인공지능 연구자가 모두 모이게 하고, 세계에서도 오게 해서 우리가 어느 방향으로 갈지 토론해야 합니다. 그래야 우리나라 인공지능 연구자들에게 도움이 되지요. 우리나라에도 그런 연구 센터가 있고, 세계적으로 주요한 연구 조직의 하나가 될 수 있다는 것은 기분 좋은 것 아닌가요.

여기에 사회적 책임감도 보태져야 합니다. 학계에서 인정하는 사람, 또 사회에 잘 설명할 수 있는 학자가 언론에 나와서 말해야 합니다. 그런데 우리나라에는 이런 역할을 하는 학자들의 커뮤니티가 안 보입니다. 너무 개인적으로 하고 있는 것 같습니다. 과학이라는 분야, 딥러닝이라는 영역을 예로 들면 거기에 국경은 없습니다. 그렇지만 그걸 하는 사람에게는 국경이 있습니다. 과학 기술은 그걸 연구하는 사람도 있어야 하고 또 분야도 글로벌 차원에서 독립적으로 있어야 합니다. 종사자와 분야가 서로 교섭하는 것이 필요합니다.

사람이 있어야 한다는 것은 과학 기술이 사회에 관여하는 부분도 있어야 한다는 말입니다. 우리나라에 기여하는 것이 전혀 없고 세계 과학계에만 기여한다면 한국 정부가 왜 카이스트 같은

데 투자해야 하는지 설득하기 어렵습니다.

이번에 알파고의 바둑 대결을 보면서 인공지능 학자가 당연히 우리나라에도 기여해야 한다고 생각하게 되었습니다. 저는 인공지능 분야에 관한 최신 정보를 따라잡지 못하고 과거의 정보를 지닌 채 보았는데 언론의 보도를 보니 최신 인공지능 기술 정보를 제대로 이해하지 못한 채 잘못 전달하는 경우가 많았습니다. 언론이 전하는 정보의 질이 좋지 않았습니다. 이러면 안 되겠다는 생각이 들었습니다. 연구 커뮤니티 안에서 제대로 소통이 되었는가 하면 그것도 마찬가지였습니다.

앞서 카이스트의 젊은 인공지능 교수의 대답을 존중하고 흥미롭게 보게 되었습니다. '이제 새로운 과학자 세대가 나오기 시작했구나'라는 겁니다. 이 세대가 우리나라에 기여하게 되면 우리나라에 희망이 있을 것이고, 그렇지 않으면 별로 희망이 안 보인다는 생각입니다.

구본권 마찬가지로 젊은 세대인 정 교수님은 어떻게 생각하십니까? 더욱이 널리 알려진 과학자로서 저서와 강연 등으로 활발하게 대중과 과학 커뮤니케이션을 하고 계시는데, 만약 외국 명문 대학에서 더 좋은 연구 환경을 제시하며 모셔가겠다는 제안이 온다면 어떡하시겠어요?

정재승 일반적으로 과학자에게 더 좋은 연구 환경 제안은 좋은 겁니다. 그리고 글로벌한 세상에서는 물리적으로 어디에 있느냐가 중요한 것도 아닌 것 같습니다. 한국에 자주 올 수도 있고요. 하지만 저에게 카이스트는 특별한 곳입니다. 제가 배운 곳이면서 동시에 후배를 가르치는 곳입니다.

전길남 정 교수는 능력 있는 사람인데, 외국으로 가면 카이스트로서는 큰 손해지요. 본인에게도 좋지 않습니다. 아마 정 교수는 제안이 있어도 안 갈 것입니다. 왜냐하면 정 교수는 보통 과학자와 달리 글 쓰는 과학자이니 한국에 있어야지요. (웃음) 사회와 과학계를 연결하는 역할을 잘하는 사람이 필요합니다.

정재승 과학 기술은 본질적으로 보편적 규칙을 찾는 일이고, 인류 행복에 기여하는 게 목적입니다. 저도 코즈모폴리턴적인 사고를 하는데, 한편으로는 우리가 개발한 과학 기술이 발전해도 우리나라에 실질적으로 도움이 안 되는 경우도 있을 수 있다고 봅니다. 좋은 논문이 많이 나온다고 해서 삶이 행복해지는 것은 아닐 수 있지요.
제가 예로 들고 싶은 것은 컴퓨터의 자연어 처리 능력입니다. 구글의 기계 번역과 자연어 처리 기술이 훌륭하지만, 한국어를 대상으로 한 기술과 서비스는 조악합니다. 기계가 외국어를 한국말로 제대로 번역하려면 한국어 문법에 최적화된 알고리즘과 그 기초 데이터가 필요합니다. 그게 제대로 안 되고 있는 것이지요. 여기에 한국 과학자들의 역할이 중요합니다. 한국 과학자들이 만드는 한국어 번역은 실망스러운 상황입니다. 우리나라 현실에 맞게 과학 기술도 함께 개발되어야 합니다. 국내 학자들이 세계 학계의 인정을 중심으로만 연구하면 이런 일이 개선되지 않을 수 있습니다.

구본권 중진국의 정상에 있는 우리나라가 선진국 대열로 들어가는 데 무엇이 열쇠라고 보십니까?

전길남 오늘 우리가 질문과 답변에서 다룰 내용이 바로 그겁니다.

구본권 카이스트는 순수 학술 연구 기관이 아니라 국가의 산업 발전을 위해서 만들어 특별한 지원을 하는 곳인 만큼 카이스트는 더욱 외면할 수 없는 문제라고 보는데요.

정재승 우리의 과학자층이 두꺼운 상태에서 페이스북이나 구글 같은 기업에서 "우리 회사로 와서 인공지능을 연구하자"라는 스카우트 제안이 와서 가면 너무 좋은 것이지요. 그런 글로벌 기업에서 일하는 한국 사람이 많으면 좋은 것이지만, 우리나라의 인공지능이 알파고에 대적할 수준이 못 되는 시스템이라면 인재 유출을 걱정해야 합니다.

우리나라에 이세돌 9단이 있는 것처럼, 알파고에 대응할 인공지능 시스템이 있으면 좋은데 현실은 그렇지 못합니다. 학자층이 얇아서 우리나라 실정에 맞는 연구를 하는 사람도 드물고, 세계 최전선의 연구자도 극소수입니다. 저도 한국 현실에 적합한 연구와 세계 최전선의 연구를 다 잘 못하는 것은 아닌가 하는 자기반성을 해봅니다.

알파고 쇼크 이후, 인공지능과 기본소득

구본권 우리 사회가 '알파고 쇼크'를 크게 받았습니다. 스티븐 호킹 케임브리지대 교수를 비롯한 전문가들은 인공지능이 인류를 위협할 것이라며 사람보다 똑똑한 인공지능에 대한 연구 중단을 촉구하는 경고를 내놓았습니다. 이 분야에서 앞서가는 구글 딥마인드는 인공지능이 위험해지면 작동하는 '자폭 스위치 kill switch'를 만들겠다고 발표했습니다. 인공지능은 우리에게 좋은 도구가 될까요, 아닐까요?

전길남 알파고 때문에 우리나라가 왜, 무슨 쇼크를 받았나요?

구본권 많은 사람이 알파고가 사람보다 뛰어난 능력을 발휘하는 걸 보면서 자신의 직업이 기계에 의해 대체되어 결국에는 일

자리가 없어질 것이라는 두려움을 갖게 된 것이 알파고 쇼크의 주된 원인이라고 봅니다.

정재승　제 생각에는 우리나라에서 인공지능 때문에 10년 안에 갑자기 사람들이 대규모로 직업을 잃는 일은 없을 것 같습니다. 현재 인공지능이 위협적 단계가 아닌데, 알파고 때문에 과장된 측면이 있는 것 같습니다. 하지만 시간이 지날수록 인공지능의 발전이 가속화할 것이라는 점은 자명합니다. 그때 인간의 경쟁력이 무엇이 될까, 우리 삶은 어떻게 될 것인가를 생각해보는 게 중요합니다. 인공지능은 언어와 숫자를 다루는 능력이 뛰어난데, 우리나라 공교육은 지금 오로지 그걸 위주로 평가해서 좋은 학교에 갈 수 있게 하는 데 집중하고 있습니다. 이것은 심각한 문제입니다. 언어·수리 능력은 좌뇌에서 이루어지는 기능인데 이것만 발달시키려 노력하는 대신 뇌의 다양한 기능을 두루 활용하는 전뇌적 사고가 필요합니다. 우리는 다른 관점에서 세상을 보는 것에 미숙합니다. 인공지능 시대에 우리의 정책과 교육이 잘 대응하지 못하고 있다고 생각합니다.

구본권　전 박사님은 알파고 관련해서 우리나라 언론이 인공지능을 잘못 이해하고 있다고 말씀하셨는데, 구체적으로 어떤 점이 그런가요?

전길남　먼저 인공지능으로 인한 실업자 문제는 부차적인 것이라고 봅니다. 실업자가 많아지면 근본적으로 문제가 되나요? 사람이 먹고살 수 있으면 되는 것 아닌가요? 만약 한국 사람들 모두에게 기본소득으로 200만 원씩 줄 수 있다면 실업자가 되는 것이 그렇게 중요합니까? 오히려 실업자 문제라기보다는 이런 인공지능 기술 때문에 빈부 격차가 커지고 디지털 디바이드가 확대되는 것에 주목해야 합니다.

세계 전체로 볼 때, 인공지능 시대가 되면 글로벌 차원에서는 국민총생산이 늘어납니다. 세계 전체가 부자가 되는 것이지요. 하지만 '늘어난 부를 제대로 분배할 수 있느냐'의 문제가 생깁니다. 부결되었지만 스위스에서는 기본소득 지급을 놓고 국민투표를 실시했어요. 이는 새로운 패러다임을 제안하는 것이라고 봅니다. 인공지능 시대에도 무조건 모두가 직장이 있어야 한다는 생각도 문제일 수 있습니다.

구본권　전 박사님이 앞서 인공지능 시대에 분배의 문제를 꺼냈는데 이는 결국 사회 구조 논의로 이어집니다. 자폭 스위치 논의에도 그런 고민이 담겨 있습니다. 기술 개발자는 더 완벽한 기능을 추구하기 마련인데 그보다는 사회가 그 기술을 어떻게 사용할지에 대한 공동체의 합의를 어떻게 만들어낼 것인가가 중요하다는 측면에서 그렇다고 봅니다. 과학기술자의 개발과 그로 인한 사회적 문제에 대한 고민을 분리하는 게 가능하다고 보십니까?

인간은 기술을 통제할 수 있을 것인가

전길남　인공지능처럼 강력한 기술을 과연 우리가 컨트롤할 수
있는가, 하는 문제입니다. 영국 케임브리지대학 인류실존위협연
구센터CSER가 20세기와 21세기의 위험한 기술을 각각 선정했
는데 20세기에는 핵이 들어 있었습니다. 그런데 21세기에는 핵
이 빠지고 인공지능이 새로 들어갔습니다. 인간 복제 기술과 같
은 생물공학, 초연결 사회의 시스템적 위험과 네트워크 취약성
으로 인한 위협이 21세기 인류를 위협하는 기술에 함께 포함되
었지요. 인류를 위협한다고 거론되는 위험한 기술들의 공통점
은 편익과 영향력이 커서, 일단 등장하면 주도권이 시장으로 넘
어가 우리가 통제하기 어렵다는 것입니다.

그래서 케임브리지대학 인류실존위협연구센터에서 경고하는
것이고, 일론 머스크 등 많은 사람이 여기에 동조하고 있습니다.
이처럼 기술의 위험성에 관해 연구하는 커뮤니티가 있어야 하
고, 그 커뮤니티의 규율과 윤리가 있어야지 킬 스위치를 부착하
는 수준으로 해결될 문제는 아닙니다. 근본적으로는 기술이 우
리를 통제하느냐, 우리가 기술을 통제하느냐의 문제입니다. 새
로운 위험 기술로 인공지능에 이어 선정된 시스템 위험과 네트

워크 취약성은 인터넷과 사이버 보안을 가리킵니다. 위험 기술이라는 것을 저도 인정합니다.

구본권 위험 기술이 시장 주도적 힘에 끌려갈 수밖에 없다는 발언은 너무 극단적인 관점 같은데요?

전길남 그런가요? 기술이 '마켓 드리븐market driven'으로 끌려간다는 말은 오해를 불러올 수 있으니 대신 명확한 표현인 '거대한 규모의 복잡계 시스템'이라는 용어를 쓰지요. 인공지능도 그렇고 사이버 보안도 그렇고 너무 거대해지고 복잡해지니 우리가 통제하지 못할 가능성이 커지는 것입니다. 그래서 그걸 실행하는 데 우리가 조심해야 하는 겁니다.

구본권 과학기술자들이 신경 쓰는 해당 영역 안에서 전문가로서의 성실성, 그리고 전문가 집단 바깥의 사회에 대해서 느껴야 하는 책무, 이게 우리 사회에서 제대로 실행되고 있다고 보십니까?

정재승 사람들이 걱정하는 것은 일자리 부족과 양극화 심화 이슈인데, 최근 10년간 기술 혁신은 새로운 일자리를 만들어내지 못하고 있습니다. 노동 생산성이 늘어나지만 경제 성장은 그에 못 미치고 개인 소득도 줄고 있습니다. 과거에는 기술 혁신이

다른 부분과 동반 성장했는데, 이제는 서로 따로 움직이는 시기가 되었습니다. 인공지능 덕분에 생산이 늘어나지만 소비할 주체는 돈이 없고 본질적으로 자본주의 시스템을 유지하는 것이 위협받는 상황입니다.

우리 사회가 협상을 통해서 갈등을 조정하고 해결책을 찾을 수 있는 구조로 변해야 대처 방법을 찾아낼 수 있습니다. 기술적으로는 효율을 높이기 위해 기계가 일자리를 대체할 수 있지만, 어떤 일자리는 사람이 할 수 있도록 남겨두자는 방식으로 시민적 합의를 통해서 문제를 해결해나가야 합니다. 그런데 우리 사회는 지나치게 경제 중심이거나 이윤 위주여서 돈이 된다면 바로 기계로 대체합니다. 우리 사회가 그러한 현명한 해결책을 만나본 경험이 없다는 게 진짜 문제라고 봅니다.

정부의 기술 규제만이 아니라 개발자들이 시민 사회와 소통하면서 연구의 방향과 허용 범위를 결정하는 게 필요합니다. 유전자 조작, 줄기세포는 과학자들이 커뮤니티를 만들어서 합의를 만들어낸 사례입니다. 우리 사회에서는 과학자들이 커뮤니티에서 이런 목소리를 내고, 사회적으로 주의를 환기시키는 역할을 못하고 있어서 고민스럽습니다.

인터넷 기술 최전선에서 공학자로 산다는 것

구본권 그런 의미에서 두 분이 사회와 소통하면서 해온 작업들이 더 의미가 있다고 봅니다. 과학기술인의 삶을 선택한 보람이 있나요? 그리고 그로 인한 어려움은 무엇인지도 궁금합니다.

전길남 과학기술인으로서 저는 좀 특별한 경우입니다. 일본에서 태어나 자랐고 고교 시절에 한국에 오기로 마음먹었습니다. 당시 한국은 거의 산업이 없는 상태여서 가서 무엇을 할 수 있을지 생각했는데, 선택지가 많지 않았습니다. 한국 문화나 언어를 잘 몰라도 되는 과학 기술이 상대적으로 쉬워 보였습니다. 원래 슈바이처 같은 의사를 꿈꾸기도 했습니다. 만약 한국에 올 생각이 없었다면, 과학자의 길을 선택하지 않았을 수도 있었을 겁니다. 미국에서 박사 과정을 할 때는 직업 등산가의 길을 심각하게 고민했습니다. 세계 최초로 높은 산에 올라간다는 게 20대한테는 매력적이었습니다.

정재승 저도 그와 관련해서 전 박사님께 궁금한 게 있었는데 이 자리에서 여쭤볼게요. 전 박사님이 카이스트에 재직하던 시절은 인터넷이 등장해서 완전히 세상을 바꾸던 기간의 정점이었습니다. 20세기 후반 가장 중요한 과학 기술인 인터넷 혁명기에 그 최전선에 있는 과학자로 지내셨는데 그게 어떤 느낌이었는지 알고 싶습니다.

또 하나, 정년 퇴임하신 뒤에는 사물인터넷이 새로운 시대를 준비하고 있는데, 그걸 어떻게 보시는지도 궁금합니다. 4차 산업혁명을 이끌 것이라고 기대를 모으는, 사람 중심의 인터넷이 아닌 사물인터넷 세상을 바라보는 인터넷의 대가인 박사님의 마음은 어떨까 궁금합니다.

전길남 1979년에 한국에 왔는데, 만약 10년 전에 왔거나 아니면 10년 뒤에 왔다면 어땠을까, 한번 생각해봤습니다. 지나고 보니 적절한 시기였고, 적절한 주제를 다뤘다는 판단입니다. 1960년대 미국 버지니아주립대 교수를 하던 이만영 교수가 귀국해 한양대 교수를 지냈습니다. 1962년, 이만영 교수는 진공관을 이용한 아날로그 컴퓨터를 한국 최초로 개발했습니다. 뛰어난 기술이었는데, 우리나라에서는 쓸모도 없고 아무도 관심을 보이지 않아 미국으로 다시 돌아갔습니다. 10년 전이었으면 저도 비슷한 사례가 되었을 수 있겠지요. 또 10년 뒤에 왔으면 어쩌면 제가 원하는 대로 할 수 없었을 겁니다.

사물인터넷은 제가 개발하는 입장은 아닙니다만, 요즘 강연할 때 다음과 같이 말하곤 합니다. "인터넷 초기 세대로 우리 세대는 보안에 노력했지만 실패했다. 그것도 수십 년간 실패했으니 더 이상 우리에게는 기대하지 마라. 인터넷 보안 문제를 해결하지 못하면 지구 온난화처럼 굉장히 불편한 세상이 될 것이다.

사물인터넷이 되면 더 심각해질 것이다. 라지 스케일이니 복합 시스템의 문제가 있어 '우리가 컨트롤할 수 있는지', '거버넌스 구조를 어떻게 만들까'가 중요해진다. 사이버 공간의 거버넌스, 인터넷만이 아니라 사물인터넷까지도 포함하는 거버넌스 시스템을 제대로 해야 한다." 지금 인터넷의 보안도 해결 못하는 상황인데 사물인터넷이 되면 보안 취약으로 인한 문제는 더욱 심각해질 겁니다. 대비해야 합니다.

정재승 1980년대 초에 인터넷을 연결하고 1990년대에 급속도로 보급될 때, 그 속도가 전 박사님이 예상하신 것보다 빨랐을 것 같은데, 맞나요?

전길남 인터넷 확산은 1997년 국제통화기금IMF 위기 때만 해도 답답했는데, 어느 순간 제 예상보다 현실이 앞질러 갔지요. 2000년대 이후 굉장하다고 느끼게 되었는데, 온라인 게임이나 소셜 네트워킹 서비스가 나오는 걸 보고 대단하다고 생각했습니다. 저도 그런 영역으로까지 인터넷이 발달하리라고는 상상하지 못했습니다.

인터넷의 부작용에 대해서도 일반적으로는 생각했지만, 구체적으로 어떻게 나타날지는 예상하지 못했습니다. 새로운 기술은 언제나 다양한 부작용이 있는데, 그걸 구체적으로 미리 보기는 어렵습니다. 그런 점에서 저는 사회과학자가 못 됩니다. MIT의

셰리 터클 같은 사회심리학자를 보면 무척 부럽습니다.

과학 교육의 새로운 실험

구본권 다음으로 과학 교육에 관해 이야기해보겠습니다. 카이스트에서 전길남 교수 시절의 학생과 정재승 교수 시절의 학생은 다를 것 같습니다. 앞으로는 카이스트 학생들에게 주던 병역 혜택도 없애는 등 환경이 달라질 텐데요.

전길남 특별한 조건을 기반으로 했던 카이스트의 실험은 40년간 했으면 이제 끝내는 것이 좋다고 봅니다. 만약 우리 사회가 인정한다면 몇십 년 더 할 수도 있지만, 이게 '실험 중'이라는 것을 모른 체하면 안 되는 것입니다. 그리고 "카이스트 실험은 이제 끝났다"라고 누군가 논문을 써야 하는 것이지요. 그 합의가 이루어지면 실험은 끝나는 겁니다.

구본권 카이스트 모델이 성공했다고 보아서 다른 지역들, 즉 광주, 대구·경북, 울산 등에도 대전 카이스트와 같은 형태의 과학기술대학원이 만들어져 확산되고 있는 것 아닌가요?

전길남 그렇게 보려면 그걸 주제로 논문을 써야 하는 겁니다.

정재승 전 박사님, 그런데 지난 40년과 달리 카이스트는 새로운 실험을 준비해야 하는 것 아닌가요?

전길남 그럴지도 모르지요. 어떤 분야에도 실험은 중요합니다. 하지만 중요하다면 먼저 그 실험을 카이스트가 해야 하는 것인지에 대한 합의가 필요합니다. 필요하고 중요하다는 합의가 나오는 것과 그 실험을 누가, 어디에서 할 것인가는 다른 이야기지요. 새로운 실험의 주체가 카이스트가 아닐 수도 있는 겁니다.

구본권 카이스트 교수로, 새로운 실험을 해야 하느냐 아니면 부여된 임무의 완수를 선언해야 하느냐에 대한 두 분 의견이 다르네요.

전길남 카이스트 설립 초창기의 목표인 미국 선도 대학 수준의 과학기술대학원을 만드는 실험은 끝났다고 봅니다. 완수했다고 봅니다. 그것은 선언하는 게 좋습니다. 그러는 순간, 그 실험을 하기 위해서 받아온 카이스트의 특혜는 이제 중단해야 합니다.

정재승 지난 40년간 카이스트에 부여된 기대와 의무는 한국 산업을 이끌 전문 인력을 길러내는 것이었습니다. 또 세계 수준의 연구 중심 대학원을 만들어서 SCI급 논문을 쓸 우수 학자들을 배출하는 것이었습니다. 지난 40년간 잘 완수했습니다. 카이스트에 대한 시각이 갈등으로 나타난 상징적 사건이 서남표 총장 시절의 등록금 문제입니다. 이제 카이스트는 우리 사회에서 산업을 이끌 '빠른 추격자' 역할을 잘 수행하는 실험을 넘어서 다음 실험을 준비해야 한다고 봅니다. 그를 위해서 학생들마다 다른 사고를 불어넣고, 그들이 창의적으로 사고하게 하고 경쟁만이 아니라 협업하면서 실험하게 해야 합니다.

지금 한국에서 초중고, 기존 대학 입시로는 그 기능을 못하고 있는데, 카이스트는 그런 시도를 하기 좋은 실험 조건을 갖추고 있습니다. 과학고를 졸업할 때까지 경쟁적으로 살았던 학생들이 카이스트에 입학해서는 서로 협력하고, 성적에 신경 쓰지 않고 관심에 따라 다른 전공 교수의 강의를 듣고, 기숙사에서 뭔가 뚝딱뚝딱 만들어봅니다. 이런 게 카이스트 문화였습니다. 이런 것을 더 격려해서 창의적인 사람이 우리 사회에 어떻게든 기여할 수 있게 하면 좋을 것 같습니다. 그런데 그런 카이스트 문화가 달라지게 된 겁니다.

구본권 성적이 일정 기준에 미달하는 카이스트 학생들에게 등록금의 일부를 내도록 한 정책이 그렇게 큰 영향을 끼쳤습니까?

정재승 서남표 총장은 2006년부터 7년간 재임했는데, 학점 평균이 3.0 아래면 학생이 등록금을 일부 내도록 했습니다. 그 결과는 학생들이 다른 학과 전공 수업을 거의 못 듣는 결과로 나타났습니다. 줄곧 우등생으로 살아온 카이스트 학생들에게 등록금은 돈보다 자존심의 문제입니다. 학생들이 과거와 달리 학점 관리에 나서는 현상이 생겼습니다. 학점 잘 주는 교수에 관한 정보를 공유하는 등 전반적으로 학점 평균 3.0을 간신히 넘기는 전략으로 튜닝이 되었습니다. 재학 기간도 4년이 넘으면 돈을 내도록 하고, 기숙사에서 쫓겨나게 되었습니다. '국민 세금으로 공부하는 학생들'이라는 논리를 편 것인데, 한국 사회가 기대하는 것이 카이스트 학생이 학점 3.0을 넘는 건가요? 그게 아니라 새로운 세대의 인재를 기대하는 것인데, 그것은 등록금을 놓고 학점을 경쟁시켜서 만들어지는 게 아닙니다.

서남표 총장 때 교수 정년 보장 심사 제도가 미국 주립대처럼 강화되었지만, 카이스트 교수 모두 필요성을 인정하고 반대하지 않았습니다. 하지만 교수들 모두가 학생 등록금 정책에는 반대했습니다. 서남표 총장이 좋은 일을 많이 하고도 2013년에 불명예 퇴진하게 된 계기이지요. 이게 젊은 세대의 카이스트와 기존 카이스트 세대가 충돌한 계기 같습니다. 그 과정에서 적지 않은 학생들이 자살하면서 사회 문제화하기도 했습니다.

영어로 강의를 하면 학교장 추천으로 입학한 지방 출신 학생들은 영어를 배워온 도시 학생들을 절대로 따라잡을 수 없습니다. 수업이 안 들리는데요. 전혀 다른 차원의 문제가 됩니다. 학생들을 창의적으로 키워야 하는데, 오히려 반대로 가는 것이지요.

이번 기회에 새로운 교육 비전을 갖고 카이스트에서 새로운 교육 시스템 실험을 하면 좋겠는데 이는 파괴적일 수밖에 없을 겁니다. 동시에 지난 시대의 임무를 카이스트가 수행해야 한다고 믿는 사람들에 의해 수행된 실험 관행 때문에 갈등도 빚어질 겁니다.

구본권 정 교수님, 지난 40년간의 실험과 다른 새로운 실험이라고 말씀하셨는데 어떤 실험인지 구체적으로 설명해주세요.

정재승 우리 사회가 세계 과학을 선도하기 위해서는 '다양성 존중'이 가장 중요한 키워드 같습니다. 획일화, 경쟁주의, 한 줄 세우기 문화에서 벗어나야 하는데, 이제껏 카이스트는 경쟁주의·획일화의 꼭대기에 있는 학교였습니다. 우리가 먼저 이걸 깨고 다양성을 존중하고 창의적인 사람을 키워내야 합니다. 새로운 세대를 이끄는 사람은 학계, 공공 부문, 기업계 등 한 영역에 머무르지 않고 모두를 넘나들어야 합니다. 알파고를 만든 구글 딥마인드의 창업자인 데미스 하사비스는 대학 졸업 뒤 창업을 하고, 유니버시티 칼리지 오브 런던UCL 대학으로 와서 그 아이디어를 기반으로 박사 학위를 마치고 다시 창업해 인공지능 기업 딥마인드를 세웠습니다. 학교 안에서 일어나는 영향이 업계와 사업에도 영향을 주고, 사회적 혁신에도 영향을 끼치는 게 중요합니다. 저는 카이스트 학생들이 그걸 잘할 수 있다고 봅니다.

구본권 왜 카이스트 학생들이 그걸 잘할 수 있다고 보시나요?

정재승 무엇보다 카이스트 학생들은 미래 사회에 영향을 끼칠 수 있는 과학 기술에 대한 기본적 이해가 있습니다. 또 스타트업 정신이 있어서 대기업에 가는 것보다 작게라도 스스로 만들어보려고 하는 정신이 있는, 우리나라에서 몇 안 되는 학교입니다.

전길남 그렇지요.

정재승 카이스트에서는 교수들이 학생들에게 입학 초부터 "세금으로 이루어지는 교육에 대해 너희가 사회적 기여를 해야 한다"고 직간접적으로 말해줍니다. 그래서 학생들은 사회적 책임과 공공 서비스에 대한 의무와 압박을 느끼고 있습니다. 전길남 박사님의 성공한 제자들에게서도 대기업 재벌 2세와는 다른, 사회에 기여하려 노력하는 모습을 봅니다.
그런 카이스트의 문화를 키우고 전면에 내세워서 교육에 활용하는 게 필요하다고 봅니다. 특히, 과학 기술로 무장한 산업과 사업으로 돈을 번 사람들이 사회 혁신에 관심을 두면 사회적 영향력이 커집니다. 사회 복지나 비정부 기구 방식의 접근만이 아니라 새로운 방식으로 우리 사회를 창의적으로 개혁하려는 시도가 일어나야 하지 않을까요?

노벨상을 받을 수 있는 유일한 방법

구본권 카이스트 교육의 문제를 더 이야기하자면 노벨상 문제와 이어집니다. 카이스트는 노벨상 수상자도 총장으로 모셔온 적 있고, 국가에서 충분히 지원해준 한국의 대표 이공계 전문 대학원이지요. 왜 한국은 아직도 과학 분야의 노벨상을 못 받고 있는지 카이스트 교수들의 답변이 궁금합니다.

전길남 이런 질문에는 오해가 있는 부분이 있습니다. 상에는 여러 가지가 있는데, 노벨상이 꼭대기에 있습니다. 그 바로 아래 수준의 상이 웬만한 분야에는 한두 개씩 다 있습니다. 그 부분도 함께 이야기해야 합니다. 대개 노벨상 받는 사람들은 이전에 노벨상 바로 밑의 상을 보통 하나 이상은 받았습니다. 우리나라가 심각한 것은 노벨상이 아니라 이런 수준의 국제적 상을 거의 못 받는다는 것이지요.

구본권 수학 분야의 필즈상 같은 것을 말하는 건가요?

전길남 필즈상은 다르지요. 노벨상에는 수학 분야가 없으니, 필즈상은 세계 최고의 상입니다. 오히려 소설가 한강이 받은 맨부커상 같은 걸 말합니다. 노벨문학상이 있지만, 문학 분야에서는 맨부커상과 공쿠르상 같은 게 노벨상에 버금가는 상이지요. 우리나라 사람들이 노벨상만이 아니라 왜 그런 상들도 못 받느냐, 하는 것은 사실 심각한 겁니다.

노벨상 하나는 어떻게 우연히 나올 수도 있는데, 두 번째 수준의 세계적 상은 지속적으로 받아야 하는 겁니다. 그래야 몇 년에 하나씩 노벨상이 나올 수 있지요. 그런 세계적 수준의 상을 지속적으로 받지 못하면 노벨상은 못 받습니다. "노벨상보다도 우리나라에서 왜 그런 권위 높은 상을 못 받는가"라는 질문이 안 나오는 게 문제입니다. 그게 이슈가 된다면 좋겠어요.

노벨상은 한 나라가 어느 정도 수준인지, 선진국의 한 징표가 되는 수준까지 올라와 있다는 걸 보여줍니다. 우리나라의 경제와 산업 규모, 과학 예산, 과학자 집단의 규모를 볼 때 노벨상이 몇 개는 나왔어야 합니다. 그런데 노벨상은커녕 그 아래 수준의 상들도 못 받고 있다는 것은 진짜 심각합니다. 우리가 정말 못하고 있는 겁니다. 갑자기 노벨상을 받을 수는 없는 겁니다.

제가 기분 좋은 것은, 오사카대학교를 졸업했는데 일본 첫 노벨상을 유카와 히데키 오사카대 교수가 받았습니다. 유카와 교수는 제2차 세계대전 기간의 연구를 기반으로 해방 직후인 1949년 일본이 진짜 가난할 때 노벨물리학상을 받았습니다. 그러니 단순히 GNP 문제도 아닙니다. 이후에 저는 UCLA에서 유학했는데, 마찬가지로 학내에 노벨상 수상자가 있었습니다. 이는 좋은 의미로 학문적 압박감입니다. 우리나라 대학교에서는 교수도, 학생도 그 좋은 압박을 못 받고 있다는 것이 크게 아쉽습니다.

그래서 앞으로 우리나라 과학 연구를 바꿔야 한다고 생각하는 데, 좋은 사례가 2015년 노벨물리학상을 받은 블루엘이디LED 연구입니다. 일본 과학자 세 명이 받았는데, 그것 하나에 30년 간 매달렸고 그 결과로 노벨상을 받은 것이지요. 지금 우리나라 에서 결과물이 안 나오는 연구에 30년간 매달릴 수 있어요? 아예 안 되는 구조입니다. 이걸 해결할 수 있어야 합니다.

우리나라 경제나 학계가 일본의 5분의 1 수준이라면 우리도 5년 에 하나씩은 노벨상이 나와야 하는 것 아닌가요? 어떻게 우연히 노벨상 하나는 한 분야에서 나올 수 있어도 지속적으로 노벨상 을 받는 게 목적이라면 우리나라도 30년 연구가 가능한 인프라 와 시스템을 만들어야 합니다. 지금 제가 보기에는 이런 시스템 이 우리나라에 없습니다.

구본권 이와 관련해서 몇 해 전 〈뉴욕 타임스〉에서 한국의 연 구 개발 투자 규모 대비 노벨상 효율이 세계 최저라는 보도가 나오기도 했습니다.

정재승 전 교수님 이야기대로 우리나라가 우연히 노벨상을 받 으면 안 된다고 생각합니다. 그래서 만약 노벨상을 받게 된다 면 오히려 걱정입니다. 역설적으로 우리나라가 노벨상을 못 받 는 게 노벨상 선정위원회가 잘하고 있다는 걸 보여주는 사례라고 봅니다. 우연히 받아서는 안 되고, 우리나라가 노벨상을 받을 수 있는 환경이 갖춰지고 난 뒤에 노벨상이 나와야 한다고 생각합니다. 그래야 우리나라 사람 모두가 "아, 노벨상은 푸시한다고 나올 수 있는 게 아니고 그런 연구 환경이 갖춰져야 가능한 것이구나"라는 것을 비로소 깨달을 수 있을 것 같습니다.

전길남 맞아요. 노벨상 아래 레벨의 상을 지속적으로 받는 게 중요하고 그런 상은 사실 정부 정책이 없더라도 가능해야 하는데 그렇지 못하다는 것은 우리가 반성해야 하는 부분입니다.

구본권 그럼 우리나라에서 노벨상이 아니라, 왜 그 아래 레벨의 세계적 상도 잘 안 나오는 걸까요? 결정적 이유는 무엇이라고 보십니까?

전길남 복합적인 원인이 있지요. 노벨상 안 나오는 것과도 비슷합니다.

정재승 그런 상은 해당 분야 세계 과학자 커뮤니티의 권위자들로부터 인정을 받아야 가능합니다. 노벨상이 결정될 때는 물리, 화학, 생리·의학 등 상별로 그 아래에 여러 해당 분야가 있기 때문에 그중 어느 분야에서 노벨상이 나올지는 모릅니다. 하지만 적어도 그 분야 세계 과학자 커뮤니티에서 인정받지 못하는 사람이 노벨상을 받는 경우는 없습니다. 그래서 그런 상들을 지속적으로 받으면, 설령 올해 노벨상을 못 받아도 걱정이 없는 겁니다. 자기 분야에서 세계적 학자들이 인정하는 권위 있는 상을 못 받는다는 것은 우리나라에 좋은 연구, 창의적 연구가 없다는 걸 알려줍니다. '실패 가능성이 있어도 하나의 분야를 새로 개척하는 연구'를 못하고 있는 것이지요.

전길남 왜 그런 연구를 못하고 있지요? 그 원인이 뭐라고 봅니까?

정재승 지금 우리나라 연구비 시스템, 즉 학자에게 기대하는 시스템은 '실패하면 안 되는 시스템'에 교수를 몰아넣는 것 같습니다. 5년 동안 실패하면 학자로서 경력이 완전히 망가지는 시스템입니다. 5년이나 10년간 학자로서 내 인생을 걸어보겠다는 결심, 그리고 그걸 예산이 지원하고 격려할 수 있어야 하는데 안 되는 겁니다.

전길남 맞습니다. 사실 저는 어제 제 분야의 글로벌 상의 심사위원회에 참여했는데 제가 추천한 사람이 수상자로 결정되었습니다. 그래서 기분은 좋은데, 그런 상 후보에 우리나라 사람은 안 올라옵니다. 제가 그런 글로벌 상의 심사를 일 년에 5개 정도 하는데, 심사 대상 후보 목록에 우리나라 사람이 항상 없습니다.

이번에 제가 추천해 수상자가 된 사람은 블루엘이디 노벨상 수상자처럼 30년간 그 분야에 매달린 사람입니다. 우리나라에서 30년간 매달릴 수 있느냐의 문제입니다. 그런 국제적인 상을 받는 사람들은 거의 대부분 그렇게 오랜 세월 한 가지에 매달렸다는 공통점이 있습니다. 우리나라 풍토는 그렇게는 안 되지요. 그것은 어느 정도 정부 책임보다 우리 연구하는 사람의 책임이 크다고 봅니다.

구본권 정부 책임보다 연구하는 사람의 책임이 크다는 이야기를 조금 자세하게 말씀해주시겠습니까?

전길남 왜 학자가 30년간 하나의 연구에 못 매달리나요? 정부에서 지원할 수도 있고 아닐 수도 있는데, 학자로서는 계속 매달릴 수 있어야지요.

정재승 그런데 현재의 정부 주도형 연구비 시스템은 시의성 있는 연구에 적합한 구조입니다. 30년간 한 주제를 연구하면 훌륭한 학자인데, 연구비를 지원받을 수 있는 학자인지는 모르겠습니다.

전길남 어쨌든 세계에서 주목받는 상은 다 그런 식으로, 30년가량 매달린 결과입니다.

구본권 속전속결, 결과 중심주의로 상징되는 우리나라의 '패스트 팔로', '빠른 추격자' 모델이 학계에도 영향을 끼친 것으로 보입니다. 이는 결국 우리가 지난 시기 동안 선택한 국가 발전 전략 아닐까요?

전길남 그런 측면도 있고, 또 우리나라 사람이 일찍 은퇴하는 것도 한 배경입니다. 카이스트 교수 대상으로 "몇 살 때까지 제1저자로 국제 학술지에 논문을 발표했는가?"라는 조사를 한번 해보세요. 40대 중반 넘어서까지 주요 논문 제1저자가 되는 경우가 드뭅니다. 미국 유수의 대학에서는 나이에 구애받지 않고 연구합니다. 교수 자신이 주도하는 연구 또는 제자가 하는 연구에서 제1저자, 제2저자로 활발하게 활동합니다.

그렇게 일찍부터 제1저자 자리에서 물러나니, 30년 매달리는 연구가 안 되는 겁니다. 그러니 국내에서는 교수들이 모이는 학회에서 점심이나 저녁 식사 자리를 관찰하면 대화가 지적 토론이 되는 경우가 드뭅니다. 외국 명문 대학들은 그 자리에서 지적 토론이 아주 활발합니다. 자신이 제1저자로 계속 주도적인 연구를 하는 교수라면 식사 자리에서도 다른 분야 학자를 만나서 "내가 하는 연구에서 지금 이렇게 접근하고 있는데, 당신은 어떻게 생각하나"라고 자연스럽게 물어보게 마련입니다. 그런데 우리나라 교수 사회에서는 식사 자리가 이런 식의 지적 토론보다는 신변과 흥미에 관한 다양한 이야기들로 돌아갑니다.

구본권 정 교수님은 어떻게 생각하시나요? 우리나라 대학들의 전반적 풍토가 이렇습니까?

정재승 그런 면이 있습니다. 40대 후반 이후부터는 교수가 국제 학술지의 제1저자가 되는 경우가 많지 않습니다. 사실 저는 제 분야에서 아이디어를 내고 해서 제1저자인 경우도 드물지 않은데 일반적인 경우라고 말하기는 어렵습니다. 하지만 미국에서는 흔한 일이지요. 제가 카이스트 교수로 부임하기 전에 미국 예일대학교에서 연구원을 하고 컬럼비아대학교에서 교수를 했는데, 학생 수준은 카이스트나 미국 예일 또는 컬럼비아가 거의 같습니다. 교수의 수준이 다른 것 같습니다. 예일대학교나 컬럼비아대학교 교수들은 카이스트 교수보다 훨씬 더 열심히 연구하고 연구에 관여하는 등 실제로 연구를 이끌어갑니다. 훨씬 더 많이 공부하고, 발표되는 주요 논문을 모두 읽습니다. 저는 후배 교수들에게 "학생 탓하지 말라"고 합니다. 결국, 세계적인 연구를 못하는 것은 우리 교수들 책임입니다.

전길남 정 교수에게 하나 추천할게요. 정 교수는 앞으로도 계속 교수를 할 터이니 다음에 기회가 있으면 인도공과대학IIT이나 칭화대 등에서도 가르쳐보세요. 나는 칭화대에 한 학기 있었는데, 입학생이 카이스트와 서울대 학생의 상위 2~3퍼센트 수준입니다. 인구 대비로 계산하면 나오듯이, 입학생 두뇌 수준에서는 거의 세계 최고이지요. 그런데 칭화대 학생이 미국 MIT 가면 엄청난 수준의 논문을 쓰지만, 칭화대에 있으면 MIT와 비교할 수 없는 시시한 수준의 박사 논문을 씁니다. 그 차이가 무엇일까요? 칭화대 갈 학생이면 MIT에 입학 못할 것도 아닌데, 사회의 구조적인 교육 시스템에 문제가 있는 겁니다. 이는 앞으로 카이스트의 미래에도 반면교사가 되어야 할 겁니다.

세계 시민으로서 국제적 공헌에 관심을 기울일 때

구본권 전 박사님은 국내만이 아니라 아시아와 글로벌 차원에서 인터넷 거버넌스와 관련해서 활발하게 활동하셨고, 정 교수님도 국제적으로 많이 활동하고 계신 걸로 알고 있습니다. 국제 사회의 구성원으로서 한국은 그동안 주로 받아오던 나라였지만, 이제는 제대로 참여하고 베푸는 등 새로운 역할을 해야 하는 시점이라고 생각이 되는데요.

정재승 사실 저는 국제 사회에 대한 생각을 처음에는 별로 하지 않았습니다. 제 분야의 국제 학회에서는 활동하지만, 세계에 기여한다는 마음까지는 먹지 않았는데, 2009년 스위스 다보스에서 열린 세계경제포럼WEF에서 제가 차세대 글로벌 리더로 선정되었습니다. 처음에는 황당하기도 했어요. 거기서 저를 어떻게 알고 뽑았는지 선정 이유도 모르겠더라고요. 그런데 그 때 선정된 것을 계기로 '그러면 내가 글로벌 리더가 되어야 하는 것 아닌가'라는 마음이 들었습니다. 처음에는 저한테 전혀 그런 마음이 없었다는 게 부끄러웠습니다. 그래서 이후로 글로벌 문제에 관심을 기울이게 되었습니다. 차세대 글로벌 리더 서밋 등의 모임에 가서 세계적 리더들의 이야기를 듣고 저도 말을 하다 보니, 그런 미팅에 한국 사람이 너무 없는 것을 보게 되었습니다.

제가 카이스트에 있었지만, 글로벌 문제에 대해 뭐가 문제인지 고민하고 우리끼리 토론한 적이 거의 없었습니다. 평소에 국내 정치, 사회, 경제 문제에 관해서는 이야기를 많이 하지만, 글로벌 이슈에 관한 정보를 접하지 못하면서 학창 시절을 보냈고, 교수가 되고 나서도 접할 기회가 없었습니다. 그래서 5년 전부터 '글로벌 이슈' 관련한 수업을 개설했습니다. 식량, 생명 질환, 기후와 관련한 강의로, 전공 과목이 아니라 전체 대학원생 대상의 선택 수업입니다. 올해에는 추가로 '글로벌 이슈: 뇌, 정신, 인공지능' 과목을 개설했습니다. 우리 사회에 중요해지는 인공지능의 등장으로 생겨나는 문제에 대한 교육으로, 인간 지능과 기계 지능, 포스트휴먼에서 중요한 이슈를 다루고자 합니다.

이것은 학생들이 한국의 문제만이 아니라 아시아와 주변국들 및 세계 문제에 관심을 기울이게 하고 싶어서 하는 시도입니다. 물론 가장 많이 배우는 사람은 준비하고 공부해야 하는 저 자신입니다.

우리 사회가 성숙하고 선진국의 앞줄에 가려면 기본적으로 모든 시민이 세계 시민이 되어야 한다고 생각합니다. 시민들이 지구를 걱정하고 전 세계의 식량 문제, 재화의 재분배, 양극화, 에너지 문제를 성찰하는 게 필요합니다. 양극화나 환경 문제 등을 고민하지 않는 시민이 선진 국가를 만들 수 있다고 생각하지 않습니다. 초등학교 때부터 나만 보지 않고 내 주변을 보게 해야 합니다.

전길남 맞는 말인데, 어려운 일입니다. 우리나라 사람에게 어떻게 국제적 수준의 안목을 지니게 할 것인가, 국민 전체는 아니더라도 카이스트 같은 엘리트 집단이라도 그 안목을 기르게 해야 하는데 어려워 보입니다. 우리는 늘 위쪽, 앞쪽만 보고 달려왔는데, 어떻게 하면 다른 곳도 보게 할 수 있을 것인가, 쉽지 않습니다.

저는 한번 정상에 갔다가 내리막길을 경험해봐야 하는 것 아닌가 하는 생각도 듭니다. 일본처럼 한번 내리막길을 가게 되면, 역설적이지만 그때 비로소 여유가 생길 것 같습니다. 그전까지는 올해 GDP 3만 달러이면 그다음에 4만 달러, 5만 달러를 목표로 하는 경쟁을 계속할 것 같습니다. 저절로 양적 경쟁을 질적 경쟁으로 바꿀 것 같지는 않습니다.

구본권 전 박사님은 일본에서 태어나 미국에서 공부한 학자라는 코즈모폴리턴적 이력도 있지만, 국제 무대에서 열심히 활동하셨습니다. 그런데 전 박사님 이후에 그 역할을 이어받아서 비슷한 수준으로 하는 국내 제자가 없는 것 같은데 어떻게 생각하시나요? 인터넷 거버넌스 국제 무대에서 활동할 후계자 양성을 왜 못하셨나요?

전길남 변명을 하자면 개인적으로 늘 바빴습니다. 후계자를 만들려고 노력했다고 생각했는데, 항상 제가 글로벌 조직의 의장이나 회장, 설립자 역할을 맡아 현안 이슈를 해결해야 했습니다. 책임을 맡은 자로서는 그게 가장 중요한 것이라 그걸 먼저 하고, 후계자 양성은 여유 있으면 하려고 했는데 그러지 못했습니다. 몇 개 분야, 특히 기술적인 분야는 상대적으로 그리 어렵지 않아서 이 분야의 인재는 키울 수 있었습니다. 그런데 인터넷 거버넌스 같은 소프트 분야는 달랐습니다. 한 명도 키우지 못했습니다. 구조적으로 우리나라 사람이 하기 어려운 것 같다는 생각도 들었어요. 거의 예술적이고 정치적인 분야니까요. 후계자를 만들려고 노력했으나 사실상 완벽하게 실패했고, 그래서 요즘에는 거의 시도하지 않습니다.

구본권 마지막 질문입니다. 두 분은 카이스트의 선후배 교수이기도 한데요. 서로에게 당부하는 말씀을 이 자리에서 듣고 싶습니다.

전길남 카이스트에 바라는 것이기도 한데, 앞으로 카이스트는 한국에서 자율성 있는 대학교의 모델이 되었으면 좋겠다는 생각을 합니다. 이공계이니 카이스트가 그 길을 가기가 좀 더 쉬운 것 같은데, 한국에 자율성 갖춘 대학교 몇 곳은 있어야 합니다. 영국에서 같은 질문을 하면 "자율성 없는 대학교도 있어요?"라고 이해하지 못하는 문제입니다. 정재승 교수처럼 젊은 교수 또래가 그 과제에 도전하면 가능하다고 봅니다. 나이 많은 교수는 군사 정권의 영향이 너무 강해서 안 됩니다. 지금도 위에서 안 된다고 하면 그냥 다 포기합니다. 정 교수 나이 정도로 오면 이제 과거의 권위적인 모습이 많이 희석되고 있으니, 그런 도전에 응해야 합니다. 자율성 있는 대학, 그게 카이스트가 한층 업그레이드되고 장기적으로 생존할 수 있는 길입니다.

정재승 전길남 박사님께 당부드리고 싶은 것은 오랫동안 현역으로 남아주십사 하는 겁니다. 우리 사회는 학자의 정년이 매우 짧습니다. 학계에 기여할 수 있는 학자들이 일흔이 되기 전에 퇴임해 다른 일을 하고, 학계에 끝까지 남아 있는 사람들은 다른 욕심을 가진 사람들도 많습니다. 후배들한테 물려주어야 하는 것 아닌가 말이 나올 정도입니다. 정년 퇴임 이후 교수들의 좋은 모델을 못 본 것 같습니다. 그런 점에서 정년 퇴임 후 국제 사회와 학계에 기여하는 모습을 보여주는 것 자체가 후배 교수들에게 큰 가르침과 도움이 될 것 같습니다.

구본권 오랜 시간 소중한 대화 고맙습니다.

글을 맺으며

《전길남, 연결의 탄생》은 전길남 박사와 필자가 뜻을 같이해 이루어낸 결과물이다. 전 박사는 자신이 수행해온 일과 삶에 대한 기록을 후대를 위해 남기고자 했고, 필자는 그의 인생과 추구를 취재해 전달하는 것이 우리 시대를 사는 사람들에게 의미 있는 일이라고 판단했다. 작업은 2015년에 시작해 2021년까지 약 7년에 걸쳐 진행되었다. 전길남 박사를 비롯해 가족과 제자, 동료 등 다양한 지인들을 만나 취재하고 인터뷰했다. 대전 카이스트 연구실, 서울 집, 각종 포럼과 토론회장, 미국의 휴가지 등을 오가며 전 박사와 50여 차례가 넘는 대면 인터뷰를 진행했다.

매번 인터뷰는 사전에 대략적인 주제와 방향을 정하고 전 박사에게 해당 사안에 대한 기억과 생각을 정리하게 한 뒤, 1~2시간에 걸쳐 진행되었다. 인터뷰는 두 사람 모두 흥미를 갖고 이어갔다. 전길남 박사에게는 질문을 통해 자신의 인생 여정과 추구를 돌아보는 자리였다. 인터뷰를 진행한 필자는 한 사람의 인생을 통해서 지난 수십 년간 우리 사회와 정보 기술 분야에서 일어난 일들과 배경을 취재하고 들여다보는 소중한 기회를 누렸다.

애초에 예상한 것보다 인터뷰가 훨씬 많이, 오랜 기간 진행된 배경이다. 필자에게는 인터뷰가 진행될수록 평전을 쓰기 위한 취재와 자료 수집 행위 이상의 의미를 지니게 되었다. 처음에는 전길남을 흥미로운 집필 및 취재 대상으로 접근했으나, 인터뷰를 진행하면서 인터뷰 대상에 깊이 동화되었고, 그가 생각하고 행동하는 방식에 공감하게 되었다.

필자는 인터뷰 과정을 통해 시스템공학이라는 분야도 비로소 알게 되었는데, 처음에는 과학 기술의 특정 분야에서 과업을 수행하기 위해 전체적으로 시스템 차원에서 접근하고 통제·운영하는 영역이자 학문 분야로 이해했다. 그런데 전길남 박사가 시스템 엔지니어로 살아오면서 판단하고 결정해온 과정들을 알게 되면서, 시스템공학이 비단 그가 발을 담근 정보 기술이나 고산 등반과 같은 특정 분야에 국한되는 전문 지식이나 기술 이상이라는 생각을 하게 되었다.

도달할 수 없어 보이는 문제에 대해서 가능한 한 최고의 수준까지 탐구해서 어떠한 방법이 가능할지를 찾아내 과제로 설정하고 도전과 실행에 나서는 게 전길남이 생각하고 실천해온 시스템 엔지니어링이었다. 그가 시스템 엔지니어로 살아온 방식은 도전적 과업을 수행하기 위한 하나의 방법론이었지만, 동시에 인생을 살아온 그만의 철학이자 기본 태도였다. 자신에게 주어진 인생의 조건과 가능성을 최대한 객관적으로 탐구하고 조사해 자신이 원하는 것을 추구하고 실행하는, 일종의 인생 철학이었다. 더욱이 주어진 조건 안에서 철저하게 자기주도적으로 판단하고 결정해 극한의 상태에 도전하면서 그 과정과 결과에서 즐거움과 만족을 추구하는 태도는 과학 기술 분야의 연구 개발이나 고산 등반에 국한되는 게 아니었다. 무엇보다 소중하고 가치가 큰 인생의 지혜이자 생활 태도였다. 시스템 엔지니어로 살면서 자신의 업무 분야에서 탁월한 성취를 이룬 전문가를 취재하는 일이었지만, 그 과정에서 필자가 알게 된 것은 누구에게나 보편적으로 적용할 수 있는 '인생 사용 설명서'였다. 필자가 수년에 걸친 인간 전길남에 관한 탐구 과정에서 그에게 동화되고 공감하게 되었다고 말하는 이유다.

취재와 인터뷰 과정이 즐거웠던 또 하나의 이유는 전길남의 제자와 지인, 동료 등 그와 가까운 관계였던 많은 사람의 도움을 받았는데, 한결같이 전길남과의 인연과 만남을 행복하고 소중하게 회상했기 때문이다. 대학원생으로서 당시 무섭고 엄했던 지도 교수에 대한 두려움과 거리감이 여전한 경우도 있었지만, 대부분 그마저도 소중한 순간으로 기억했다.

인터뷰와 자료 제공 등을 통해 기꺼운 마음으로 도움을 주신 많은 분을 일일이 호명하지 못하지만 깊이 감사드린다. 특히 '전길남 평전 프로젝트'를 기획하고 제안해주신 이의진, 김윤경 선생께는 고마움을 가슴에 새기고 있다. 책으로 만들어낸 김영사 편집부와 홍보용 웹툰을 작업해주신 황진영 선생께 깊이 감사드린다. 존경하는 선배 교수를 위해 대담에 기꺼이 참여해 흥미롭고 소중한 이야기를 베풀어주신 정재승 카이스트 교수께는 각별한 감사를 금할 길 없다.

구본권

2018년 5월15일, 서울에서 '인터넷의 현재와 미래'를
주제로 열린 세미나에서 대담 중인
전길남 카이스트 명예교수와 빈트 서프 구글 부사장.
빈트 서프는 인터넷 규약(TCP/IP)을 설계해 '인터넷의 아버지'로 불린다.

1943년 1월 3일 오사카 서쪽 아마가사키에서 육 남매 중 셋째
로 출생.

1949년 초등학교 입학.

1950년 한국전쟁 발발.

1953년 아마가사키를 떠나 고급 주택지인 미노오로 이사. 5학
년이던 전길남은 집 뒤 500미터 높이의 산과, 전철로
30분 거리 롯코산(해발 932미터)도 종종 오르며 등반에
취미를 갖게 됨.

1955년 미노오중학교 입학. 수영부에 들어가 활동하며 시 중
학수영선수권대회에도 매년 출전. 후지산 정상에 오름.

1958년 도요나카고등학교 입학. 화이트헤드와 러셀이 쓴《수학
원리》를 고등학생 시절 수시로 읽으며 수학에 매료됨.

1960년 한국의 4·19 혁명 소식을 듣고 충격을 받음. 6월 하

순, 미일 안전보장조약 개정에 반대하는 집회에 참석. 자신의 민족적 정체성에 대한 물음을 이어가며, 한국행을 결심.

1961년 오사카대학교 공과대학 입학(전공은 전기공학). 태어나면서부터 써온 일본 이름을 버리고 한국 이름을 사용하기 시작. 8월 초 한국 방문.

1965년 오사카대학교 졸업.

1966년 UCLA에 합격해 도미.
UCLA 컴퓨터공학과 석사 과정 시작.

1968년 석사 학위 취득. 졸업 후 통신 전문 기업 콜린스 라디오에 취업해 네트워크 패킷 교환 소프트웨어 설계.

1970년 콜린스 라디오를 그만두고 UCLA로 돌아가 박사 과정 시작.

1971년 미국 본토 최고봉 휘트니산(4,421미터) 등정.

1974년 시스템 엔지니어링 전공으로 박사 학위 취득. 조한혜정과 결혼.

1976년 미 항공우주국 제트추진연구소 입사. 3년 반을 근무하며 바이킹 계획과 보이저 계획에 투입되어 우주선과 지상 관제 센터의 통신 방법을 연구함.

1977년 북미 최고봉인 알래스카 매킨리봉(6,194미터) 등정.

1978년 요세미티의 엘캐피탄 암벽 등반.

1979년 아내 조한혜정이 UCLA에서 문화인류학 박사 학위를 취득하자, 2월 우수 해외 과학자 국내 유치 프로그램으로 귀국. 한국전자기술연구소 책임연구원으로 컴퓨터 국산화 프로젝트에 투입됨.

1980년 표준 통신 규약 통한 '컴퓨터 네트워크' 개발을 제안했으나 정부 심사에서 탈락. 80한국알프스원정대 등반 대장으로 마터호른 북벽 등정 성공(8월 3일). 이 업적으로 체육 훈장 기린장을 받음(12월 30일).

1982년 5월, 서울대와 구미 전자기술연구소 간 인터넷 방식의 컴퓨터 네트워크 구축에 성공. 9월 카이스트 교수로 옮김.

1983년 1월, 카이스트도 서울대, 구미의 전자기술연구소와 함께 SDN에 연결. 11월, 시스템구조연구실 내에 네트워크 운영 센터NMC를 만들고 이를 위한 인력과 컴퓨터 (VAX 11-750)를 별도로 마련함.

1984년 2월, 싱가포르에서 열린 유네스코 워크숍에 참석해 아시아넷AsiaNet을 구축할 것을 제안.

1985년 10월, 태평양컴퓨터통신국제학술대회PCCS 개최(서울 쉐라톤워커힐호텔, 22~24일).

1986년 미국의 인터넷 관리 기구NIC에 인터넷에 직접 접속할 수 있는 외국 IP를 신청해 할당받음. 한국의 국가 코드 도메인 네임 'kr'도 이 시기에 부여받음.

1987년 북미와 유럽을 제외한 최초의 UUCP 네트워크(한국, 일본, 오스트레일리아, 싱가포르, 말레이시아, 홍콩 등이 연결)인 아시아넷 탄생. 8월, SA랩이 운영해온 SDN 네트워크 운영 센터를 카이스트 전산 센터로 이관.

1990년 팀 버너스리, 월드와이드웹WWW 개발.

1991년 아시아·태평양네크워킹그룹APANG 설립.

1992년 일리노이대학교 학부생 마크 앤드리슨이 웹브라우저

모자이크 개발.

1994년 〈초고속 정보 통신망 구축 방안에 관한 연구〉 보고서
작성. 1990년대 초반 정부의 초고속 정보통신망 구축
마스터플랜을 만드는 위원회의 위원장을 맡았는데,
기존 전화선을 이용하는 ISDN 방식이 아닌 광통신망
방식인 FTTH 방식을 주장함. 허진호, 인터넷 전용선
서비스를 제공하는 아이네트 설립. 김정주-송재경, 온
라인 게임 회사 넥슨 설립.

1996년 송재경, 세계 최초 그래픽 머드 게임 '바람의 나라' 출시.

1997년 초고속 정보 통신망 구축 공로로 국민훈장 동백장 수
상. 아시아·태평양 어드밴스드 네트워크APAN 설립.

1998년 온라인게임 '리니지' 서비스 시작. 박현제, 삼보컴퓨터
자회사인 두루넷에서 한국 최초 초고속 인터넷 서비
스를 시작.

1999년 아시아·태평양 톱레벨 도메인네임포럼APTLD 설립.

2000년 제자들의 권유와 도움으로 벤처 발굴 및 투자회사 '네트
워킹닷넷' 설립. 실적 미비로 1년이 안 되어 기업 청산.

2003년 단독 자유 등반으로 북한산 암벽을 오르던 도중 추락,
금속 2개를 골반 부위에 삽입해 조각난 뼈 20여 개를
고정하는 대수술 받음.

2005년 마지막 안식년을 맞아 중국의 연변과학기술대학에서
6개월 동안 학생들을 가르침.

2008년 카이스트 정년 퇴임. 중국 칭화대, 일본 게이오대 초빙
교수.

2011년 11월, 타이베이에서 열린 인터넷엔지니어링 태스크포

스 연례회의에서 존 포스텔 상 수상.

2012년 4월, 인터넷 소사이어티 창립 20주년을 맞아 인터넷 발달과 확산에 기여한 33명에 선정되어 '명예의 전당' 헌액.

2013년 12월, *A History of the Internet in Asia*: *First Decade* (*1980~1990*) 발간. 퇴임 이후 전길남은 아시아 30여 개 나라의 인터넷 역사를 기록으로 남기기 위해 200명에 이르는 국제 집필진을 꾸려 아시아 전역의 인터넷 역사를 정리하는 프로젝트에 착수해 편집장을 맡았는데, 첫 결실이 이 책임.

2015년 2월, *A History of the Internet in Asia*: *Second Decade* (*1991~2000*) 발간.

2016년 5월, *A History of the Internet in Asia*: *Third Decade* (*2001~2010*) 발간.

2021년 3월, *A History of the Internet in Asia*: *Fourth Decade* (*2011~2020*) 발간. 이로써 아시아 인터넷 역사 프로젝트가 완료됨.

전길남, 연결의 탄생